工业副产石膏深加工技术
理论与实践

江苏一夫科技股份有限公司　编撰

中国建材工业出版社

图书在版编目（CIP）数据

工业副产石膏深加工技术理论与实践／江苏一夫
科技股份有限公司编撰．—北京：中国建材工业出
版社，2016.1
ISBN 978-7-5160-1353-3

Ⅰ．①工… Ⅱ．①江… Ⅲ．①石膏—生产工艺
Ⅳ．①TQ177.3

中国版本图书馆 CIP 数据核字（2015）第 319568 号

内 容 提 要

本书是江苏一夫科技股份有限公司的科技人员在工业副产石膏领域多年的研究成果和应用实践的总结。内容既有石膏脱水机理的热力学、石膏悬浮液的计算流体动力学模拟等基础研究，也包括了已在应用的建筑石膏、粉刷石膏砂浆、高强石膏、模型石膏、石膏晶须、硬石膏胶结料等应用研究项目。此外，本书还包括正在研究的项目，如硫酸盐复合水泥、石膏晶须造纸、硬石膏合成纸、煅烧硬石膏制备工艺及其胶凝性能、石膏分解制酸等各类工业副产石膏应用。

本书适用于从事与工业副产石膏有关的科研工作者、大专院校有关专业教师、研究生和大学生阅读。

工业副产石膏深加工技术理论与实践

江苏一夫科技股份有限公司　编撰

出版发行：中国建材工业出版社
地　　址：北京市海淀区三里河路1号
邮　　编：100044
经　　销：全国各地新华书店
印　　刷：北京鑫正大印刷有限公司
开　　本：787mm×1092mm　1/16
印　　张：19.5
字　　数：484千字
版　　次：2016年1月第1版
印　　次：2016年1月第1次
定　　价：**98.00元**

本社网址：www.jccbs.com.cn　　微信公众号：zgjcgycbs
本书如出现印装质量问题，由我社网络直销部负责调换。联系电话：(010) 88386906

序

　　石膏建材的开发和使用在我国已经有很长的历史了，但是直到本世纪初，产品主要原料还是天然石膏，工业副产石膏的利用尚处于起步阶段。近十几年来，随着我国工业突飞猛进的发展，工业副产石膏也急剧增加，引发了前所未有的环境问题。对工业副产石膏进行综合利用，提倡循环经济的发展模式，实现节能减排，已经成为我国工业经济可持续发展的前提。但是，由于行业发展迅速，产品更新和技术升级都比较快，很多新工艺、新技术得不到及时推广和应用，反过来又成为制约行业技术进步的因素，影响了行业整体水平的提升。在这个背景下，江苏一夫科技股份有限公司将本公司多年来在工业副产石膏领域的研究技术与成果梳理成册，编撰成一本关于工业副产石膏综合利用技术的书籍，为行业技术进步提供从理论到实践上的指导，就显得具有极其重要的价值和意义，是石膏建材行业期盼已久的一大幸事。

　　《工业副产石膏深加工技术理论与实践》是一本系统论述工业副产石膏技术与应用的著作，是本行业近十几年来产品发展和技术集成的结晶。纵观全书结构及内容，具有两大鲜明的特点：一是理论性强，二是适用性宽。该书从理论研究入手，阐述了物化机理、材料组分、产品性能、工艺模拟等方面内容，揭示了最新的理论研究成果和科技进展；以应用技术为主线，在原材料、中间产品和制品等三个层面分别论述了以工业副产脱硫石膏和磷石膏为原料的应用技术，以 α 高强石膏、β 半水石膏、硬石膏和石膏晶须等为中间产品的制造工艺技术，以石膏复合胶凝材料、粉刷石膏、砂浆、砌块、砖、模型石膏等为制品的生产工艺和应用技术，具有广泛的应用范围和适用条件。本书所涉及的技术和产品比较全面，产业链跨度大，应用性强，适用范围宽，可供石膏建材行业科学研究人员、工程技术人员、高等院校师生、石膏建材项目投资者、生产企业及管理部门的技术与管理人员参考。

　　作为一个见证了我国新型石膏建材发展的老科技工作者，我亲身经历了工业副产石膏综合利用产业从无到有、从小到大的发展历程。既感受到了行业技术进步和产品发展一日千里的速度，也体会到了本行业应用技术推广过程中的种种曲折和艰辛，同时还深刻认识到由于系统专业书籍的匮乏给行业发展带来的瓶颈。我一直期盼有一本介绍工业副产石膏应用技术方面的书籍，能够站在全行业的技术高度，系统地介绍本行业的新技术、新工艺和新材料，并通过总结行业的经验和智慧，给从业者以引导和启迪。今天，我十分欣慰地看到此书行将出版，且以一名石膏建材行业老兵的身份为之喝彩，并祝愿这个功在千秋的行业蒸蒸日上、兴旺发达。

冯菊莲

2015 年 12 月 22 日

前　　言

　　工业副产石膏，又称化学石膏，是指在工业生产过程中排出的以硫酸钙为主要成分的副产品，如磷石膏、烟气脱硫石膏、柠檬酸石膏、盐石膏、氟石膏等。

　　随着科学技术发展，社会文明进步，在以前被认为不能利用的副产品也变成了产品，被列为废渣的副产石膏也变成了对社会有用资源的今天，我们的观念也应与时俱进，不能再将其称为"废石膏"或"废渣"了。

　　改革开放以来，我国经济虽高速增长，但环境污染也越来越严重，人居环境也在恶化，已经阻碍了社会进步和可持续发展。中央"十八大"提出了"生态文明"建设的总体发展战略。影响环境的固体废弃物，其中包括各种工业副产石膏，对环境的影响以及可治理办法，是我们要密切注意和研究的重要课题。

　　工业副产石膏产量太大，其年排放量约一亿吨左右，仅限于目前我国对石膏材料的需求量，不可能消耗掉这么多工业副产石膏，因此，扩大工业副产石膏的应用领域和研究范围，不断提出新方向，研发出新产品至关重要。我们相信，依靠循环利用以及建材行业广大科技人员的聪明才智，肯定能解决好这一问题，为中国经济腾飞和可持续发展做出应有的贡献。

　　本书是在上述指导思想下进行编写的，把本公司的科技人员在工业副产石膏方面多年的研究成果和应用实践做一总结，起到承上启下的作用，为今后更大发展做点贡献。除建筑石膏、粉刷石膏、高强石膏、模型石膏、石膏晶须、硬石膏胶结料等已在应用外，目前正在研究的项目还有硫酸盐复合水泥、石膏晶须造纸、硬石膏合成纸、人工硬石膏煅烧温度以及时间和其水化性能、各类工业副产石膏包括热分解在内的循环经济应用等。

　　在近十余年对工业副产石膏的研究实践中，一夫公司总经理万建东先生、执行总裁彭卓飞先生、研发中心主任唐永波博士均付出了极大的艰辛和努力，同时也带领和培养了多名科技研发人员；本汇编资料所列多项成果，在研究试验中许多细节都倾注了两位老人家的毕生精力，他们就是原东南大学资深教授唐修仁老先生和原中国非金属矿协会石膏专业委员会专家组组长丁大武老先生。本书的序作者冯菊莲女士，教授级高级工程师，从事新型建筑材料专业工作三十多年。三位专家都是近耄耋之年的老人，他们严谨的治学精神、谦虚平和的做人态度非常值得我们学习和敬仰。在此一并向他们表示最诚挚的感谢！

　　尽管编者付出了一定努力，以求篇幅统一、简洁，但水平所限，距读者要求可能还相差甚远；因收集各方资料，水平参差不齐，粗浅疏漏之处也实所难免，诚望见谅并不吝指正。

江苏一夫科技股份有限公司董事长　唐绍林

2015 年 12 月

目　　录

第一部分　理论研究

第一编 理论研究

石膏脱水机理的热力学研究

唐永波

【摘　要】　本文基于热力学理论研究了石膏在不同温度和水蒸气分压下的脱水机理和脱水产物，采用多元非线性拟合计算了 $CaSO_4 \cdot nH_2O$ 相的标准摩尔吉布斯自由能，建立了 $CaSO_4 \cdot nH_2O$ 的标准摩尔吉布斯自由能随温度和结晶水含量变化的多项式方程。热力学计算表明，在水蒸气分压低、温度高的区域，石膏直接脱水成可溶性无水石膏（$CaSO_4 \cdot 2H_2O \rightarrow \gamma\text{-}CaSO_4$）。随着水蒸气分压的升高，石膏在脱水时先生成 $\gamma\text{-}CaSO_4$，然后再吸附水蒸气水化生成半水石膏（$\beta\text{-}CaSO_4 \cdot 0.5H_2O$），整个脱水过程可表示为 $CaSO_4 \cdot 2H_2O \rightarrow \gamma\text{-}CaSO_4 \rightarrow \beta\text{-}CaSO_4 \cdot 0.5H_2O$。随着水蒸气分压进一步的增加，石膏脱水生成半水石膏（$CaSO_4 \cdot 2H_2O \rightarrow \beta\text{-}CaSO_4 \cdot 0.5H_2O$），在温度低、水蒸气分压高的区域，石膏是稳定相，不发生脱水反应。此外，用分子动力学模拟计算表明可溶性无水石膏（$\gamma\text{-}CaSO_4$）在高湿度的环境下的吸附行为，计算结果证实可溶性无水石膏在高湿度的空气中会水化生成 $CaSO_4 \cdot 0.67H_2O$ 相。

【关键词】　石膏；热力学；脱水机理

0　引言

石膏是一种重要的矿物，地球上分布有大量的天然石膏，最近有研究表明火星上也存在石膏矿物[1]。除自然形成的石膏外，电厂和磷肥生产企业每年也产生大量的磷石膏和脱硫石膏。石膏的脱水产物也称建筑石膏或巴黎膏，文献报道，石膏的脱水经历了两个步骤，即按照 $CaSO_4 \cdot 2H_2O \rightarrow CaSO_4 \cdot 0.5H_2O \rightarrow \gamma\text{-}CaSO_4$[2-5] 过程进行脱水。McAdie H G[6]研究了石膏在 124.3℃和不同水蒸气分压下的脱水过程，当水蒸气分压大于 40kPa（301mmHg）时，石膏按两个步骤进行脱水，当水蒸气分压小于 26.7kPa（200mmHg）时，石膏直接脱水成 $\gamma\text{-}CaSO_4$。Badens E[7]用控制转化速率热分析研究石膏的脱水过程，试验结果表明当水蒸气分压小于 500Pa 时石膏直接脱水生成 $\gamma\text{-}CaSO_4$，当水蒸气分压高于 900Pa 时石膏首先脱水生成 $CaSO_4 \cdot 0.5H_2O$，然后再脱水生成 $\gamma\text{-}CaSO_4$。

Ball 和 Norwood[8]通过差热分析研究了石膏的脱水产物，认为当温度大于 115℃时，在 0.00133～6000Pa（10^{-5}～45mmHg）的水蒸气分压的范围内，石膏均脱水生成了无水石膏。Lou Wen-bin[9]用 TG 和 DSC 研究了脱硫石膏的脱水行为，试验表明在 100℃以下并且水蒸气分压足够小时，石膏直接脱水生成 $\gamma\text{-}CaSO_4$，在 100℃以上且处于其自身脱水形成的水蒸气分压下时，石膏按照 $CaSO_4 \cdot 2H_2O \rightarrow CaSO_4 \cdot 0.5H_2O \rightarrow \gamma\text{-}CaSO_4$ 过程进行脱水。Abriel W[10]用中子和 X 射线衍射研究了石膏的脱水过程后认为石膏按照 $CaSO_4 \cdot 2H_2O \rightarrow CaSO_4 \cdot 0.75H_2O \rightarrow \gamma\text{-}CaSO_4$ 过程脱水。

Prasad[11]和 Marilena Carbone[12]分别通过原位微区拉曼光谱和能量色散 X 射线衍射研究石膏的脱水过程，认为石膏首先直接脱水生成 $\gamma\text{-}CaSO_4$，然后 $\gamma\text{-}CaSO_4$ 水化生成 $\beta\text{-}CaSO_4 \cdot$

$0.5H_2O$，即按照 $CaSO_4 \cdot 2H_2O \rightarrow \gamma\text{-}CaSO_4 \rightarrow \beta\text{-}CaSO_4 \cdot 0.5H_2O$ 路径进行脱水。

对于石膏脱水行为，总结已有的研究工作，无论是石膏的脱水路径还是石膏脱水产物的结晶水的含量，都有不明确之处。本文用热力学理论研究了石膏的脱水机理和石膏脱水产物 $CaSO_4 \cdot nH_2O$ 结晶水的含量，此外，也用分子模拟研究了 $\gamma\text{-}CaSO_4$ 在高湿度的环境中对水蒸气的吸附行为。

1 热力学数据

1.1 《纯物质热化学数据手册》上 $CaSO_4 \cdot 2H_2O$、$\beta\text{-}CaSO_4 \cdot 0.5H_2O$ 和 $H_2O(g)$ 的吉布斯自由能

热力学被广泛应用于化工、冶金、材料等领域。在本文中，通过热力学计算，可以使石膏在煅烧脱水过程中的机理更加清楚地呈现出来，本文中所用的热力学数据主要来自于文献[13-14]。文献中的热力学数据一般以温度间隔 100K 列出各温度下某物质的标准摩尔生成焓、标准摩尔生成吉布斯自由能、熵等数据，由于温度间隔较大，故常常采用插值的办法来获取所需温度的热力学数据。本文中涉及的 $CaSO_4 \cdot 2H_2O$、$\beta\text{-}CaSO_4 \cdot 0.5H_2O$、$\gamma\text{-}CaSO_4$、$H_2O$（g）等物质都经过数值计算软件 MATLAB 进行样条插值，然后根据插值结果拟合出吉布斯自由能 $\Delta f G_m^q$ 与温度 T 的关系，得到以下函数关系式：

$$\Delta_f G_m^q(CaSO_4 \cdot 2H_2O, T) = -2014 + 0.6926T + 1.5890 \times 10^{-4}T^2 - 1.2590 \times 10^{-7}T^3 (kJ \cdot mol^{-1}) \tag{1}$$

$$\Delta_f G_m^q(\gamma\text{-}CaSO_4, T) = -1414 + 0.3228T + 1.1620 \times 10^{-4}T^2 - 7.0810 \times 10^{-8}T^3 (kJ \cdot mol^{-1}) \tag{2}$$

$$\Delta_f G_m^q(\beta\text{-}CaSO_4 \cdot 0.5H_2O, T) = -1566 + 0.4029T + 1.4600 \times 10^{-4}T^2 - 1.0480 \times 10^{-7}T^3 (kJ \cdot mol^{-1}) \tag{3}$$

$$\Delta_f G_m^q(H_2O, T) = -241.1 + 0.03874T - 1.0580 \times 10^{-5}T^2 (kJ \cdot mol^{-1}) \tag{4}$$

1.2 $\gamma\text{-}CaSO_4$ 的吉布斯自由能的修正

由于 $\gamma\text{-}CaSO_4$ 极易吸附空气中的水蒸气进入晶格而水化成 $CaSO_4 \cdot nH_2O$，所以文献中的 $\gamma\text{-}CaSO_4$ 的吉布斯自由能是不够准确的[15]。Roberson Kevin[16]测试了在 298K 下相对湿度与 $CaSO_4$ 所含结晶水数量 n 的关系，试验结果表明，当相对湿度为 1% 时，每摩尔 $CaSO_4$ 所含的结晶水正好是 0.5mol 水分子，另外，热同步分析的测试结果表明，当温度达到 459K 时，$\beta\text{-}CaSO_4 \cdot 0.5H_2O$ 开始脱水生成 $\gamma\text{-}CaSO_4$[17]。因此，根据式（6）可以准确计算出 $\beta\text{-}CaSO_4 \cdot 0.5H_2O$ 在 298K 和 459K 时的标准摩尔吉布斯函数分别为 $-1311.74kJ \cdot mol^{-1}$ 和 $-1250.19kJ \cdot mol^{-1}$。

$\gamma\text{-}CaSO_4$ 吸附水蒸气生成 $\beta\text{-}CaSO_4 \cdot 0.5H_2O$ 的过程可用式（5）表示如下：

$$\gamma\text{-}CaSO_4 + 0.5H_2O(g) = \beta\text{-}CaSO_4 \cdot 0.5H_2O \tag{5}$$

由式（5）可得：

$$\Delta_f G_m^q(\gamma\text{-}CaSO_4) = \Delta_f G_m^q(CaSO_4 \cdot 0.5H_2O) - 0.5\Delta_f G_m^q(H_2O) - 0.5RT\ln\left(\frac{P_{H_2O}}{P^q}\right) \tag{6}$$

将式（2）改写为

$$\Delta_f G_m^q(\gamma\text{-}CaSO_4, T) = a + bT + 1.162 \times 10^{-4}T^2 - 7.081 \times 10^{-8}T^3 (kJ \cdot mol^{-1}) \tag{7}$$

a 和 b 为待定参数，将 $\beta\text{-}CaSO_4 \cdot 0.5H_2O$ 在 298K 和 459K 时的标准摩尔吉布斯自由能代入

式（7）得式（8）：

$$\begin{pmatrix} 1 & 298 \\ 1 & 459 \end{pmatrix}\begin{pmatrix} a \\ b \end{pmatrix} = \begin{pmatrix} -1320.19 \\ -1267.82 \end{pmatrix} \tag{8}$$

便求得 a 和 b 的值：

$$a = -1417.12 \quad b = 0.3253 \tag{9}$$

所以修正后的 γ-CaSO$_4$ 的吉布斯自由能如下：

$$\Delta_f G_m^q(\text{γ-CaSO}_4, T) = -1417.12 + 0.3253T + 1.1620 \times 10^{-4} T^2 - 7.0810 \times 10^{-8} T^3 \text{(kJ · mol}^{-1}) \tag{10}$$

1.3 CaSO$_4$·nH$_2$O 的吉布斯自由能

$$\text{γ-CaSO}_4 + n\text{H}_2\text{O} = \text{CaSO}_4 \cdot n\text{H}_2\text{O} \tag{11}$$

γ-CaSO$_4$ 具有蜂窝状结构[18]，易吸收空气中的水蒸气水化生成 CaSO$_4$·nH$_2$O，n 介于 0～0.67[19]，也可以和水反应水化生成 CaSO$_4$·2H$_2$O。

根据式（1）、式（3）和式（7）得到 CaSO$_4$·2H$_2$O、β-CaSO$_4$·nH$_2$O 和 γ-CaSO$_4$ 在不同温度下的吉布斯自由能，见表1。

表 1   CaSO$_4$·2H$_2$O、CaSO$_4$·0.5H$_2$O(β)和 CaSO$_4$(γ)在不同温度下的吉布斯自由能

T/K	不同温度下的吉布斯自由能/kJ·mol^{-1}		
	CaSO$_4$(γ)	CaSO$_4$·0.5H$_2$O(β)	CaSO$_4$·2H$_2$O
300	−1310.98	−1435.10	−1795.72
320	−1303.45	−1425.77	−1780.59
340	−1295.87	−1416.44	−1765.45
360	−1288.26	−1407.12	−1750.32
380	−1280.61	−1397.80	−1735.19
400	−1272.94	−1388.42	−1720.01
420	−1265.24	−1379.02	−1704.80
440	−1257.52	−1369.63	−1689.60
460	−1249.79	−1360.25	−1674.42
480	−1242.03	−1350.87	−1659.25
500	−1234.27	−1341.51	−1644.10
520	−1226.50	−1332.18	−1628.98
540	−1218.72	−1322.86	−1613.89
560	−1210.95	−1313.58	−1598.83
580	−1203.17	−1304.32	−1583.81
600	−1195.40	−1295.09	−1568.82

CaSO$_4$·nH$_2$O 的吉布斯自由能并无现成的数据可以使用，但对于含有结晶水的 CaSO$_4$·nH$_2$O 而言，它的吉布斯自由能可以用 γ-CaSO$_4$ 的吉布斯自由能 [$\Delta_f G_m^\theta$（γ-CaSO$_4$）] 和 γ-CaSO$_4$ 水化成为 CaSO$_4$·2H$_2$O 时的摩尔反应吉布斯自由能 $\Delta_r G_{\text{hydration}}^\theta$[20] 来估算：

$$\Delta_f G_m^q(CaSO_4 \cdot nH_2O) = \Delta_f G_m^q(\gamma\text{-}CaSO_4) + \frac{n}{2}\Delta_r G_m^q(\gamma\text{-}CaSO_4) \tag{12}$$

从表 1 可知，$CaSO_4 \cdot nH_2O$ 的标准摩尔吉布斯自由能与温度 T 和结晶水数量 n 有关，所以式（12）不够准确，本文采用式（13）所示多项式来表示 $CaSO_4 \cdot nH_2O$ 的标准摩尔吉布斯自由能。

$$\Delta_f G_m^q(CaSO_4 \cdot nH_2O) = a + bT + cT^2 + dn + en^2 + fTn + gT^2n^2 + hT^3n^3 \tag{13}$$

采用表 1 中所示的数据对式（13）进行多元非线性拟合，结果如下：

$$\begin{aligned}
\Delta_f G_m^q(CaSO_4 \cdot nH_2O) = &-1426.73 + 3.8422 \times 10^{-1}T + 1.6603 \times 10^{-6}T^2 - 292.72n + \\
&2.1002 \times 10^{-1}n^2 + 1.4389 \times 10^{-1}Tn + 5.0550 \times 10^{-5}T^2n^2 - \\
&1.9774 \times 10^{-8}hT^3n^3
\end{aligned} \tag{14}$$

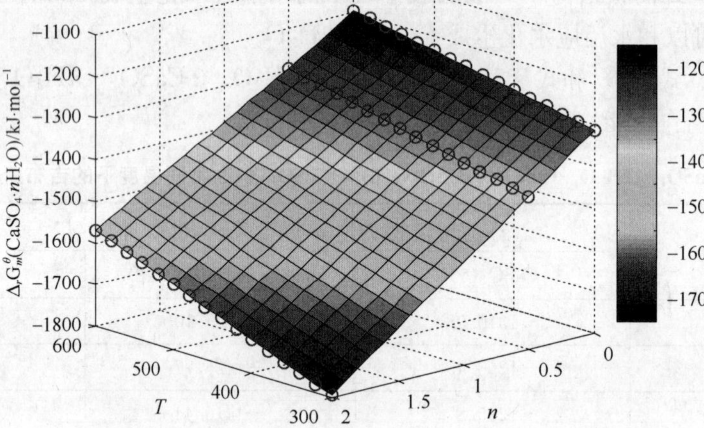

图 1　$CaSO_4 \cdot nH_2O$ 的标准摩尔生成吉布斯自由能

2　石膏脱水机理的热力学分析

石膏在脱水过程中既可脱水生成半水石膏 $\beta\text{-}CaSO_4 \cdot 0.5H_2O$，也可直接脱水生成可溶性无水石膏 $\gamma\text{-}CaSO_4$，半水石膏 $\beta\text{-}CaSO_4 \cdot 0.5H_2O$ 在高温下也会脱水生成可溶性无水石膏 $\gamma\text{-}CaSO_4$。具体的化学反应可以用式（15）、式（16）和式（17）表示：

$$CaSO_4 \cdot 2H_2O = \beta\text{-}CaSO_4 \cdot 0.5H_2O + 1.5H_2O(g) \tag{15}$$

$$CaSO_4 \cdot 2H_2O = \gamma\text{-}CaSO_4 + 2H_2O(g) \tag{16}$$

$$\beta\text{-}CaSO_4 \cdot 0.5H_2O = \gamma\text{-}CaSO_4 + 0.5H_2(g) \tag{17}$$

对于一个化学反应，它的摩尔反应吉布斯自由能可表示如下：

$$\Delta_r G_m = \sum_B \nu_B \Delta_f G_m^\theta + \sum_B \gamma_B T\ln(P_B/P^\theta) \tag{18}$$

当反应达到平衡状态时

$$\Delta_r G_m = 0 \tag{19}$$

将式（18）代入式（19）得

$$\sum_B \nu_B \Delta_f G_m^\theta + \sum_B \gamma_B RT\ln(P_B/P^\theta) = 0 \tag{20}$$

用 $\Delta_r G_m$（15）、$\Delta_r G_m$（16）和 $\Delta_r G_m$（17）表示式（15）、式（16）和式（17）的摩尔

反应吉布斯自由能，将式（15）、式（16）、式（17）代入式（20）得：

$$\Delta_f G_m(CaSO_4 \cdot 2H_2O) = \Delta_f G_m(\beta\text{-}CaSO_4 \cdot CaSO_4 \cdot 0.5H_2O) + 1.5\Delta_f G_m(H_2O) + 1.5RT\ln\left(\frac{P_{H_2O}}{P^\theta}\right)$$

$$\tag{21}$$

$$\Delta_f G_m(CaSO_4 \cdot 0.5H_2O) = \Delta_f G_m(\gamma\text{-}CaSO_4) + 0.5\Delta_f G_m(H_2O) + 0.5RT\ln\left(\frac{P_{H_2O}}{P^\theta}\right) \tag{22}$$

$$\Delta_f G_m(CaSO_4 \cdot 2H_2O) = \Delta_f G_m(\gamma\text{-}CaSO_4) + 2\Delta_f G_m(H_2O) + 2RT\ln\left(\frac{P_{H_2O}}{P^\theta}\right) \tag{23}$$

将式（1）、式（3）、式（4）和式（10）分别代入到式（21）、式（22）和式（23）得：

$$P_{H_2O(gypsum\_hemihydrate)} = e^{\frac{80.19\times(-86.35+0.2316T-0.2970\times10^{-5}T^2-0.21110\times10^{-7}T^3)}{T}} \tag{24}$$

$$P_{H_2O(gypsum\_anhydrate)} = e^{\frac{60.14\times(-114.70+0.2898T+0.2154\times10^{-4}T^2-0.5509\times10^{-7}T^3)}{T}} \tag{25}$$

$$P_{H_2O(hemihydrate\_anhydrate)} = e^{\frac{240.60\times(-28.33+005823T+0.2451\times10^{-4}T^2-0.3399\times10^{-7}T^3)}{T}} \tag{26}$$

$P_{H_2O(gypsum\_hemihydrate)}$、$P_{H_2O(gypsum\_anhydrate)}$ 和 $P_{H_2O(hemihydrate\_anhydrate)}$ 分别是 $CaSO_4 \cdot 2H_2O$ 脱水生成 $\beta\text{-}CaSO_4 \cdot 0.5H_2O$、$\gamma\text{-}CaSO_4$ 以及 $\beta\text{-}CaSO_4 \cdot 0.5H_2O$ 脱水生成 $\gamma\text{-}CaSO_4$ 的水蒸气分压。

如图 2 所示，由温度和水蒸气分压构成的二维空间被 AB、AC、AD 三条曲线分成 4 个部分。当温度和水蒸气分压处于石膏与半水石膏的平衡曲线（AB）以上时，石膏是稳定的，不发生脱水反应；当温度和水蒸气分压处于 ABC 之间的区域时，二水石膏脱水生成半水石膏（$\beta\text{-}CaSO_4 \cdot 0.5H_2O$）；在 ACD 之间的区域，石膏会直接脱水生成半水石膏 $\gamma\text{-}CaSO_4$，但由于在此区域 $\gamma\text{-}CaSO_4$ 并不能稳定存在，会再次吸附水蒸气水化生成 $\beta\text{-}CaSO_4 \cdot 0.5H_2O$，所以在此区域内反应的过程为 $CaSO_4 \cdot 2H_2O \rightarrow \gamma\text{-}CaSO_4 \rightarrow \beta\text{-}CaSO_4 \cdot 0.5H_2O$；当温度和水蒸气分压处于曲线 AD 以下时，石膏直接脱水生成可溶性无水石膏 $CaSO_4 \cdot 2H_2O \rightarrow \gamma\text{-}CaSO_4$，可溶性无水石膏在此区域是稳定态，不吸附水蒸气水化生成 $\gamma\text{-}CaSO_4$。

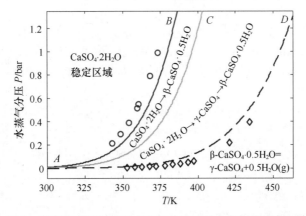

图 2　石膏在不同温度和水蒸气分压下脱水产物的稳定区域

3　结论

石膏的脱水过程与温度和水蒸气的分压有关。当温度高、水蒸气分压低时（图 2 中 AD 曲线以下的区域），石膏直接脱水生成可溶性无水石膏（$CaSO_4 \cdot 2H_2O \rightarrow \gamma\text{-}CaSO_4$），随着水蒸气分压的增加（图 2 中 ACD 区域），石膏先脱水生成可溶性无水石膏，然后可溶性无水石膏再吸收水蒸气水化生成半水石膏，这个过程可表示为 $CaSO_4 \cdot 2H_2O \rightarrow \gamma\text{-}CaSO_4 \rightarrow \beta\text{-}CaSO_4 \cdot 0.5H_2O$；当温度低、水蒸气分压高时（图 2 中的 ABC 区域），石膏脱水生成半水石膏（$CaSO_4 \cdot 2H_2O \rightarrow \beta\text{-}CaSO_4 \cdot 0.5H_2O$），半水石膏在此区域内是稳定的；当温度较低、水蒸气分压较高时（图 2 中 AB 曲线以上的部分），石膏是稳定的，不发生脱水反应。

参考文献

[1] Kevin Robertson，David Bish. Icarus，2013，223：407-417.

[2] A. Putnis，B. Winkler. Mineralogical Magazine，1990，54：123-128.

[3] Chang Hua，Huang Jane-Pei，Hou S. C. Materials Chemistry and Physics，1999，58：12-19.

[4] Ballirano P，Melis E. Phys Chem Minerals，2009，36：391-402.

[5] Harry B. Weiser，W. O. Milligan，W. C. Ekholm，J. Am. Chem. Soc，1936，58：1261-1265.

[6] McAdie H G，Canadian Journal of Chemistry，1964，42：792-801.

[7] Badens E，Llewellyn P，Fulconis J M，et al. Journal of Solid State Chemistry，1998，139：37-44.

[8] Ball M C，Norwood L S. J. Chem. Soc. (A)，1969，0：1634-1637.

[9] Lou Wen-bin，Guan Bao-hong，Wu Zhong-biao. J Therm Anal Calorim，2011，104：661-669.

[10] Abriel W，Reisdorf K. Journal of solid state chemistry，1990，85：23-30.

[11] Prasad P S R，Pradhan A，Gowd T N. current science，2001，80：1203-1207.

[12] Carbone M，Ballirano P，Caminiti R，Eur. J. Mineral，2008，20：621-627.

[13] Barin I，Thermochemical Data of Pure Substances，3rd Ed. Verlag GmbH：Wiley-VCH，1995：484-485.

[14] DeKock C W，Thermodynamic Properties of Selected Metal Sulfates and Their Hydrates. Washington D C：United States Department of the interior，1986：22-25.

[15] Kelley KK，Southard JC，Anderson CT. Thermodynamic properties of gypsum and its dehydration products. Washington：U. S. Bureau of Mines，1941：22-29.

[16] Robertson Kevin. Thesis for the Doctorate of Indiana University. 2011.

[17] Cave S R，Holdich R G. Trans IChemE，2000，78：971-978.

[18] Bezou C，Nonat A，Mutin JC. Journal of solid state chemistry，1995，117：165-176.

[19] Karni J，Karni E，Materials and structures，1995，28：92-100.

[20] Alicia Valero，Antonio Valero，Philippe Vieillard，Energy，2012，41：121-127.

石膏煅烧及亚硫酸钙灰的分解技术研究

唐永波

1　石膏脱水热力学和动力学研究

1.1　热力学数据的获得及数据处理

热力学是比较成熟的理论，被广泛应用于化工、冶金、材料等领域。通过物理化学计算，可以使石膏在煅烧脱水过程中的机理更加清楚地呈现出来，具体计算所用的相关热力学数据主要来自于土耳其伊赫桑·巴伦教授所编写的《纯物质热化学数据手册》[1]一书。

手册中的数据一般以温度间隔 100K 列出各温度下某物质的标准摩尔生成焓、标准摩尔生成吉布斯自由能、熵等数据。由于温度间隔相对较大，故常常采用插值的办法来获取所需温度的热力学数据。本文中涉及的 $CaSO_4 \cdot 2H_2O$、$\beta\text{-}CaSO_4 \cdot 0.5H_2O$、$\gamma\text{-}CaSO_4$、$H_2O(g)$ 等物质都经过数值计算软件 MATLAB 中的一维插值函数 interp1 进行样条插值。现举 $CaSO_4 \cdot 2H_2O$ 示意说明如下。

表 1　$CaSO_4 \cdot 2H_2O$ 在不同温度下的吉布斯自由能

T/K	300	400	500	600	700	800
$\Delta_r G_f^\ominus$ $(CaSO_4 \cdot 2H_2O)/$ (kJ/mol)	−1795.72	−1720.01	−1644.1	−1568.82	−1494.76	−1421.76

根据表 1 中的数据，用 MATLAB 中的插值函数进行样条插值，计算得到以 20℃ 为间隔从 300℃ 到 800℃ 的 $CaSO_4 \cdot 2H_2O$ 的吉布斯自由能。计算过程如下：

```
>>T = [300 400 500 600 700 800];
>>G = [−1795.720 −1720.005 −1644.099 −1568.823 −1494.758 −1421.762];
>>x = 300：20：800；
>>T1 = 300：20：800；
>>G₁ = interp1(T, G, x, ′spline′)
>>G₁ = 1.0e+003 *
Columns 1 through 9
 − 1.7957  − 1.7806  − 1.7655  − 1.7504  − 1.7352  − 1.7200  − 1.7048  − 1.6896
− 1.6744
Columns 10 through 18
 − 1.6593  − 1.6441  − 1.6290  − 1.6139  − 1.5988  − 1.5838  − 1.5688  − 1.5539
− 1.5390
Columns 19 through 26
 − 1.5242  − 1.5095  − 1.4948  − 1.4801  − 1.4654  − 1.4509  − 1.4363  − 1.4218
```

1.2 石膏脱水过程的热力学研究及其意义

目前我国使用的石膏煅烧设备种类众多，其中按商品名称分，主要有炒锅、回转窑、沸腾炉、高温闪烧窑等石膏煅烧工艺，但无论是哪种煅烧工艺，都或多或少存在煅烧出的熟石膏粉凝结时间和力学性能不稳定的问题。究其原因，主要表现为 $CaSO_4 \cdot 2H_2O$ 在煅烧过程中窑内热工制度不稳定，温度难以精确控制，极易造成石膏过烧或欠烧，过烧时熟石膏粉里的 $CaSO_4(\gamma)$ 含量大，$CaSO_4(\gamma)$ 含量的细微变化会对熟石膏的凝结时间尤其是熟石膏在缓凝剂作用下表现出的凝结时间产生非常显著的影响，在同样的缓凝剂的掺量下，熟石膏粉的凝结时间可从几小时至几十分钟之间变化，如此大的差异给生产石膏板或石膏砂浆等产品的下游企业带来了很大的困扰；欠烧时又造成熟石膏粉里的二水石膏（$CaSO_4 \cdot 2H_2O$）含量偏高，导致成品的力学性能恶化。针对这些问题，一夫公司在江苏省科技成果转化项目基金的支持下对二水硫酸钙（$CaSO_4 \cdot 2H_2O$）的脱水行为做了富有成效的研究工作，提高以高温蒸汽作为石膏煅烧流态化介质的技术。该技术可将石膏在煅烧脱水时的温度区间扩大至 50℃，而传统的以空气或热烟气为流态化介质时可供操作的石膏温度区间一般在 20℃ 以下，因此直接以高温蒸汽为流态化介质的石膏煅烧技术在实际生产建筑石膏粉时易于自动控制，石膏粉既不欠烧也不易过烧，生产的建筑石膏粉性能稳定。具体的研究工作扼要介绍如下。

石膏脱水一般经过两个阶段，即 $CaSO_4 \cdot 2H_2O$ 受热后先脱水生成 $CaSO_4 \cdot 0.5H_2O$（β），然后随着脱水温度的升高，半水硫酸钙又再次脱水生成无水硫酸钙 $CaSO_4(\gamma)$，具体脱水过程中所发生的化学反应见式（1）和式（2）。

$$CaSO_4 \cdot 2H_2O = \beta\text{-}CaSO_4 \cdot 0.5H_2O + 1.5H_2O \text{ (g)} \tag{1}$$

$$\beta\text{-}CaSO_4 \cdot 0.5H_2O = \gamma\text{-}CaSO_4 + 0.5H_2O \text{ (g)} \tag{2}$$

但也有学者研究表明，在低温、低水蒸气分压下，石膏（$CaSO_4 \cdot 2H_2O$）直接脱水成 Ⅲ 型无水硫酸钙 $\gamma\text{-}CaSO_4$[2]。现用严格的热力学理论和热同步分析（TG-DTA）测试研究石膏的受热脱水过程。

根据式（1）可知：

$$\Delta_r G_m((1), T) = \sum_B \nu_B \mu_B^\theta + \sum_B \nu_B RT \ln(P_B / P^\theta) \tag{3}$$

石膏脱水反应式（1）的标准摩尔反应吉布斯自由能的计算式如下：

$$\Delta_r G_m((1), T) = \Delta_f G_m^\theta(\beta\text{-}CaSO_4 \cdot 0.5H_2O, T), + 1.5\Delta_f G_m^\theta(H_2O(g), T) +$$

$$1.5\ln\left(\frac{P_{H_2O}}{P^\theta}\right) - \Delta_f G_m^\theta(CaSO_4 \cdot 2H_2O, T) \tag{4}$$

表 2 石膏脱水成半水石膏时的标准摩尔反应吉布斯自由能

温度/K	标准摩尔吉布斯自由能/（kJ/mol）			标准摩尔反应吉布斯自由能/（kJ/摩尔反应）
	$CaSO_4 \cdot 2H_2O$	$CaSO_4 \cdot 0.5H_2O$（β）	H_2O (g)	$CaSO_4 \cdot 2H_2O =$ $CaSO_4 \cdot 0.5H_2O$（β）$+1.5H_2O$ (g)
300.000	−1795.720	−1435.100	−228.500	17.871
320.000	−1780.588	−1425.772	−227.603	13.411
340.000	−1765.453	−1416.444	−226.695	8.967

温度/K	标准摩尔吉布斯自由能/（kJ/mol）			标准摩尔反应吉布斯自由能/（kJ/摩尔反应）
	$CaSO_4 \cdot 2H_2O$	$CaSO_4 \cdot 0.5H_2O$ (β)	H_2O (g)	$CaSO_4 \cdot 2H_2O =$ $CaSO_4 \cdot 0.5H_2O$ (β) $+1.5H_2O$ (g)
360.000	−1750.321	−1407.121	−225.774	4.538
380.000	−1735.187	−1397.796	−224.843	0.126
400.000	−1720.005	−1388.423	−223.902	−4.271
420.000	−1704.797	−1379.022	−222.951	−8.651
440.000	−1689.602	−1369.631	−221.992	−13.016
460.000	−1674.416	−1360.245	−221.023	−17.364
480.000	−1659.247	−1350.871	−220.047	−21.695
500.000	−1644.099	−1341.514	−219.063	−26.010
520.000	−1628.978	−1332.177	−218.072	−30.307
540.000	−1613.886	−1322.863	−217.074	−34.588
560.000	−1598.827	−1313.575	−216.069	−38.851
580.000	−1583.806	−1304.315	−215.058	−43.096
600.000	−1568.823	−1295.086	−214.040	−47.323

为方便热力学计算，根据表 2 的计算结果，将重反应（1）在不同温度下的标准摩尔反应吉布斯自由能数据用 MATLAB 中 polyfit 和 poly2sym 函数拟合，得如下结果：

$$\sum_B \nu_B \mu_B^\theta = 0.3794 \times 10^{-8} T^3 + 0.1557 \times 10^{-4} T^2 - 0.2337T + 86.48 (\text{kJ} \cdot \text{mol}^{-1}) \quad (5)$$

具体计算的过程如下：

$T = [300\ 320\ 340\ 360\ 380\ 400\ 420\ 440\ 460\ 480\ 500\ 520\ 540\ 560\ 580\ 600]$;

$G = [17.871\ 13.411\ 8.967\ 4.538\ 0.126\ -4.271\ -8.651\ -13.016\ -17.364\ -21.695$
$-26.010\ -30.307\ -34.588\ -38.851\ -43.096\ -47.323]$;

```
syms p2
p2 = polyfit(T, G, 3);
p2 = 0.0000   0.0000   − 0.2337   86.4826
vpa(poly2sym(p2), 4)
ans = .3794e − 8 * x^3 + .1557e − 4 * x^2 − .2337 * x + 86.48
plot(T, G, 'O')
x = 300：20：600;
y = .3794e − 8 * x.^3 + .1557e − 4 * x.^2 − .2337 * x + 86.48;
hold on
plot(x, y)
```

从图 1 的拟合效果来看，反应（1）标准摩尔反应吉布斯自由能在不同温度下的残差不大于 0.5×10^{-3}，因此式（5）是准确可信的。另外，根据化学反应式（1）可得：

$$\sum_B \nu_B RT \ln\left(\frac{P_B}{P^\theta}\right) = 1.5RT \ln\left(\frac{P_{H_2O}}{P^\theta}\right) \quad (6)$$

11

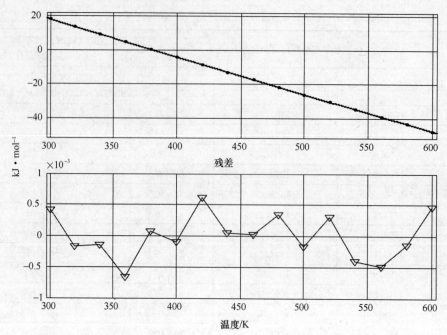

图1 反应式(1)标准摩尔反应吉布斯自由能拟合效果及残差分布图

将式(5)和式(6)代入式(3)得：

$$\Delta_r G_m((1),T) = 0.3974 \times 10^{-8} T^3 + 0.1557 \times 10^{-4} T^2 - 0.2337T + 86.48 + 1.5RT\ln\left(\frac{P_{H_2O}}{P^{\theta}}\right)$$

(7)

由物理化学理论知，当$\Delta_r G_m \leq 0$时，反应能够进行，即

当式(6)等于零时，石膏($CaSO_4 \cdot 2H_2O$)开始脱水生成熟石膏($CaSO_4 \cdot 0.5H_2O$)。

$$0.3974 \times 10^{-8} T^3 + 0.1557 \times 10^{-4} T^2 - 0.2337T + 86.48 + 1.5RT\ln\left(\frac{P_{H_2O}}{P^{\theta}}\right) = 0 \quad (8)$$

同理，对熟石膏($\beta\text{-}CaSO_4 \cdot 0.5H_2O$)脱水生成可溶性无水石膏($\gamma\text{-}CaSO_4$)时，反应(2)标准摩尔反应吉布斯自由能计算如下：

$$\Delta_r G_m^{\theta}((2),T) = 0.3220 \times 10^{-7} T^3 - 0.1132 \times 10^{-4} T^2 - 0.6982 \times 10^{-1} T + 33.71 \quad (9)$$

表3 半水石膏脱水成无水可溶性石膏的标准摩尔反应吉布斯自由能

温度/K	标准摩尔吉布斯自由能/（kJ/mol）			标准摩尔反应吉布斯自由能/（kJ/摩尔反应）
	$CaSO_4 \cdot 0.5H_2O$ (β)	$CaSO_4$ (γ)	H_2O (g)	$CaSO_4 \cdot 0.5H_2O$ (β) $=$ $CaSO_4$ (γ) $+0.5H_2O$ (g)
300.000	−1435.100	−1308.234	−228.500	12.616
320.000	−1425.772	−1300.702	−227.603	11.269
340.000	−1416.444	−1293.162	−226.695	9.935
360.000	−1407.121	−1285.618	−225.774	8.617
380.000	−1397.796	−1278.058	−224.843	7.316
400.000	−1388.423	−1270.436	−223.902	6.036

12

温度/K	标准摩尔吉布斯自由能/（kJ/mol）			标准摩尔反应吉布斯自由能/（kJ/摩尔反应）
	$CaSO_4 \cdot 0.5H_2O$ （β）	$CaSO_4$ （γ）	H_2O （g）	$CaSO_4 \cdot 0.5H_2O$ （β）＝ $CaSO_4$ （γ）＋$0.5H_2O$ （g）
420.000	−1379.022	−1262.769	−222.951	4.778
440.000	−1369.631	−1255.092	−221.992	3.543
460.000	−1360.245	−1247.399	−221.023	2.334
480.000	−1350.871	−1239.695	−220.047	1.153
500.000	−1341.514	−1231.983	−219.063	0.000
520.000	−1332.177	−1224.265	−218.072	−1.123
540.000	−1322.863	−1216.542	−217.074	−2.216
560.000	−1313.575	−1208.817	−216.069	−3.277
580.000	−1304.315	−1201.091	−215.058	−4.305
600.000	−1295.086	−1193.365	−214.040	−5.299

当 $\Delta_r G_m^{\theta}((2)，T)=0$ 时解得 $T=500K$，也就是说在 $P_{H_2O}=P^{\theta}$ 时，熟石膏（β-$CaSO_4 \cdot 0.5H_2O$）脱水生成可溶性无水石膏（γ-$CaSO_4$）的温度为 $500K$，但实验测试表明，在水蒸气分压为一个标准大气压时，熟石膏脱水生成可溶性无水石膏的起始反应温度约为 $463K$。理论计算和实验测试数据有一定的误差，具体原因分析如下。

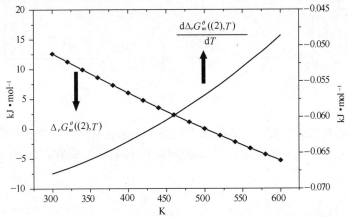

图 2　反应式（2）的标准摩尔反应吉布斯自由能及其一阶导数

由图 2 可知：

$$\frac{d\Delta_r G_m^{\theta}((2)，T)}{dT} \approx 0.060(kJ \cdot mol^{-1} \cdot K^{-1})$$

函数函数 $\Delta_r G_m^{\theta}((2)，T)$ 的斜率很少，约等于 $0.06 kJ \cdot mol^{-1} \cdot K^{-1}$，即当应变量——反应式（2）的标准摩尔吉布斯自由能改变 1kJ 时，反应式（2）的起始温度约改变 $1/0.06=17K$。而一般情况下，采用热力学数据计算得到的一个反应的吉布斯函数变大约有 2kJ 的误差，故采用式（8）计算熟石膏（β-$CaSO_4 \cdot 0.5H_2O$）脱水生成可溶性无水石膏（γ-$CaSO_4$）的温度具有一定的误差。因为一个化学反应的吉布斯函数变的计算仅涉及到加减运算，故可以在结合实际测试得到的反应起始温度的基础上对式（8）进行修正。计算表明，将式（8）中的

13

常数项修改为 31.71，即将式（8）修正为式（9）后，则理论与实际测量起始反应温度一致。

$$\Delta_r G_m^\theta((2),T) = 0.3220 \times 10^{-7} T^3 - 0.1132 \times 10^{-4} T^2 - 0.6982 \times 10^{-1} T + 31.71 \quad (10)$$

根据反应式（2）得：

$$\sum_B \nu_B RT \ln\left(\frac{P_B}{P^\theta}\right) = 0.5 RT \ln\left(\frac{P_{H_2O}}{P^\theta}\right) \quad (11)$$

将式（10）和式（11）代入式（3）得：

$$\Delta_r G_m((2),T) = 0.3220 \times 10^{-7} T^3 - 0.1132 \times 10^{-4} T^2 - 0.6982 \times 10^{-1} T +$$

$$31.71 + 0.5 RT \ln\left(\frac{P_{H_2O}}{P^\theta}\right) \quad (12)$$

令

$$\Delta_r G_m((1),T) = 0; \quad \Delta_r G_m((2),T) = 0$$

分别得到石膏（$CaSO_4 \cdot 2H_2O$）脱水形成半水石膏（$\beta\text{-}CaSO_4 \cdot 0.5H_2O$）和熟石膏脱水形成可溶性无水石膏（$\gamma\text{-}CaSO_4$）时水蒸气分压和温度的函数关系图（图3）。

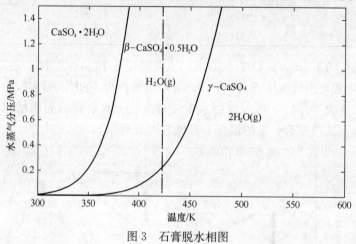

图3　石膏脱水相图

图3表明，石膏的脱水温度及其脱水产物除了与温度有关外，与石膏在脱水过程中的水蒸气分压也息息相关。图4是采用热同步分析仪（TG-DSC）研究石膏（$CaSO_4 \cdot 2H_2O$）在

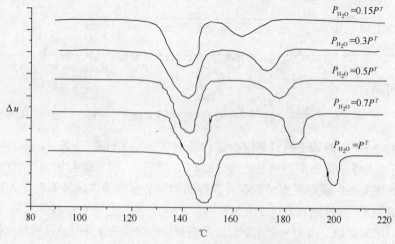

图4　温度和水蒸气分压对石膏脱水的影响

14

不同温度和水蒸气分压下的脱水行为，从图中可看出，随着水蒸气分压的降低，半水石膏（β-CaSO₄·0.5H₂O）脱水转变成可溶性无水石膏（γ-CaSO4）的起始反应温度也显著降低；与此同时，石膏脱水成半水石膏（β-CaSO₄·0.5H₂O）的起始反应温度也有一定程度的降低。

1.3 石膏脱水动力学研究

图 5 呈现了石膏在不同温度下脱水生成半水石膏时反应时间和反应进度的关系，当石膏在 405K 的温度下脱水时，大约仅需要 0.7h 便可全部生成半水石膏，而在 380K 时则需要 8h 才能全部转化为半水石膏。由此可见，温度对石膏的脱水速度影响极大。

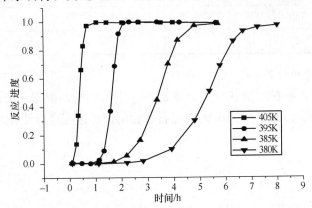

图 5　石膏在不同温度下脱水生成半水石膏的反应进度

2 脱硫石膏的流态化特性研究

2.1 流化速度和床层压降的计算

2.1.1 临界流化速度的计算

已知如下数据：

床层空隙率：0.65；150℃空气的黏度：$U = 24.1 \times 10^{-6}$ Pa·s；150℃空气的密度 $\rho_g = 0.83$kg/m³；颗粒 $d_p = 60\mu$m；估算形状因子 $\phi_s = 0.7$；CaSO₄·2H₂O 的 $\rho_s = 2310$kg/m³。

根据固体流态化理论，粉体的临界流化速度可用式（1）表示为：

$$\mu_{mf} = \frac{d_p^2(\rho_s - \rho_g)g}{150\mu} \times \frac{\varepsilon_{mf}^3 \phi_s^2}{1 - \varepsilon_{mf}} \tag{13}$$

将已知数据代入式（13），计算得：

$$\mu_{mf} = \frac{(60 \times 10^{-6})^2 \times (2310 - 0.83) \times 9.8}{150 \times 24.1 \times 10^{-6}} \times \frac{0.65^3 \times 0.7^2}{1 - 0.65}$$
$$= 2.25 \times 10^{-2}(m/s)$$

2.1.2 流化压降的计算

床层的压降可认为等于单位截面积床层亚硫酸钙灰的净重，即

$$\Delta P_m = L(1 - \varepsilon)(\rho_s - \rho)g \tag{14}$$

式中，L 表示亚硫酸钙灰床层的高，ε 表示床层静止时的空隙率，ρ_s 和 ρ 分别表示亚硫酸钙灰和空气的密度。在石膏粉流态化过程中，压降随着高度的不同而不同，具体计算见表 4。

表 4　床层料高与流化压降的关系

床层高度/m	床层压降/Pa
0.8	6336
1	7920
1.2	9504
1.4	11088
1.6	12672
1.8	14256
2	15840

2.1.3　带出速度的计算

对于非球形颗粒，颗粒的形状对曳力系数有一定的影响，根据《流态化技术基础及应用》[3]一书介绍的公式对大小为 $60\mu m$ 的脱硫石膏粉的带出速度进行计算。

当 $R_e < 0.05$ 时

$$\mu_t = K_1 \frac{g d_p^2 (\rho_s - \rho_g)}{18\mu} \tag{15}$$

$$K_1 = 0.843 \lg\left(\frac{\phi_s}{0.065}\right) \tag{16}$$

代入具体的数据计算得：

$$K_1 = 0.843 \lg\left(\frac{0.8}{0.065}\right) = 0.87$$

$$\mu_t = 0.87 \times \frac{9.8 \times (60 \times 10^{-6})^2 \times (2310 - 0.83)}{18 \times 24.1 \times 10^{-6}} = 0.163 (\text{m/s})$$

$$R_e = d_p \mu_t \rho_g / \mu = \frac{60 \times 10^{-6} \times 0.163 \times 0.83}{24.1 \times 10^{-6}} = 0.338$$

此时，因为式（15）和式（16）的适用条件是 $R_e < 0.05$，故以上计算不合理，带出速度需要重新计算。

当 $0.05 < R_e < 2000$ 时

$$\mu_t = \left[\frac{4}{3} \times \frac{g d_p (\rho_s - \rho_g)}{C_d \rho_g}\right]^{0.5} \tag{17}$$

查表知 C_d[4]约为 30，将具体数据代入式（17）计算得：

$$\mu_t = \left[\frac{4}{3} \times \frac{9.8 \times 60 \times 10^{-6} \times (2310 - 0.83)}{30 \times 0.83}\right]^{0.5} \tag{18}$$

$$= 0.2696 (\text{m/s})$$

2.2　亚硫酸钙灰的流态化试验研究

图 6 给出了亚硫酸钙灰的压降特性曲线，从图中可看出，随着气体表观速度的增加，0.15m 厚的床层的压降也在逐渐上升，当气体表观速度达到 0.03m/s 时，亚硫酸钙灰达到临界流化速度，这一数值和 2.1.1 节中理论计算得到的 0.023m/s 的临界流化速度相当。

16

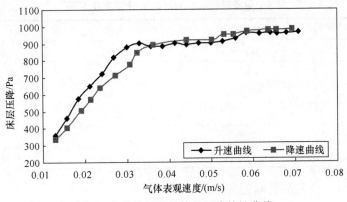

图 6　亚硫酸钙灰粉体的压降特性曲线

3　亚硫酸钙灰的物理化学性质分析

3.1　亚硫酸钙灰的成分分析

3.1.1　亚硫酸钙灰物相的定性分析

亚硫酸钙灰的 XRD 测试数据在南京大学分析中心测试得到，衍射图如图 7 所示。

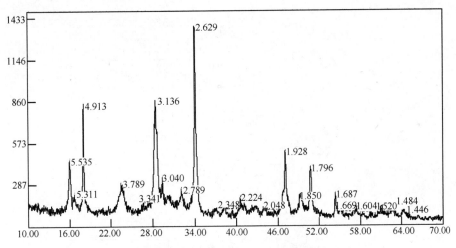

图 7　沙钢亚硫酸钙灰 XRD 粉末衍射图

从亚硫酸钙灰 XRD 粉末衍射图中检索出如下晶体：$CaSO_3 \cdot 0.5H_2O$、$Ca(OH)_2$、$CaCO_3$、SiO_2（石英）。

从亚硫酸钙灰物相检索图中可看出：$CaSO_3 \cdot 0.5H_2O$ 和 $Ca(OH)_2$ 含量较多，$CaCO_3$、SiO_2（石英）含量较少。

3.1.2　定量分析

亚硫酸钙灰中的晶体含量采用"绝热法"计算，计算所用 K 值数据来自于 PDF 卡，峰的衍射积分强度从衍射图中计算而得，具体数据列于表 5。

表5 亚硫酸钙灰衍射峰的积分强度及 **K** 值

2θ	衍射积分强度	K 值	备注
34.077	11944	2.90	氢氧化钙主峰
28.36	9927	1.42	半水亚硫酸钙主峰
29.38	1404	3.20	碳酸钙主峰
26.66	517	3.03	石英主峰
34.32	2396	无	亚硫酸钙次强峰
28.63	3096	无	氢氧化钙次强峰

依据"绝热法",亚硫酸钙灰的各相含量计算如下:

$$\chi_{Ca(OH)_2} = \cfrac{1}{1 + \cfrac{2.90}{11944}\left(\cfrac{9927}{1.42} + \cfrac{1404}{3.20} + \cfrac{517}{3.03}\right)}$$

$$= \frac{1}{1 + 1.84533} = 35.16\%$$

$$\chi_{CaSO_3 \cdot 0.5H_2O} = \cfrac{1}{1 + \cfrac{1.42}{9927}\left(\cfrac{11944}{2.90} + \cfrac{1404}{3.20} + \cfrac{517}{3.03}\right)}$$

$$= \frac{1}{1 + 0.67631} = 59.65\%$$

$$\chi_{CaCO_3} = \cfrac{1}{1 + \cfrac{3.20}{1404}\left(\cfrac{11944}{2.90} + \cfrac{9927}{1.42} + \cfrac{517}{3.03}\right)}$$

$$= \frac{1}{1 + 25.7096} = 3.74\%$$

$$\chi_{SiO_2} = \cfrac{1}{1 + \cfrac{3.03}{517}\left(\cfrac{11944}{2.90} + \cfrac{9927}{1.42} + \cfrac{1404}{3.20}\right)}$$

$$= \frac{1}{1 + 67.681} = 1.45\%$$

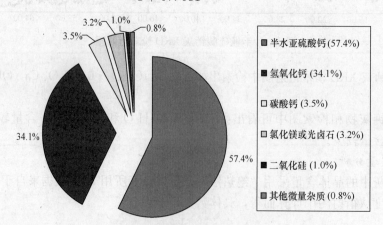

图8 亚硫酸钙灰成分分析饼图

3.2 亚硫酸钙颗粒级配分析及氧化工艺研究

3.2.1 沙钢亚硫酸钙灰粒度分布测试

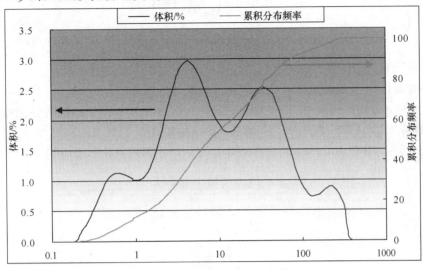

图9 沙钢亚硫酸钙灰粒度分布图

3.2.2 临界流化速度和流化压降的计算

（1）起始流化速度的计算

床层空隙率：0.70；450℃空气的黏度：$U=34.5\times10^{-6}$ Pa·s；颗粒 $d_p=8\mu$m；形状因子 $\phi_s=0.8$；亚硫酸钙灰 $\rho_s=2270$kg/m³。

根据固体流态化理论，粉体的临界流化速度可用式（19）表示为：

$$\mu_{mf}=\frac{d_p^2(\rho_s-\rho_g)g}{150\mu}\times\frac{\varepsilon_{mf}^3\phi_s^2}{1-\varepsilon_{mf}}\tag{19}$$

已知数据代入式（19），计算得：

$$\mu_{mf}=\frac{(8\times10^{-6})^2\times(2270-0.49)\times9.8}{150\times34.5\times10^{-6}}\times\frac{0.70^3\times0.8^2}{1-0.7}$$

$$=2.75\times10^{-2}(\text{cm/s})$$

（2）床层压降的计算

床层的压降可认为等于单位截面积床层亚硫酸钙灰的净重，即

$$\Delta P_m=L(1-\varepsilon)(\rho_s-\rho)g\tag{20}$$

式中，L 表示亚硫酸钙灰床层的高，ε 表示床层静止时的空隙率，ρ_s 和 ρ 分别表示亚硫酸钙灰和空气的密度。

（3）带出速度的计算

对于非球形颗粒，颗粒的形状对曳力系数有一定的影响，根据《流态化技术基础及应用》一书介绍的公式对大小为 8μm 的亚硫酸钙颗粒的带出速度进行计算。

当 $R_e<0.05$ 时

$$\mu_t=K_1\frac{gd_p^2(\rho_s-\rho_g)}{18\mu}\tag{21}$$

$$K_1=0.843\lg\left(\frac{\phi_s}{0.065}\right)\tag{22}$$

19

代入具体的数据计算得：

$$K_1 = 0.843 \lg \left(\frac{0.8}{0.065} \right) = 0.919 \tag{23}$$

$$\mu_t = 0.919 \times \frac{9.8 \times (8 \times 10^{-6})^2 \times (2270 - 0.49)}{18 \times 34.5 \times 10^{-6}} = 0.21 \text{(cm/s)}$$

（4）理论耗氧量的计算

以每小时氧化 5t 亚硫酸钙灰，现对理论消耗氧气量计算估计。

由图 6 可见，亚硫酸钙灰中约含 57% 的 $CaSO_3 \cdot 0.5H_2O$，故 5t 亚硫酸钙灰中含 $CaSO_3 \cdot 0.5H_2O$ 的数量为 $5 \times 0.57 = 2.85$(t)，折算成 $CaSO_3$ 的质量为 $(120/129) \times 2.85 = 2.65$(t)。

设 2.65t $CaSO_3$ 氧化成 $CaSO_4$ 时需要消耗氧气 x 吨，则根据化学反应式：

$$CaSO_3 + \frac{1}{2}O_2 = CaSO_4$$

$$\begin{array}{cc} 120 & 16 \\ 2.65 & x \end{array}$$

$$\frac{120}{2.65} = \frac{16}{x} \Rightarrow x = \frac{16 \times 2.65}{120} = 0.353 \text{(t)} \tag{24}$$

通过式（24）的计算得出将 5t 亚硫酸钙灰中的 $CaSO_3 \cdot 0.5H_2O$ 全部氧化为 $CaSO_4$ 时需要消耗 0.353t O_2。0.353t O_2 在常温常压（一个标准大气压）下的体积计算如下：

$$V_{O_2} = \frac{353 \times 10^3}{32} \times 22.4 \times 10^{-3}$$

$$= 247 \text{(m}^3\text{)}$$

由于空气中只含有 21% 的 O_2，故理论需要的空气量为：

$$V_{空气} = \frac{100}{21} \times 247.1 = 1176 \text{(m}^3\text{)}$$

3.2.3 关于亚硫酸钙灰流态化小结

由于亚硫酸钙灰的颗粒很细，本身难以实现固体流态化。如考虑使用振动、桨叶搅拌等方式，在流化风速适中的条件下可能会使细粉体实现流态化。但是由于流化风速很低，带出速度只有 0.21cm/s，实际操作速度一般只有带出速度的一半左右或略高，在如此低的操作速度下，由于单位时间内进入流化床的氧气少，不能满足在 5~10min 内完成亚硫酸钙灰全部氧化所需要的氧气量，故在设计亚硫酸钙灰氧化设备时需要兼顾反应所需时间和保证充足氧气量的问题。

4 亚硫酸钙分解条件研究

4.1 亚硫酸钙分解的热力学计算

在无氧的环境下，如 $CaSO_3$ 只发生分解生成 CaO 和 SO_2 气体的反应，则具体的分解温度计算如下：

$$CaSO_3 = CaO + SO_2(g) \tag{25}$$

$$\Delta_r G_m(1) = \Delta_r G_m^\theta(1) + RT \ln \left(\frac{P_{SO_2}}{P^\theta} \right) \tag{26}$$

$$P_{SO_2} = P^\theta e^{\frac{\Delta_r G_m^\theta(1)}{RT}} \tag{27}$$

表 7 反应（1）的热力学计算结果

T	T	ΔH	ΔS	ΔG	SO_2 的理论计算浓度/%
℃	K	kcal	cal/K	kJ	
0.000	273.150	54.471	44.413	177.147	0.0%
50.000	323.150	54.359	44.036	167.899	0.0%
100.000	373.150	54.275	43.795	158.713	0.0%
150.000	423.150	54.207	43.622	149.570	0.0%
200.000	473.150	54.144	43.482	140.459	0.0%
250.000	523.150	54.080	43.354	131.376	0.0%
300.000	573.150	54.012	43.230	122.320	0.0%
350.000	623.150	53.938	43.105	113.289	0.0%
400.000	673.150	53.851	42.972	104.285	0.0%
450.000	723.150	53.750	42.826	95.310	0.0%
500.000	773.150	53.631	42.667	86.367	0.0%
550.000	823.150	53.492	42.494	77.459	0.0%
600.000	873.150	53.333	42.307	68.589	0.0%
650.000	923.150	53.153	42.106	59.759	0.0%
700.000	973.150	52.950	41.892	50.973	0.2%
750.000	1023.150	52.724	41.666	42.232	0.7%
800.000	1073.150	52.475	41.428	33.541	2.3%
850.000	1123.150	52.203	41.181	24.899	6.9%
900.000	1173.150	51.907	40.923	16.311	18.8%
950.000	1223.150	51.588	40.656	7.778	46.5%
1000.000	1273.150	51.245	40.382	−0.699	106.8%
1050.000	1323.150	50.878	40.099	−9.117	229.1%
1100.000	1373.150	50.488	39.810	−17.476	462.2%
1150.000	1423.150	50.074	39.514	−25.773	883.1%
1200.000	1473.150	49.637	39.212	−34.008	1606.6%

根据表 7 的计算可看出，当 $CaSO_3$ 在高温下只发生分解成 CaO 和 SO_2 的反应时，约在 800℃时开始出现大量的 SO_2 气体。

据文献报道，在无氧的环境下 $CaSO_3$ 可发生歧化反应，自身氧化还原成 CaS 和 $CaSO_4$，具体如式（28）所示。现针对式（28）所示的反应用热力学的理论计算，以评估该反应发生的可能性。

$$4CaSO_3 = CaS + 3CaSO_4 \qquad (28)$$

$$\Delta_r G_m(4) = \Delta_f G_m(CaS, T) + 3 \cdot \Delta_f G_m(CaSO_4, T) - 4 \cdot \Delta_r G_m(CaSO_4, T) \quad (29)$$

从图 10 可知，通过计算表明，反应（28）的摩尔反应吉布斯自由能从室温到 1200℃ 以上均远小于 0，故该反应是一个自发反应，在常温下由于动力学因素的制约，依然以 $CaSO_3$ 的形式存在，当温度升高到一定程度时动力学的制约因素大为减少，故在高温下 $CaSO_3$ 可自身发生歧化反应生成 CaS 和 $CaSO_4$。综上所述，在高温下 $CaSO_3$ 既可能发生分解生成 CaO 和 SO_2 气体，也可以自身发生歧化反应生成 CaS 和 $CaSO_4$。

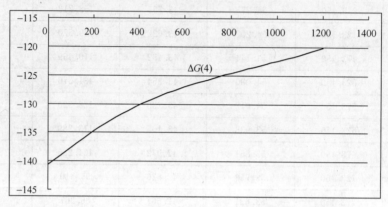

图 10　反应（28）的摩尔反应吉布斯自由能随温度的变化曲线

通过对单个化学反应的热力学计算表明，$CaSO_3$ 在无氧条件下既可以发生分解反应，也可发生自身的氧化还原反应，即歧化反应，因此 $CaSO_3$ 在无氧条件下发生了复杂的物理化学变化。本节拟借助计算机用能最小法来研究 $CaSO_3$ 在无氧条件下的化学行为。

通过图 11～图 14 的计算表明，$CaSO_3$ 在高温下的分解率与 SO_2 的浓度息息相关，SO_2 的浓度越高，$CaSO_3$ 的分解率越低。如欲得到 25％ 浓度的 SO_2，则 $CaSO_3$ 的分解率有望得到含量大于 93％ 的 CaO，其他少量杂质主要是 $CaSO_4$。

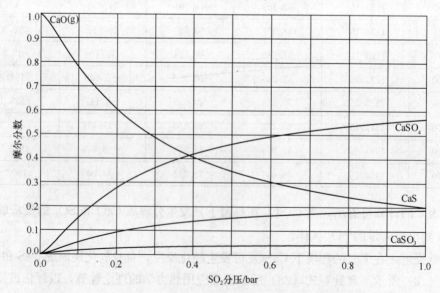

图 11　1mol $CaSO_3$ 在 800℃ 下分解产物的成分组成图

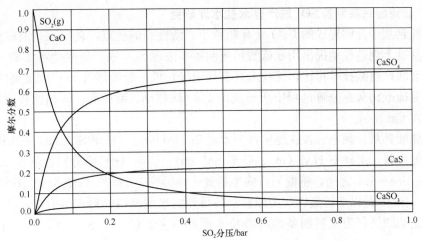

图 12　1mol CaSO₃ 在 850℃下分解产物的成分组成图

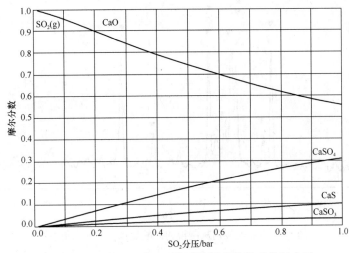

图 13　1mol CaSO₃ 在 900℃下分解产物的成分组成图

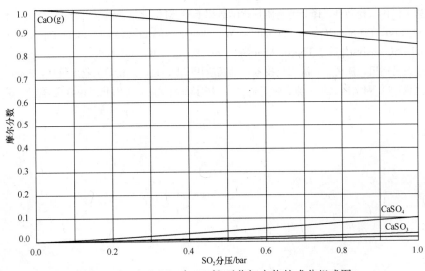

图 14　1mol CaSO₃ 在 950℃下分解产物的成分组成图

4.2 亚硫酸钙灰制备 SO_2 联产硅酸盐水泥研究

亚硫酸钙灰中分解形成的 CaO 具有颗粒小、活性高的优点,在深入研究硅酸盐水泥生产技术的基础上创造性地提出用亚硫酸钙灰制备高浓度 SO_2 联产硅酸盐水泥的一体化技术。与石膏分解联产硫酸技术相比,该技术具有理论能耗低、分解烟气 SO_2 浓度高的显著优势。此外由于亚硫酸钙灰在分解过程中所形成的 CaO 颗粒小、活性高,故相比较石灰石而言不易形成游离 CaO。

将亚硫酸钙灰、黏土、含铁尾矿按照水硬率 HM(m)、硅率 SM(n)、铝率(p)的要求配成水泥生料,水硬率 HM(m)、硅率 SM(n)、铝率(p)值分别控制在 0.85~0.90、1.7~2.7、0.8~1.7 之间,将混匀后的生料置于高温炉中 1450℃灼烧 3h 后急冷得到硅酸盐水泥熟料。图 15 是以亚硫酸钙灰为原料制备得到的水泥熟料的粉末衍射图,从衍射图中可看出,以亚硫酸钙灰为原料制备的硅酸盐水泥熟料主要包含 C_3S、C_2S、C_3A、C_4AF 四种矿物。

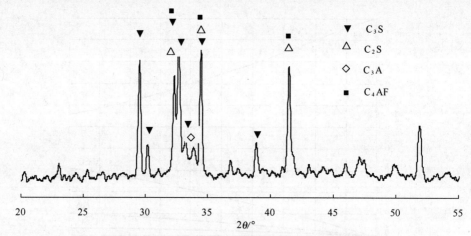

图 15 用亚硫酸钙灰制得的硅酸盐水泥的粉末衍射图

参考文献

[1] 伊赫桑·巴伦. 程乃良,译. 纯物质热化学数据手册[M]. 北京:科学出版社,2003:482-485.

[2] Wenbin Lou, Baohong Guan, Zhongbiao Wu. Dehydration behavior of FGD gypsum by simultaneous TG and DSC analysis[J]. J Therm Anal Calorim,2011,104:661-668.

[3] 吴占松,马润田,汪展文. 流态化技术基础及应用[M]. 北京:化学工业出版社,2006:72-78.

[4] 国井大藏,O. 列文斯比尔. 流态化工程[M]. 华东石油学院,上海化工设计院译. 1968:68-69.

一夫公司脱硫建筑石膏粉相组成对产品性能的影响及低成本掺合料技术研究

谢 波

1 背景

随着电力工业的发展，环境保护的要求越来越高，电厂发电锅炉的烟气必须进行脱硫处理，烟气脱硫将产生大量的副产品——脱硫石膏。江苏一夫科技股份有限公司利用发电公司烟气脱硫产生的工业副产品脱硫石膏作原料，建设了一条建筑石膏生产线，彻底解决了脱硫石膏对环境构成的潜在污染。一夫公司从 2007 年开始与山东平邑开元新型建材有限公司合作开发，建立一条设计能力 10 万吨/年的脱硫副产石膏煅烧生产线，即"FC-分室石膏煅烧系统"，于 2009 年投产后，尽管在设计与建立时考虑得很周全，但在近几年的运行过程中，煅烧出来的建筑石膏产品的凝结时间、标稠及强度等主要性能不稳定、波动很大，严重影响了建筑石膏产品的使用与销售。性能不稳定的原因，一方面是由于生产线自身的工艺设计缺陷，另一方面是脱硫石膏原材料自身性能所引起。

脱硫建筑石膏从相组成上来说是一种多相混合体系，通常是指以半水石膏为主，含有过烧无水石膏和未完全分解的二水石膏等的多组分的混合物。由于其内部各相微观结构不同，所以在宏观物理和化学性能上也有明显差异。实践表明，脱硫建筑石膏的各种性能与其内部半水石膏、可溶性无水石膏和残存二水石膏三相的比例有关，如凝结时间，在很大程度上受脱硫建筑石膏中残存二水石膏含量的影响，因此相组成的研究对于合理利用脱硫建筑石膏，充分发挥其优异的工艺性能有着重要的意义[1]。

脱硫石膏颗粒较细，平均粒径范围在 $40\sim60\mu m$，同天然石膏相比，其颗粒过细且分布较窄。脱硫石膏的这种特性往往会带来触变性及流动性等问题，对脱硫建筑石膏粉体的堆积密度和水化过程带来很大影响，从而影响石膏材料的许多性能，如凝结时间、标准稠度用水量、流动度、亚微观结构和强度性能[1-2]。关于颗粒级配对水化过程的影响，看法比较一致：颗粒越细，水化越快，早期强度越高；比表面积相同时，粒度分布越均匀，颗粒水化越快，强度越高[3]。硬化体强度，与粉体在拌水前的堆积状态密切相关。许多学者认为，粒度分布范围越宽，即颗粒分布越分散，材料的堆积密度越高[4]。因此，在脱硫建筑石膏的应用过程中，需要对其进行特殊的技术处理去优化脱硫建筑石膏的颗粒级配，从而来增强脱硫建筑石膏的性能，具有重要的工业应用价值。

矿物掺合料由于其自身的低成本、潜在的水硬活性、可降低水化热、改善胶凝材料工作性、可促进环保等特点，被广泛地应用于建筑胶凝材料行业，特别是在水泥混凝土行业中的应用最为成熟[5]。目前使用最为广泛的矿物掺合料为矿粉、粉煤灰和硅灰，其中，由于硅灰成本高等原因，仅应用于高性能或有特殊要求的胶凝材料领域，而矿粉、粉煤灰则由于成本低的优势，已在水泥混凝土领域的应用中占据了主导地位。由于一夫公司脱硫建筑石膏粉生产成本较高，在保证产品性能指标的前提下掺入一些低成本的矿物掺合料，以达到降低脱硫建筑石膏粉成本的目的。

2 原材料及试验方法

2.1 原材料

试验所用的原材料主要有脱硫建筑石膏、二水脱硫石膏、半水脱硫石膏、Ⅲ型无水脱硫石膏、石膏减水剂、粉煤灰等。主要成分和粒度组成见下列图表所示。

表1 脱硫建筑石膏的成分分析

成分	SO_3	CaO	P_2O_5	SiO_2	MnO	MgO	SrO	Al_2O_3	K_2O	Cl	Na_2O	TiO_2	Fe_2O_3
含量/%	41.84	30.42	0.04	4.26	0.01	0.83	0.06	1.86	0.40	0.14	0.12	0.10	0.68

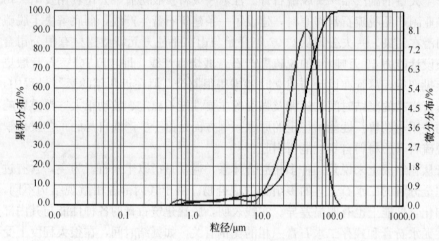

粒径/μm	含量/%
0.463	0.00
0.864	1.06
1.612	2.08
3.009	3.10
5.616	4.65
10.48	6.35
19.56	16.06
36.51	49.09
68.15	90.83
127.4	100.00

图2 脱硫石膏的粒度分布

表2 粉煤灰的成分分析

成分	SO_3	SiO_2	Fe_2O_3	Al_2O_3	CaO	MgO	K_2O	Na_2O	LOI
含量%	0.66	50.09	7.48	27.3	4.42	1.14	1.22	0.59	5.26

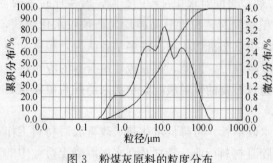

图3 粉煤灰原料的粒度分布

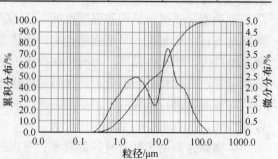

图4 球磨70min粉煤灰的粒度分布

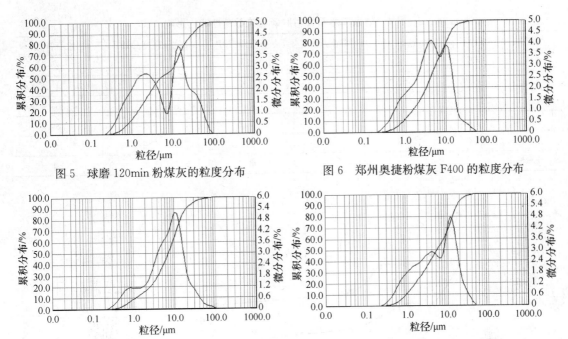

图 5 球磨 120min 粉煤灰的粒度分布   图 6 郑州奥捷粉煤灰 F400 的粒度分布

图 7 郑州奥捷粉煤灰 F600 的粒度分布   图 8 合肥宇淅超细粉煤灰的粒度分布

表 3 粉煤灰中位径

名　　称	中位径/μm
粉煤灰原料	9.913
球磨 70min 粉煤灰	7.240
球磨 120min 粉煤灰	5.179
郑州奥捷粉煤灰 F400	4.329
郑州奥捷粉煤灰 F600	7.143
合肥宇淅超细粉煤灰	5.251

2.2 试验方法

2.2.1 残余二水石膏、石膏缓凝剂对脱硫建筑石膏性能的影响：二水石膏的含量在 0.5%～20% 的范围内，缓凝剂含量为 0.3%，加入到半水石膏中，研究对其物理性能的影响。

2.2.2 通过陈化试验研究过烧的Ⅲ型无水石膏对脱硫建筑石膏性能的影响。

2.2.3 石膏不同相组成的试验：在半水石膏含量上限 100%、二水石膏上限 30%、Ⅲ型无水石膏上限 80% 的范围内，随机生成 16 组试验，检测出的结果使用单纯形优化法来分析研究。

2.2.4 掺加粉煤灰对脱硫建筑石膏性能的影响：将粉煤灰粉磨至不同粒径，然后将粉煤灰以 0～50% 的掺量加到脱硫建筑石膏中，研究其对石膏物理性能的影响。

3 结果分析与讨论

3.1 残余二水石膏对脱硫建筑石膏性能的影响

脱硫建筑石膏中残余的二水石膏在其水化过程中起到晶核的作用，若煅烧产物中存在较多的二水石膏，容易产生快凝等现象。

27

表 4 残余二水石膏对脱硫建筑石膏性能的影响

编号	标稠/%	初凝/min	终凝/min	抗折强度/MPa	抗压强度/MPa	二水石膏/%
ES-1	68	8	12	3.6	8.4	2
ES-2	70	5	9	3.7	8.4	4
ES-3	71	5	8	3.5	8.5	6
ES-4	73	4	8	3.2	8.4	8
ES-5	70	3	6	2.8	7.2	10
ES-6	73	2	5	2.6	5.9	20

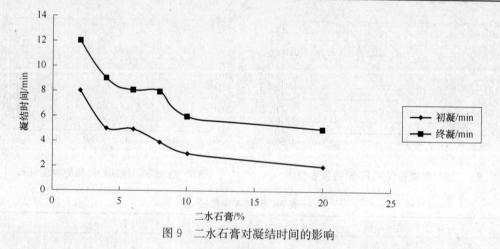

图 9 二水石膏对凝结时间的影响

从表 4、图 9 中可以看出，初凝和终凝时间随着残余二水石膏含量的增加均减少；当二水相含量由 2% 增加至 8% 时，初凝时间减少 4min，终凝时间减少 4min；当二水相含量过高时，脱硫建筑石膏的 2h 抗压强度及抗折强度较低。

3.2 石膏缓凝剂对脱硫建筑石膏性能的影响

在石膏的应用过程中，凝结时间常常会影响石膏粉的使用，从而加入石膏缓凝剂来改善石膏的性能。

表 5 石膏缓凝剂对脱硫建筑石膏性能的影响

编号	二水石膏/%	标稠/%	空白样		加 0.3%JMG-A	
			初凝/min	终凝/min	初凝/min	终凝/min
HN-1	0.5	68	6	9	65	75
HN-2	1	70	8	12	68	81
HN-3	2	71	8	12	55	72
HN-4	3	73	6	10	48	63
HN-5	4	70	5	9	41	52
HN-6	5	70	5	8	28	35
HN-7	6	72	5	9	30	39
HN-8	8	72	4	8	26	33
HN-9	10	72	3	6	16	20
HN-10	20	73	2	5	8	11

28

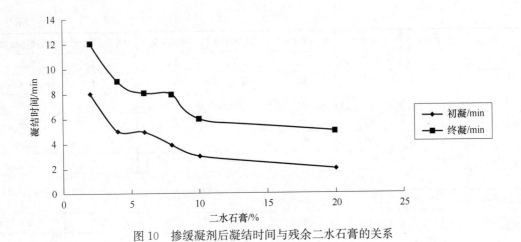

图 10　掺缓凝剂后凝结时间与残余二水石膏的关系

从图 10 中可以看出，添加缓凝剂后，绝大部分二水石膏含量较低的脱硫建筑石膏的凝结时间可显著延长，当脱硫建筑石膏内二水相含量较高时，同等的掺量对延长石膏的凝结时间效果并不理想。具体为：当残余二水石膏含量<4.0%时，在石膏内掺入 0.3%石膏缓凝剂后，石膏的凝结时间至少延长至原来的 4 倍以上，初凝时间甚至能达到 1h 以上；当残余二水石膏含量>4.0%时，掺入 0.3%JMG-A 后，凝结时间与原来差别相对不大，且终凝时间普遍偏短。

3.3　过烧的Ⅲ型无水石膏对脱硫建筑石膏性能的影响

经过煅烧的脱硫建筑石膏，由于含有一定量的性质不稳定的无水石膏和少量的二水石膏，使得物相组成不稳、分散度大、吸附活性高，导致粉体标准稠度用水量增加、强度降低、凝结时间不稳定，此时脱硫建筑石膏需要陈化，以改善其物理性能。陈化对脱硫建筑石膏凝结时间的改善效果见表 6。

表 6　陈化对脱硫建筑石膏凝结时间的影响

无水相/%	半水相/%	二水相/%	加 0.3%JMG-A		备注
			初凝/min	终凝/min	
7.73	80.66	4.40	45	51	未经陈化
0	88.21	5.54	69	78	陈化 24h

从表 6 中可以看出，当脱硫建筑石膏粉中Ⅲ型无水石膏含量较高，且二水石膏含量也较高时，陈化虽然能减少无水石膏的含量，但是并不能对其性能起到明显的改善，尤其是凝结时间，因为二水石膏含量高，其减弱缓凝剂的缓凝效果，使加入缓凝剂的石膏凝结时间不会发生明显的变化。

3.4　石膏不同相组成试验

表 7　不同相组成试验

二水石膏	半水石膏	Ⅲ型无水	稠度	初凝时间	终凝时间	2h 抗折强度	2h 抗压强度
18%	19%	63%	73	1′27″	6′10″	1.4	2
15%	85%	0%	68	2′48″	8′40″	1.6	2.8
23%	54%	23%	69	1′48″	7′07″	1.1	1.9
8%	69%	23%	70	2′17″	7′58″	2.6	5.3

二水石膏	半水石膏	Ⅲ型无水	稠度	初凝时间	终凝时间	2h抗折强度	2h抗压强度
0%	20%	80%	73	2′41″	6′49″	3	5.9
0%	100%	0%	69	4′00″	11′00″	2.4	6.8
30%	35%	35%	67	2′18″	8′00″	1.2	1.9
23%	19%	58%	70	1′09″	5′00″	0.8	1.6
16%	38%	46%	68	1′47″	4′00″	1.2	2
0%	60%	40%	70	2′50″	5′00″	2.3	4.6
20%	0%	80%	74	1′20″	4′00″	1.2	1.9
30%	70%	0%	66	2′32″	5′09″	0.6	0.7
10%	10%	80%	74	1′37″	4′20″	2.5	5.3
30%	0%	70%	72	1′30″	4′27″	1.1	2.2
25%	0%	75%	72	1′23″	4′20″	1	1.9
8%	29%	63%	71	1′54″	5′13″	2.3	4.8

从图11、图12可以看出，脱硫建筑石膏2h抗折、抗压的强度随着二水石膏含量的增加，降低非常快，Ⅲ型无水石膏对强度的影响不是特别明显。

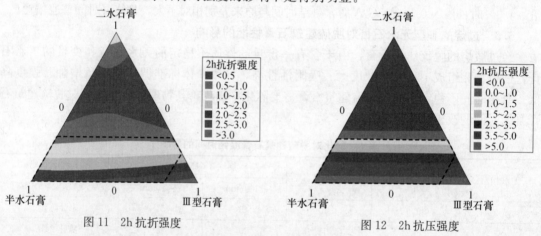

图11　2h抗折强度　　　　　　　　　　　图12　2h抗压强度

3.5　煅烧温度对脱硫建筑石膏性能的影响

由于煅烧温度的升高导致二水相含量减少，使煅烧出的脱硫建筑石膏的凝结时间变长，其2h强度比快凝的脱硫建筑石膏强度低，但是这并不意味着其性能劣于二水石膏含量高、凝结时间短的脱硫建筑石膏。从表8可以看出，凝结时间长的脱硫建筑石膏的绝干强度高于快凝的石膏，其更适合用于粉体石膏砂浆。因此，选择合适的煅烧温度可使脱硫建筑石膏的二水相减少，凝结时间增长，绝干强度增加。

表8　煅烧温度对脱硫建筑石膏2h、绝干强度的影响

编号	出风机温度/℃	结晶水/%	初凝时间/min	终凝时间/min	2h抗折强度/MPa	2h抗压强度/MPa	绝干抗折强度/MPa	绝干抗压强度/MPa
WD-1	215	1.7	5	8	2.6	5.6	5.6	19.8
WD-2	188	4.8	4	8	2.8	5.9	5.3	17.6

在最佳煅烧温度范围内，煅烧时间的长短决定了脱硫建筑石膏粉中无水相与二水相的含量。煅烧时间过短会导致其中的二水相含量偏高，煅烧时间过长会导致其中的无水相含量偏高，这就需要一定的陈化时间。因此根据不同用途的脱硫建筑石膏的性能要求来进行其相组成设计，有利于煅烧设备及煅烧工艺的改进。

3.6 掺粉煤灰对脱硫建筑石膏性能的影响

表9 未磨粉煤灰对脱硫建筑石膏性能的影响

添加量/%	需水量/%	初凝时间/min	2h 抗折强度/MPa	2h 抗压强度/MPa
0	60	6	3.6	9.2
5	62	6	3.4	8.2
10	62	5	3.3	7.9
15	64	6	2.8	7.5
20	64	6	2.8	6.2
25	64	5	2.5	6.2
30	67	5	2.2	5.8

从图13可以看出，随着粉煤灰掺量的增加，2h强度下降得较为明显。

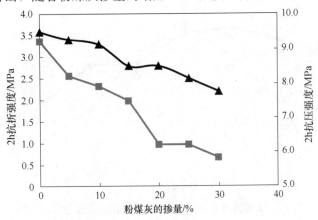

图13 未磨粉煤灰对脱硫建筑石膏性能的影响

表10 粉磨过的粉煤灰对脱硫建筑石膏性能的影响

添加量/%	需水量/%	初凝时间/min	2h 抗折强度/MPa	2h 抗压强度/MPa
0	60	6	3.6	9.2
5	60	5	3.8	8.8
10	59	5	4.1	8.8
15	60	6	4.0	9.0
20	60	4	4.0	8.4
25	60	5	3.9	8.6
30	60	4	3.8	8.4

从图14可以看出，掺入粉磨过的粉煤灰后，2h 抗折强度出现了上升，2h 抗压强度也并没有大幅度的下降。对比两种粉煤灰的粒径发现，经过粉磨，<5μm 颗粒的含量从粉磨

31

前的 35％提高到了 50％，因此掺入一定量的粉煤灰对脱硫建筑石膏的 2h 强度影响是不大的，但粒径有一定的要求。为此从郑州奥捷、合肥宇浙取回了超细粉煤灰样品进行了验证试验，试验结果如图 15～图 17 所示。

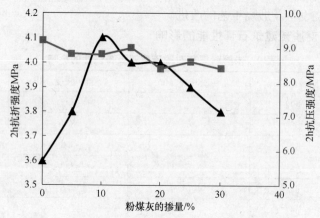

图 14　粉磨过的粉煤灰对脱硫建筑石膏性能的影响

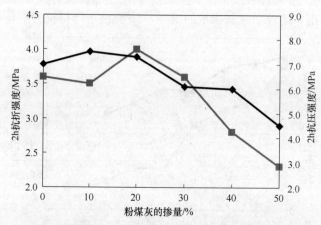

图 15　郑州奥捷 F600 粉煤灰对脱硫建筑石膏性能的影响

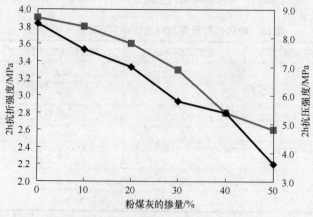

图 16　郑州奥捷 F400 粉煤灰对脱硫建筑石膏性能的影响

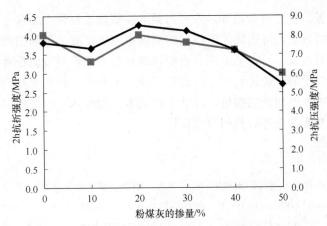

图 17　合肥宇淅超细粉煤灰对脱硫建筑石膏性能的影响

从图 15～图 17 可以看出，除了郑州奥捷 F400 粉煤灰之外，其余两种超细粉煤灰在掺量为 30％的时候，对石膏粉的 2h 强度几乎无影响。

随着龄期的增长，掺入粉煤灰的脱硫建筑石膏试块的强度变化见表 11。

表 11　掺入粉煤灰后的强度变化对比

编号	龄　　期					
	1 个月		2 个月		3 个月	
	抗折强度/MPa	抗压强度/MPa	抗折强度/MPa	抗压强度/MPa	抗折强度/MPa	抗压强度/MPa
原料	4.3	13.3	4.5	13.6	4.5	15.0
掺 30％超细粉煤灰	4.2	12.5	4.6	13.3	4.6	15.2

从表中可以看出，掺入 30％粉煤灰后的试块，随着时间的推移，强度变化跟脱硫建筑石膏原料的变化同步，并没有出现异常变化。

4　结论

通过上述研究，得出以下主要结论：

（1）当添加缓凝剂后，绝大部分二水石膏含量较低（＜4.0％）的脱硫建筑石膏的凝结时间可显著延长；当脱硫建筑石膏内二水相含量较高（＞4.0％）时，同等的掺量对延长石膏的凝结时间效果并不理想。

（2）脱硫建筑石膏中残余二水石膏含量高、凝结时间短，其 2h 抗压强度及抗折强度较二水石膏含量低的脱硫建筑石膏高，但是并不意味着其性能更优，其绝干强度低于二水石膏含量低的脱硫建筑石膏。

（3）脱硫建筑石膏粉中Ⅲ型无水石膏含量较高，且二水石膏含量也较高时，陈化虽然能减少无水石膏的含量，但因为二水石膏含量高，陈化并不能对其性能起到明显的改善，特别是凝结时间。

（4）掺入适量的超细粉煤灰（＜30％）对脱硫建筑石膏的性能影响不大，可根据不同用途来确定掺入量，降低产品成本。

（5）根据石膏的不同用途，所需脱硫建筑石膏的各相比例是不一样的。如果是生产石膏建材制品，如石膏板、模型石膏粉等，希望得到的脱硫建筑石膏中二水石膏含量较高，此时建筑石膏的凝结时间较短，可提高生产模具的周转率或生产线上制品的产量；如果是生产粉体石膏建材，如粉刷石膏、石膏黏结剂、石膏接缝材料等，希望脱硫石膏煅烧产品中绝大部分为半水石膏、极少量的过烧Ⅲ型无水石膏和欠烧二水石膏，此时生产的脱硫建筑石膏凝结硬化较慢，有利于减少外加剂的掺量，降低生产成本。因此，生产过程中需根据不同用途的脱硫建筑石膏的性能要求来进行其相组成设计。

参考文献

[1] 陈燕，岳文海，董若兰. 石膏建筑材料[M]. 北京：中国建材工业出版社，2012.

[2] L. Turanli，B. Uzal, F. Bektas. Effect of material charaeteristics on the Properties of blended cements containing high volumes of natural Pozzolans[J]. Cement and Conerete Researeh，2004，34(12)：2277-2282.

[3] M. P. Ginebra，F. C. M. Driessens，J. A. Planell. Effect of the Particle size on the micro and nanostruetural features of a calcium phosphate cement: a kinetic analysis[J]. Biomaterials，2004，25(17)：3453-3462.

[4] 韩涛. 矿渣粉粒度分布特征及其对水泥强度的影响[D]. 西安：西安建筑科技大学，2004.

[5] 黄洪财. 矿物掺合料与化学外加剂对建筑石膏的改性研究[D]. 武汉：武汉理工大学，2008.

脱硫石膏中汞的浸出与稳定化研究现状

唐绍林　孟　醒　唐永波

【摘　要】　脱硫石膏是来自燃煤电厂烟气脱硫的副产物，具有很高的利用价值。源自煤炭的汞经脱硫工艺进入脱硫石膏，在石膏的再利用过程中可能会有浸出的危险。本文介绍脱硫石膏中汞的来源以及在其应用过程中汞浸出的相关研究，并对汞浸出的处理方法进行分析，认为脱硫石膏在利用的过程中确实有汞浸出的现象，DTCR 和 TMT 是良好的汞捕获剂，其研究只停留于实验室中，建议对实际工程中可释放汞的含量进行长期监测，以提供稳定可靠的数据。

【关键词】　脱硫石膏；再利用；汞

Eesearch status on leaching and stabilization of mercury in FGD gypsum

Tang Shaolin　Meng Xing　Tang Yongbo

Abstract：FGD gypsum which is the by-product in the process of wet flue gas desulfurization in coal power plants，has a great value in use. However，Mercury in coal can remain in FGD gypsum during the process of wet flue gas desulfurization，which may leach during the recycle of FGD gypsum. The correlational researches on source of Mercury，releasing of Mercury and its treatment will be introduced in this paper. It can be seen that，DTCR and TMT were the two efficient chemical reagents for capturing mercury in the laboratory. However，proposal should be put on the long-term monitoring of Hg content released during FGD gypsum recycled in practical engineering，to provide stable and reliable dates.

Keywords：FGD gypsum；recycle；mercury

1　前言

据英国石油（BP）的《世界能源统计年鉴》显示，2010 年中国已超过美国成为世界最大的能源消费国。作为最大的产煤国，我国能源消费主要依靠煤炭，比例超过 70%。据国务院《能源发展"十二五"规划》显示，2010 年我国一次能源生产总量达到 29.7 亿吨标准煤。煤炭资源的利用促进了经济的快速发展，但另一方面也产生一系列环境问题，燃煤造成的大气汞污染便是其中之一[1-3]。

湿法烟气脱硫（WFGD）可有效抑制燃煤过程中 SO_2 有害气体的排放，同时能够吸附燃煤过程中产生的 Hg^{2+} 进入脱硫液或副产石膏当中[4-7]，在脱硫石膏再利用的过程中可能会有再次浸出的危险。目前，针对稳定脱硫石膏中汞的研究较多，并且已发现几种有效固定石膏中汞的化学试剂[8-11]。然而，较多的这方面研究只停留在实验室，并不能反映实际工程的情况。

本文围绕脱硫石膏中汞的来源以及在其应用过程中汞的浸出展开讨论，并对如何稳定汞进行简要分析，提出个人见解与展望。

2 汞的性质、危害与来源

2.1 汞的物理化学性质

汞，也称水银，在各种金属中其熔点最低，为 $-38.87℃$，也是唯一在常温常压下呈液态的金属。汞易挥发，广泛存在于大气和水体当中。汞能够以单质形式存在，也因易失去外层电子而以一价或二价汞的无机或有机化合物形式存在。常见的无机汞化合物有 HgS、HgO、$HgCl_2$ 等，有机汞化合物通常最为人关注的是甲基汞[12]。

2.2 汞的危害

微量的液体汞吞食一般无毒，但汞蒸气和汞化合物都是剧毒，口服、吸入或接触后容易导致脑和肝损伤。另外，汞能够在生物体内积累，是生态系统中能完善循环的唯一重金属。汞排入水后，在微生物的作用下能够转化成甲基汞和二甲基汞，进入生物体后能够积聚，被人体吸入后很容易造成汞中毒，如 1953 年首次在日本发现的水俣病。

2.3 汞的来源

汞的来源途径主要有两种：自然来源和人为排放。前者主要包括火山活动、土壤、水表面挥发矿物的降解、森林火灾等，而后者主要指人类进行工业生产等活动时造成的汞排放，是汞污染的主要原因。表 1 列出了主要燃烧源的汞排放量。其中，燃煤产生的汞占人为排放汞总量的 $1/3$[13]。

表 1　燃烧源的汞排放

来源	燃煤锅炉	市政废物焚烧炉	商业、工业锅炉	医疗垃圾焚烧炉	危险废物焚烧炉	民用锅炉	其他
占总排放比例/%	33	19	18	10	4.4	2.3	13.3

3 燃煤电厂汞的排放特性与控制

3.1 燃煤电厂汞的排放特性

众所周知，燃煤过程中排放的汞来自煤炭。据研究发现，不同国家或地区的煤炭汞含量差异甚多，王起超[14]等对我国各省煤炭中汞的含量进行了测定，见表 2。煤中的汞主要以固态不溶物形式不均匀地分布于黄铁矿或少量有机硫化物或硒化物矿物中，煤炭中汞的赋予状态直接决定了燃煤过程中汞的迁移过程与转化规律。

煤炭燃烧过程也是煤中汞元素经过一系列复杂的物理化学变化，最终在高温下以汞蒸气的形式蒸发释放进入烟气中的过程。目前研究认为，燃煤烟气中的汞主要有三种存在形式：Hg^0、Hg^{2+} 和团聚成颗粒状的 $Hg(p)$[15]，它们各自所占的比例受环境、温度等因素影响。杨祥花[16]等认为，在还原性气氛下汞主要以单质形式存在，在氧化性气氛下，温度高于

800K 时单质汞 Hg^0 是主要形式，温度低于 600K 时 Hg^{2+} 为主要形式。Prestbo 在 14 个电厂进行的现场实验表明[17]，单质汞和二价汞在燃煤电厂烟气中的相对百分比分别为 6%～60% 和 40%～94%。Carpi[18] 认为在燃煤烟气中，20%～50% 的汞为元素汞，50%～80% 的汞为二价汞，而颗粒状 Hg（p）的比例一般不超过 5%[19]。可见，燃煤过程中汞主要以 Hg^{2+} 的形式存在于烟气中，有必要采取相应措施对此进行脱除。

表 2　中国各省煤炭汞含量　　　　　　　　　　　　　　　　mg·kg^{-1}

地区	北京	吉林	河南	内蒙古	安徽	山西	辽宁
汞含量范围	0.23～0.54	0.08～1.59	0.14～0.81	0.06～1.07	0.14～0.33	0.02～1.95	0.02～1.15
汞含量平均值	0.34	0.33	0.30	0.28	0.22	0.22	0.20
地区	四川	山东	陕西	江西	河北	黑龙江	新疆
汞含量范围	0.07～0.35	0.07～0.30	0.02～0.61	0.08～0.26	0.05～0.28	0.02～0.63	0.02～0.05
汞含量平均值	0.18	0.17	0.16	0.16	0.13	0.12	0.03

3.2　燃煤电厂汞排放的控制

目前工程中的主流脱汞装置包括：静电除尘装置（ESP）、布袋除尘装置（FF）、活性炭吸附装置（ACI）、湿法烟气脱硫装置（WFGD）等。

（1）除尘装置。燃煤电厂的除尘装置一般分为静电除尘（ESP）和布袋除尘（FF）。除尘装置主要用来除去燃煤过程中产生的颗粒态物质，因而也可将颗粒形态的汞脱除。静电除尘分热静电除尘（HS-ESP）和冷静电除尘（CS-ESP）。美国环保局的采集数据显示[6]，HS-ESP、CS-ESP 和 FF 对汞的脱除率分别为 4%、27% 和 58%。

（2）活性炭吸附。该装置主要利用活性炭的易吸附特性，将颗粒态汞吸附于其表面。目前，市场上也出现其他种类的吸附剂，如飞灰、钙基吸附剂以及一些新型吸附剂[20]。活性炭是燃煤烟气中汞的最有效吸附剂之一，多年研究表明 ACI 能极大减少燃煤烟气中的汞排放，且适用条件较为广泛，通常与静电除尘或布袋除尘等工艺联用，以达到控制燃煤烟气中汞污染的最佳效果。

（3）湿法烟气脱硫。WFGD 在脱除燃煤烟气中 SO_2 气体的同时，也能将烟气中的 Hg^{2+} 有效脱除，其脱除率达到 90% 左右[6]。很多电厂同时配备除尘装置和湿法脱硫装置可脱除大部分 Hg^{2+} 和 Hg（p），但对气态 Hg^0 却没有很好的脱除效果，原因是气态 Hg^0 难溶于水。Hg^{2+} 被脱除后主要以 HgS 和 $HgCl_2$ 的形式存在于副产物石膏中[21]，若不加以处理，可能会造成二次污染。

4　脱硫石膏利用过程中汞的迁移

脱硫石膏是燃煤工业在治理烟气中 SO_2 而得到的工业副产物，其加工利用的意义非常重大，不仅有力地促进了国家环保循环经济的进一步发展，而且大大降低了矿石膏的开采量，保护了资源。然而，石膏中汞的存在严重影响着脱硫石膏的再利用价值，该方面的研究具有极其重要的意义。

4.1　脱硫石膏在农业领域的应用

脱硫石膏在农业领域的应用主要体现在对碱化土壤的改良，我国利用脱硫石膏对碱化土壤进行改良的研究起始于 20 世纪 90 年代后期，主要利用石膏中的 Ca^{2+} 能够置换土壤中的 Na^+，使得钠质黏土变为钙质黏土，从而使土壤的碱性下降，达到改善其透气性和渗水性的目的。然而，脱硫石膏在改良土壤的同时，其内部的汞会有浸出的可能。李彦[22]等通过对脱硫石膏改良的土壤中重金属离子含量连续五年的监测，发现土壤中汞的含量低于国家土壤环境质量二级标准（GB 15618—1995）。王淑娟[23]等通过土柱中汞的含量测定发现，汞有向土壤深处迁移的趋势，但质量分数均低于国家土壤环境安全标准。Keling Wang[24]等通过模拟实际环境对脱硫石膏改良后土壤中的汞含量测定发现，随着石膏利用量的增大，表层土、周围空气以及植被中的汞含量均有明显增加。汞的浸出量与浸出速率受石膏使用量、土壤特性、环境等因素影响。

脱硫石膏应用于改良碱化土壤中的意义重大，大面积碱化土壤的改良将会消耗大量的脱硫石膏，大大促进了脱硫石膏资源的消耗利用，然而脱硫石膏中汞的浸出可能会对改良后的土壤及其周围环境带来更大的危害，严重影响着脱硫石膏在该领域中的利用。因此，寻找合适的方法阻止脱硫石膏中汞的浸出具有重要意义，目前该方面的研究仍较少。

4.2 脱硫石膏在建材领域的应用

脱硫石膏可应用于建筑业和建材行业，在绝大多数脱硫石膏再利用的加工工艺过程中，都存在干燥、煅烧等加热过程。对于含汞的脱硫石膏来讲，热处理的过程可能会伴随着石膏中汞的释放，对环境造成污染。

脱硫石膏中的汞主要以二价形式存在，但在高温处理时内部的二价汞可能会转换成单质汞并挥发至空气中。殷立宝[25]等研究发现，温度升至 100℃ 时脱硫石膏中的汞开始释放，且释放率随着温度的升高而逐渐增大，当升温至 500℃ 时石膏中的汞基本释放完毕。

在建材领域，脱硫石膏主要应用于墙体砌块的生产。有研究发现，墙体砌块制造的过程中，脱硫石膏内部 55% 的汞会释放出来[26]，但在砌块随后的干燥或保温工艺阶段汞的释放量几乎为零[27]。Loreal V. Heebink[28]等通过对两种脱硫石膏样品制造墙体砌块过程中汞含量的测定发现，在砌块的制造过程中汞能够成功释放，而在砌块随后的干燥或保温工艺阶段，140℃ 条件下汞仍能随着时间的延长不断地挥发至空气中。可见，温度是影响脱硫石膏中汞释放的重要因素。

脱硫石膏除在农业和建材领域的应用之外，还可广泛应用于其他行业，但汞的存在仍是困扰其再利用的难题。因此，有必要采取措施对脱硫石膏中的汞进行相应的处理。目前已有研究证明，通过在脱硫石膏中加入某些化学试剂，可达到稳定汞的效果，从而限制了脱硫石膏再利用过程中汞的浸出或释放。

5 脱硫石膏中汞的稳定化

燃煤烟气经 WFGD 处理后，大部分的 Hg^{2+} 会进入脱硫石膏中，然而这部分的汞若处理不当，仍会对环境造成二次污染。为了能够使多数的 Hg^{2+} 固定于石膏固体中，需要在 WFGD 系统中加入合适的 Hg 捕获剂，确保进入石膏中的汞不会再次挥发或溶解。

5.1 无机类稳定剂

这一类稳定剂包括 Na_2S、NaHS、$Na_2S_2O_3$ 等，主要依靠 S 与 Hg 的亲和性，生成难溶于水的 HgS 沉淀。它们的化学反应式如下：

$$Na_2S + Hg^{2+} \rightarrow HgS\downarrow + 2Na^+ \tag{1}$$

$$NaHS + Hg^{2+} \rightarrow HgS\downarrow + H^+ + Na^+ \qquad (2)$$

$$Na_2S_2O_3 + Hg^{2+} + H_2O \rightarrow HgS\downarrow + SO_4^{2-} + 2Na^+ + 2H^+ \qquad (3)$$

鉴于此，可在 WGFD 系统中加入此类 Hg 捕获剂，使之以 HgS 的形式沉淀于石膏固体中。然而 HgS 预热可能会分解单质汞，有些在阳光照射下即可分解，有些则在低于 200℃ 的温度下可发生分解，不同晶体结构的 HgS 热分解的温度相差甚远[29]。可见，含有 HgS 的脱硫石膏若处理不当时，内部的单质 Hg 容易挥发至大气中，对环境造成二次污染。

5.2 二硫代氨基甲酸盐类（DTCR）

DTCR 中最为常见的是钠盐，其基本结构为：

$$\left[CH_2 - \underset{\underset{\underset{S^- Na^+}{|}}{\overset{\displaystyle ||}{C}}}{\overset{\displaystyle |}{N}} - CH_2 \right]_n$$

DTCR 是高分子有机硫化合物，其中的巯基能与 Hg^{2+} 配位，形成稳定的螯合物。其化学反应简单表示如下：

$$Hg^{2+} + 2DTC^- \rightarrow Hg(DTC)_2\downarrow \qquad (4)$$

Ito[30]等研究表明，在 $Hg(DTC)_2$ 化合物中，Hg^{2+} 能与 DTCR 中的 4 个 S 成键，此外与 Hg^{2+} 螯合的配价基可能来自不同的 DTCR 分子，易形成高交联、立体结构的螯合分子，最终均形成稳定的交联网状螯合物沉淀[31]。Sun[32]等通过在脱硫石膏中加入一定量的 DTCR 后，发现石膏内 Hg^{2+} 的浸出量降低了 90%，而 Hg^0 的释放量也降低至原来的 1/3。可见，DTCR 对汞具有很好的捕捉能力。

5.3 2，4，6-三巯基均三嗪三钠盐（TMT）

TMT 的分子式为 $Na_3C_3N_3S_3\cdot9H_2O$，结构式为：

$$\underset{NaS\quad\underset{N}{}\quad SNa}{\overset{SNa}{\underset{\overset{N\quad N}{}}{\bigcirc}}}\cdot9H_2O$$

能与重金属离子形成稳定的化合物而沉淀下来，是一种重要的重金属离子处理剂。TMT 由于其无毒、无味、使用方便、不产生二次污染等一系列优点，被证明是一种环境友好型有机硫药剂。有研究表明，水中含量高达 $12000mL/m^3$ 的 TMT 仍不会对鱼类的生存造成不良影响[33]。

TMT 的脱汞机制与 DTCR 的较为相似，主要利用分子中的 S 与 Hg 的亲和性而成键，形成稳定的螯合物沉淀，其化学反应式见式（5）。Raquel[11]等通过在脱硫石膏中加入一定量的 TMT 后发现，几乎没有汞浸出的现象存在，汞均以 Hg_3TMT 的形式稳定存在于石膏固体中，认为 TMT 是很好的汞稳定剂。而 Henke[34]等通过对 TMT-55 和水溶液中汞形成的螯合物的研究发现，TMT-Hg 化合物存在多种类型，有些不太稳定，而有些则是不溶于水的稳定物质。

$$\text{(5)}$$

虽然 DTCR 和 TMT 已被证明是良好的 Hg^{2+} 捕获剂，但也只是建立在实验室的数据基础之上，它们捕获 Hg^{2+} 效率的影响因素较多，实验室中被证明的最佳配比参数，当应用于实际工程或环境中时可能出现不一样的结果。若脱硫石膏在高温、低 pH 值等苛刻环境下再利用时，被稳定的汞能否有再次浸出的危险，该方面并没有实际的工程数据提供依据。此外，这些被固定于石膏内部的含 Hg 螯合物是否对石膏自身的各项性能产生影响，也缺乏相应的研究，这些都是制约脱硫石膏能否真正得到广泛利用的难题。

6 小结

脱硫石膏的应用价值高、应用范围广，是未来利用的重点资源，但汞的存在严重影响着脱硫石膏的再利用价值。脱硫石膏中的汞主要以二价形式存在，其含量取决于煤炭品种、脱硫工艺等因素。在脱硫石膏再利用的过程中，汞有释放或浸出的可能，会对环境造成二次污染，因此有必要采取某些手段对脱硫石膏中的汞进行预处理，以达到其不会释放的效果。很多研究表明，DTCR 和 TMT 是良好的脱硫石膏汞稳定剂，但只停留于实验室的研究，建议对实际工程中可释放汞的含量进行长期监测，以提供稳定可靠的数据。

参考文献

[1] 党民团，刘娟. 中国汞污染的现状及防治对策[J]. 应用化工，2005，34(7)：394-396.
[2] 朱海波，梅凡民，陈敏. 西安市工业燃煤汞排放清单[J]. 环境保护科学，2008，(2)：96-98.
[3] 张磊，王起超，李志博，等. 中国城市汞污染及防治对策[J]. 生态环境，2004，(2)：410-413.
[4] 鲍静静，杨林军，蒋振华，等. 湿法脱硫工艺对汞的脱除性能研究进展[J]. 现代化工，2008，28(3)：31-35.
[5] 刘清才，高威，鹿存房，等. 燃煤电厂脱汞技术研究与发展[J]. 煤气与热力，2009，29(3)：6-9.
[6] J. H. Pavlish, E. A. Sondreal, M. D. Mann, et al. Status review of mercury control options for coal-fired power plants [J]. Fuel Processing Technology，2003，82(2-3)：89-165.
[7] 李志超，段钰锋，王运军，等. 300MW 燃煤电厂 ESP 和 WFGD 对烟气汞的脱除特性[J]. 燃料化学学报，2013，41(4)：491-498.
[8] 陆荣杰. 有机螯合剂对烟气脱硫液中汞离子的稳定化研究[D]. 杭州：浙江大学环境与资源学院，2012.
[9] 侯佳艾. 脱硫石膏中重金属离子对汞浸出和稳定化的影响研究[D]. 杭州：浙江大学环境与资源学院，2014.
[10] 汤婷媚. 燃煤烟气脱硫液及脱硫石膏中汞的稳定化研究[D]. 杭州：浙江大学环境与资源学院，2011.
[11] Raquel Ochoa-Gonzalez, Mercedes Diaz-Somoano, M. Rosa Martinez-Tarazona. Control of Hg^0 re-emission from gypsum slurries by means of additives in typical wet scrubber conditions [J]. Fuel，2013，105：112-118.
[12] 李永华，王五一，杨林生，等. 汞的环境生物地球化学研究进展[J]. 地理科学进展，2004，23：33-40.
[13] R. R. Jensen, S. Karki, H. Salehfar. Artificial neural network-based estimation of mercury speciation in

combustion flue gases[J]. Fuel Process Technology, 2004, (85): 451-462.

[14] 王起超, 沈文国, 麻壮伟. 中国燃煤汞排放量估算[J]. 中国环境科学, 1999, 19(4): 318-321.

[15] Y. F. Duan, Y. Cao, S. Kellie, et al. In-situ measurement and distribution of flue gas mercury for a utility PC boiler system [J]. Journal of Southeast University (English Edition), 2005, 21(1): 53-57.

[16] 杨祥花, 江贻满, 杨立国, 等. 燃煤汞形态分布和排放特性研究[J]. 能源研究与利用, 2006, 1: 13-16.

[17] E. M. Prestbo, N. S. Bloom. Mercury speciation adsorption (MESA) method for combustion flue gas: Methodology, Artifacts, Intercomparison and Atmospheric Implications [J]. Water, Air and Soil Pollution, 1995, 80(4): 145-158.

[18] A. Carpi. Mercury from combustion sources: A review of the chemical species emitted and their transport in the atmosphere [J]. Water, Air and Pollution, 1997, 98(9): 241-254.

[19] 王起超, 马如龙. 煤及其灰渣中的汞[J]. 中国环境科学, 1997, 17(1): 76-77.

[20] 许勇毅, 查智明, 黄齐顺. 烟气脱汞技术现状简述[J]. 工业安全与环保, 2007, 33(10): 14-15.

[21] M. Rallo, M. A. Lopez-Anton, R. Perry, et al. Mercury speciation in gypsums produced from flue gas desulfurization bytemperature programmed decomposition [J]. Fuel, 2010, 89(8): 2157-2159.

[22] 李彦, 张峰举, 王淑娟, 等. 脱硫石膏改良碱化土壤对土壤重金属环境的影响[J]. 中国农业科技导报, 2010, 12(6): 86-89.

[23] 王淑娟, 陈群, 李彦, 等. 重金属在燃煤烟气脱硫石膏改良盐碱土壤中迁移的实验研究[J]. 生态环境学报, 2013, 22(5): 851-856.

[24] Keling Wang, William Orndorff, Yan Cao, et al. Mercury transportation in soil via using gypsum from flue gas desulfurization unit in coal-fired power plant [J]. Journal of Environmental Sciences, 2013, 25(9): 1858-1864.

[25] 殷立宝, 高正阳, 钟俊, 等. 燃煤电厂脱硫石膏汞形态及热稳定性分析[J]. 中国电力, 2013, 46(9): 145-149.

[26] J. Sanderson, G. M. Blythe, M. Richardson. Tate of mercury in synthetic gypsum used for wallboard production [J]. Final Report. Prepared for the U. S. Department of Energy National Energy Technology Laboratory, Cooperative Agreement No. DE-FC26-04NT42080, June, 2008.

[27] S. S. Shock, J. J. Noggle, N. Bloom, et al. Evaluation of potential for mercury volatilization from natural and FGD gypsum products using flux-chamber tests [J]. Environmental Science and Technology, 2009, 43: 2282-2287.

[28] Loreal V. Heebink, David J. Hassett. Mercury release from FGD [J]. International Ash Utilization Symposium, Center for Applied Energy Research, University of Kentucky, Paper #75, 2003.

[29] 彭安, 王子健. 热分解法研究河流底质中汞的形态[J]. 环境化学, 1984, 3(1): 53-57.

[30] K. Ito, A. T. Ta, D. B. Bishop, et al. Mercury L3 and sulfur K-edge studies of Hg-bound thiacrowns and back-extracting agents used in mercury remediation [J]. Microchemical Journal, 2005, 81: 3-11.

[31] T. J. Bellos, S. L. Louis. U. S. Patent: Polyvalent metal cations in combination with dithiocarbamic acid compositions as broad spectrum demulsifiers[J]. No. 6019912, 2000.

[32] Mingyang Sun, Jiaai Hou, Tingmei Tang, et al. Stabilization of mercury in fluegas desulfurization gypsum from coal-fired electric power plants with additives [J]. Fuel Processing Technology, 2012, 104: 160-166.

[33] 廖冬梅, 罗运柏, 于萍, 等. 用TMT处理含铜氨络合物废水的研究[J]. 中国给水排水, 2006, 22: 315-320.

[34] Kevin R. Henke, David Robertson, Matthew K. Krepps, et al. Chemistry and stability of precipitates from aqueous solutions of 2, 4, 6-trimercaptotriazine, trisodium salt, nonahydrate (TMT-55) and mercury (II) chloride [J]. Wat. Res., 2000, 34(11): 3005-3013.

硬石膏胶结料耐久性研究

唐修仁

0 前言

天然硬石膏是硫酸盐矿物，它的成分为无水硫酸钙（$CaSO_4$）；正交（斜方）晶系，晶体呈柱状或厚板状，集合体呈块状或纤维状；无色、白色，或因含杂质而呈浅灰色（图1、图2），莫氏硬度3~3.5，比重2.98；主要为化学沉积产物，大量形成于内陆盐湖中，常与石膏、石盐和钾石盐等伴生。中国南京周村的硬石膏（储量11亿吨）是我国最大的矿床之一。

图1　纤维状硬石膏

图2　块状硬石膏

我国的天然硬石膏资源丰富，约占石膏资源总量的60%，是一种主要的石膏资源。但由于其结构致密、水化活性低、胶凝性差、不具有早期强度等原因，使其开发利用受到了极大的限制。为了能提高天然硬石膏的水化活性，我们使用了多种化学激发剂，最后发现硫酸盐、铬酸盐的效果最好，如硫酸钾、硫酸钠、硫酸铝、硫酸铁和重铬酸钾等。其激发机理如布德尼可夫所说：硬石膏易和盐类生成复盐，而这种复盐很不稳定，在水中很快又分析出盐和二水石膏。这样不断地进行作用，则到硬石膏全都转换成二水石膏，完成硬石膏的水化过程。这个过程很像催化反应过程，所以把盐类激发剂又叫催化剂。

1983年我们和南京石膏矿用明矾和芒硝生产的天然硬石膏胶结料净浆3d干强度达到40MPa，并生产了一批硬石膏地砖、砌块等，砌筑了试验房。大约一年后发现试验房外墙1m以下的砌块表面有裂纹，在水池周围的地砖也有开裂现象，随时间延长，裂纹逐渐严重。这就是说，硬石膏胶结料的水化和建筑石膏不同，硬石膏胶结料硬化后，硬石膏还没有水化完，制品遇水后还要继续水化。这时的水化体积要膨胀，带来后期的体积不稳定，即耐久性问题。

本文就硬石膏的早期水化率、体积膨胀等硬石膏胶结料耐久性问题做一些探讨。

1 原材料及试验方法

1.1 原材料

1.1.1 南京天然硬石膏

表 1　南京天然硬石膏的化学组成　　　　　　　　　　　　　　　　　%

CaO	SO₃	MgO	Fe₂O₃	K₂O	Na₂O	结晶水	酸不溶物
40.44	55.74	0.86	—	0.13	0.08	0.17	1.12

表 2　南京天然硬石膏的矿物组成和物化性质　　　　　　　　　　　　%

硬石膏 CaSO₄	石膏	方解石及白云石		黏土矿物	颜色	pH	密度/ (g/cm³)
		CaCO₃	MgCO₃				
90.58	1.12	4.70	2.61	0.89	灰白	7.04	2.98

1.1.2 催化剂

硫酸钾、硫酸钠、硫酸铝、硫酸铁、硫酸氢钠、草酸钠、重铬酸钾，均为市售化学纯。

1.2 试验方法

1.2.1 硬石膏水化率的测定

硬石膏水化率的测定按 GB/T 5484—2012《石膏化学分析方法》进行。

1.2.2 硬石膏胶结料膨胀率的测定方法

测定硬石膏胶结料膨胀率的试件用 40mm×40mm×160mm 标准试块。试块成型脱模后，在顶端粘上 30mm×30mm 薄玻璃片或塑料片，到 72h 将试块安置到装有千分表（或百分表）的支架上（图 3），放置平稳后，读取初始数值 L_0，以后定期定时读取数值 L_x。在试验期间最好不再移动支架，避免造成读数误差。对膨胀率较大者选用百分表，如在湿度较大的标准养护室内测量，千分表应该进行防水密封处理。

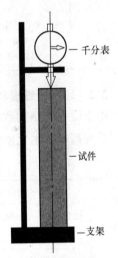

图 3　膨胀率测试架

$$膨胀率 \delta_x = (L_x - L_0)/L \times 100\%$$

式中，L 为试件实测长度，mm。

2 影响硬石膏早期水化率的主要因素

2.1 催化剂种类对硬石膏早期水化率的影响

硬石膏常用的化学催化剂是可溶性硫酸盐，如硫酸钠、硫酸钾、硫酸铁、硫酸铝。但在我们的研究中，发现重铬酸钾、草酸钠和硫酸氢钠的催化效果也很好，如采用复合化学催化剂则效果更佳。现将试验结果列于表 3 中。由于硬石膏浆体 2～3h 终凝，24h 可拆试模，3d 达到较高强度，所以我们把 1～3d 称为硬石膏早期水化。

表 3 催化剂种类对硬石膏早期水化率的试验结果

试验号	催化剂品种	摩尔比浓度/$\times 10^{-3}$	水化率/%	
			1d	3d
1	Na_2SO_4	4	13.0	29.6
2	K_2SO_4	4	12.7	28.5
3	$Al_2(SO_4)_3$	4	15.7	28.6
4	$FeSO_4$	4	19.9	29.5
5	$K_2Cr_2O_7$	4	19.5	33.4
6	$NaHSO_4$	4	21.1	30.5
7	NaC_2O_4	4	19.1	31.2
8	$Al_2(SO_4)_3$ K_2SO_4	2 2	29.2	38.4
9	$K_2Cr_2O_7$ $Al_2(SO_4)_3$	2 2	32.7	46.2
10	$NaHSO_4$ $K_2Cr_2O_7$	2 2	33.4	48.1
11	Na_2SO_4 K_2SO_4 $Al_2(SO_4)_3$ $FeSO_4$	1 1 1 1	33.5	44.3

2.2 硬石膏细度和半水石膏对早期水化率的影响

由于硬石膏结构致密，水化只能从颗粒表面逐步向内部进行，所以增加硬石膏颗粒比表面积是提高早期水化率的有效途径。试验结果列于表 4。

表 4 硬石膏比表面积和半水石膏对早期水化率的影响

编号	硬石膏		催化剂		半水石膏份数	水化率/%	
	比表面积/(cm^2/g)	份数	品种	份数		1d	3d
1	3780	100	$K_2Cr_2O_7$	1	—	20.5	35.4
②	3780	100	K_2SO_4	1	—	14.8	29.5
3	7800	100	$K_2Cr_2O_7$	1		42.3	75.0
④	7800	100	K_2SO_4	1		37.6	69.5
5	7800	100	$K_2Cr_2O_7$	1	5	58.0	90.2
⑥	7800	100	K_2SO_4 $K_2Cr_2O_7$	1 1	5	60.9	93.7

表 4 的试验结果中，比较 1 号和 3 号、②号和④号的结果，都非常明显地说明细度对早期水化率有强的影响。再比较 3 号和 5 号的试验结果，说明半水石膏对硬石膏的水化率也有较大的影响。这可能是半水石膏自身水化较快，生成二水石膏的晶种而加速硬石膏的水化速度。

2.3 水化时的温度对硬石膏水化率的影响

硬石膏胶结料的水化率与其养护温度有较大的影响,试验结果如图4所示。随着温度的升高,硬石膏的水化率是下降的,对应每个温度下,硬石膏的水化率有一极限值。所以硬石膏胶结料的养护温度不能太高,这与热力学计算所得到的结论是一致的。热力学计算结果告诉人们,在潮湿条件下,二水石膏在48℃时就开始向无水石膏转变,因此硬石膏胶结料养护温度从理论上讲不能高于48℃。

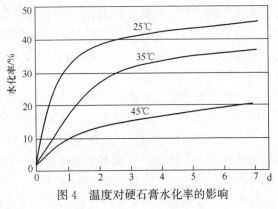

图4 温度对硬石膏水化率的影响

3 硬石膏早期水化率和养护条件对硬石膏胶结料性能的影响

以表4中编号②、④、⑥号配合比相同的硬石膏胶结料制作了一批 40mm×40mm×160mm 标准试块,测定了 3d 水化率和干抗压强度。3d 后试块放入标准养护室(20℃±1℃,相对湿度>90%)养护,定时测定其水化率、膨胀率和干抗压强度值。其中②号配合比的试块还放在室内较干燥条件下养护,也定时测定其水化率、膨胀率和干抗压强度值。所有结果均绘制在图5上。

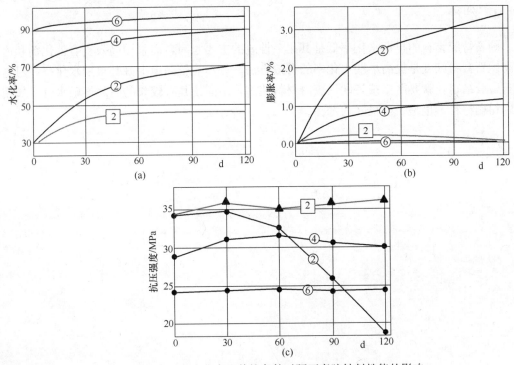

图5 硬石膏早期水化率和养护条件对硬石膏胶结料性能的影响

(a)水化率;(b)膨胀率;(c)干抗压强度

(图中曲线②、④、⑥催化剂和表4中的编号相对应,在相对湿度大于90%的条件下养护。曲线②和曲线②相对应,但养护条件是在室内自然较干燥条件下。)

从上述试验结果来看，②号早期水化率较低，但抗压强度很高，这是由于未水化的硬石膏成为微集料，如同混凝土内部结构而提高了强度。⑥号早期水化率很高，但抗压强度较低，其性能和半水石膏的水化结果相仿。但这里强度比建筑石膏的强度高多了。②号早期水化率更接近实际的应用情况，一般 3d 水化率在 30%～40%。3d 水化率要达到 90% 是不易做到的。

从试验结果来看，膨胀率达到 2% 时，试块表面就有裂纹出现，如膨胀率达到 3% 时，试块裂纹非常严重，强度明显下降。从上述②号试块来看，在潮湿条件下养护，其水化率逐渐升高，线性膨胀率也增高，试块开裂，30d 后强度下降。这是我们不希望有的结果。再看②号试块在室内干燥条件下养护，30d 前有少量水化和膨胀，30d 后停止水化，少量干缩，强度基本保持较高状态，总的水化率在 50% 以下，尚有一半的硬石膏没有水化，如遇到水会继续水化，体积膨胀而带来耐久性不良。这也是我们不希望有的结果。⑥号试块和②号试块不同，不管在潮湿条件下养护，还是在干燥条件下养护，因早期水化率很高，后期水化率很小，膨胀干缩变形均不大，强度虽低些，但亦保持不变，这是人们希望的。但要如此高的早期水化率，实际上是很难做到的。再来看看④号试块，在潮湿条件下 4 个月的水化率达到 90%，但膨胀率只有 1.2% 左右，能保持抗压强度不变。如在干燥条件下更没有问题，这是人们所希望的。从上述分析可以看出，早期水化率的大小可以决定硬石膏胶结料后期在潮湿条件下的膨胀变形大小，也就是硬石膏的耐久性问题。从本试验结果分析，3d 硬石膏胶结料的水化率如能达到 70% 左右，其后期的耐久性是没有问题的。

4 结论

硬石膏胶结料的早期水化率低是其耐久性差的主要原因，而采用高效复合催化剂和适当提高硬石膏粉细度是提高早期水化率的有效方法。如不能较高地提升其早期水化率，对这种硬石膏胶结料，就要严格按气硬性胶凝材料使用，不能使其有较长的时间接触水分。如用于室内粉刷材料，也是一种很好的选择。

硬石膏膨胀剂的研究

王彦梅　徐红英　唐修仁　刘丽娟

1　概述

水泥混凝土或砂浆在水化硬化过程中，由于化学减缩、冷缩和干缩等原因会引起体积收缩。单位水泥用量和用水量越多，混凝土体积收缩越大，水分蒸发越快，则收缩越明显。由此引起混凝土（砂浆）开裂、渗漏等不良后果。现代混凝土（砂浆）中广泛使用混凝土膨胀剂，在混凝土（砂浆）的水化硬化过程中产生一定的体积膨胀，克服上述体积收缩而造成的缺点。根据膨胀剂的性能和掺量多少，可以配制出补偿收缩混凝土（砂浆）、灌浆填充用膨胀混凝土和自应力混凝土等。

有很多化学反应能导致混凝土膨胀，但目前用于膨胀剂的主要有四种：氧化钙水化生成氢氧化钙，氧化镁水化生成氢氧化镁，氧化铁水化生成氢氧化铁，以及由 Al^{3+}、SO_4^{2-} 和 $Ca(OH)_2$ 生成水化硫铝酸钙，又名钙矾石（$3CaO \cdot Al_2O_3 \cdot 3CaSO_4 \cdot 32H_2O$）。由于前三种的水化反应对水化温度和膨胀剂的物化性能非常敏感，因此使用较少，目前只有生成钙矾石为膨胀源的物质广泛用于生产膨胀剂。如 AEA 混凝土膨胀剂为高铝熟料 25%～80%、明矾石 5%～40% 和石膏 15%～60% 共同混磨而成；UEA 复合混凝土膨胀剂由硫酸铝 15%、氧化铝 5%、明矾 20%、石膏 40% 和粉煤灰 20% 共同粉磨而成；UEA-H 混凝土膨胀剂由硅铝酸盐熟料 30%～50%、明矾石 10%～40% 和硬石膏 30%～50% 共同粉磨而成；ASC 高效混凝土膨胀剂由铝酸钙-硫铝酸钙熟料 35% 和硬石膏 65% 熟料共同粉磨而成；CSA 混凝土膨胀剂由硫铝酸钙 35%～40% 和硬石膏 60%～65% 共同粉磨而成。

我们研究硬石膏胶结料时发现硬石膏水化硬化具有体积膨胀性能，在没有催化剂条件下水化速度较慢，可以作水泥混凝土补偿收缩的膨胀源，如和粉煤灰配合使用效果更好。现将硬石膏粉煤灰膨胀剂的试验结果总结如下。

2　原材料及试验方法

（1）天然硬石膏：南京硬石膏矿产品，主要化学成分见表1。

表1　南京硬石膏的化学成分　　%

成分	CaO	SO₃	MgO	Al₂O₃	Fe₂O₃	K₂O	Na₂O	H₂O
含量	40.52	54.12	1.24	0.03	0.03	0.015	0.027	0.25

（2）煅烧硬石膏：苏源电厂脱硫石膏，800～900℃煅烧，化学成分见表2。

表2　脱硫石膏的化学成分　　%

成分	CaO	SO₃	MgO	Al₂O₃	Fe₂O₃	SiO₂	H₂O
含量	31.60	40.0	0.09	0.43	0.14	0.93	18.50

（3）粉煤灰：南京电厂Ⅱ级灰，化学成分见表3。

表3　粉煤灰的化学成分　　　　　　　　　　　　　%

成分	SiO_2	Al_2O_3	Fe_2O_3	CaO	MgO	烧失量
含量	45.4	25.3	15.4	3.5	0.5	8.5

（4）硅酸盐水泥：42.5普通硅酸盐水泥。

试验方法：主要测定砂浆试件的膨胀值和干燥收缩值。砂浆的灰砂比为1∶2，水灰比为0.45，试件尺寸为40mm×40mm×160mm。试验成型后，24h脱模，安装测量头，并用外径千分卡尺测量初始长度。测量后的试件放在相应的条件下养护，到期取出测量各试件长度。

3　试验结果及分析

（1）砂浆中掺入12%的天然硬石膏和煅烧脱硫石膏，在水中养护28d的膨胀曲线如图1所示。

从图1曲线来看，天然硬石膏和煅烧硬石膏都有膨胀效果，而且比纯硬石膏胶结料的膨胀值要大得多。我们分析认为，除硬石膏水化成二水石膏体积膨胀外，还与硬石膏和水泥中的铝酸钙及铁铝酸四钙生成钙矾石有关。

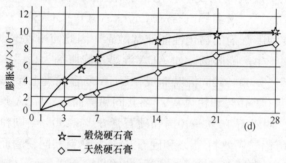

☆—— 煅烧硬石膏
◇—— 天然硬石膏

图1　硬石膏补偿收缩水泥砂浆膨胀曲线

硬石膏水化成二水石膏体积膨胀的理论值计算如下：

水化反应方程	$CaSO_4 + 2H_2O \rightarrow CaSO_4 \cdot 2H_2O$	
质量 m/g	136	172
密度 $\rho/（g/cm^3）$	2.61	2.31
反应前后固体体积$/cm^3$	52.1	74.5

反应后固体体积增加到74.5/52.1＝1.43倍。

从图1曲线可知，天然硬石膏的水化速度比人工煅烧硬石膏的水化速度慢得多，因为天然硬石膏在地下高温高压下形成，颗粒致密，而煅烧硬石膏在一个大气压下形成，二水石膏脱去两个结晶水会留下缺陷，所以颗粒相对疏松，水化速度也相对较快。在400～1000℃煅烧形成的都称Ⅱ型硬石膏，但在不同温度段条件下形成的硬石膏，其水化速度有较大差别，低温段比高温的水化速度要快。这种现象为我们配制不同性能的硬石膏混凝土膨胀剂带来很大方便。

我们知道，硅酸盐水泥中有铝酸三钙 7%～15%、铁铝酸四钙 10%～18%，同时掺入石膏 3%～5%。这时生成的水化产物有：水化硫铝酸钙 $3CaO \cdot Al_2O_3 \cdot 3CaSO_4 \cdot 32H_2O$（AFt）、$3CaO \cdot Al_2O_3 \cdot CaSO_4 \cdot 12H_2O$（AFm）和水化铝酸钙 C_3AH_6。在砂浆中掺入大量硬石膏之后，单硫型的水化硫铝酸钙（AFm）和水化铝酸钙又可以和硬石膏水化生成钙矾石（AFt），使砂浆体积膨胀，其体积膨胀量理论计算如下。

AFm 和硬石膏水化后体积膨胀理论值：

水化反应方程	$AFm+2CaSO_4+20H_2O \rightarrow$		AFt
质量 m/g	622	272	1254
密度 $\rho/(g/cm^3)$	1.95	2.61	1.74
体积 $/cm^3$	319	104.2	720
反应前固体体积$/cm^3$	423.2		—
反应后固体体积$/cm^3$	—		720
体积增加到	720/423.2=1.7 倍		

水化铝酸钙 C_3AH_6 和硬石膏水化后体积膨胀理论值：

水化反应方程	$C_3AH_6+3CaSO_4+26H_2O \rightarrow$		AFt
质量 m/g	378.2	408	1254
密度 $\rho/(g/cm^3)$	2.1	2.61	1.74
体积 $/cm^3$	180	156.3	720
反应前固体体积$/cm^3$	336.3		—
反应后固体体积$/cm^3$	—		720
体积增加到	720/336.3=2.1 倍		

以上是纯硬石膏作为水泥混凝土膨胀剂时可能产生的原理。为了改善纯硬石膏膨胀剂，可掺入粉煤灰混合使用，因粉煤灰中的含铝量较高，可增加钙矾石膨胀源的生成量。

在水泥混凝土（砂浆）中只要有 Al^{3+}、SO_4^{2-} 和 $Ca(OH)_2$ 就可以生成钙矾石膨胀源，为了达到好的补偿收缩效果，主要是控制钙矾石生成量和生成时间。

现用 50% 的脱硫硬石膏和 50% 粉煤灰混合成混凝土膨胀剂，在砂浆中分别掺入 10% 和 16% 的混合膨胀剂，测定膨胀效果曲线如图 2 所示，前 7d 在标养室（湿度近 100%），后 21d 在室内自然干燥条件。

从图 2 曲线效果来看，和明矾石等混凝土膨胀剂比较相近，没有什么差别，再进一步系统试验后，完全可以作混凝土膨胀剂使用。

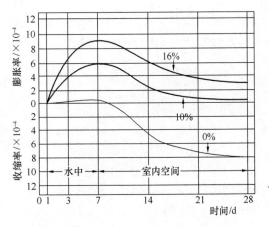

图 2　硬石膏粉煤灰混合膨胀剂效果图

4 结束语

对硬石膏混凝土膨胀剂和硬石膏粉煤灰混合膨胀剂的初步试验研究,效果是满意的,理论是可靠的,完全可以成为一种新型混凝土膨胀剂。但还需做系统试验工作,如硬石膏煅烧温度的早期水化率和膨胀率及膨胀时间的关系,硬石膏和粉煤灰的比例和膨胀率及膨胀时间的关系、膨胀砂浆的强度和耐久性等。

基于 Fluent 对工业副产石膏搅拌釜的运行模拟研究

金如聪

【摘　要】　在生产实践中所使用的三层桨搅拌釜存在工业副产石膏原料颗粒搅拌效果不理想的情况。本文采用数值模拟的方法，使用计算流体力学通用软件 Fluent，对该搅拌釜内的颗粒悬浮情况进行了模拟研究。分析了釜内流体介质的流动情况及工业副产石膏颗粒的分布情况，并研究了搅拌器转速对搅拌釜的搅拌混合效果的影响。根据模拟，所得结果与实际大致相符，且提高搅拌器转速能够改善石膏颗粒在搅拌釜中的分布均匀程度，但会引起搅拌器功率大幅增加，导致设备运行经济性降低。

【关键词】　三层桨；搅拌釜；工业副产石膏；Fluent

引言

固体颗粒悬浮是搅拌设备中常见的一种介质状态。固相颗粒介质的悬浮均匀程度直接表征搅拌设备的混合效果。在使用工业副产石膏生产高强石膏的过程中，搅拌釜作为工艺设备中重要的搅拌设备，主要是实现工业副产石膏原料颗粒有效悬浮，保证石膏颗粒、附加剂和载体介质能够均匀混合，并使介质与釜体壁面接触进行预热，故工业副产石膏颗粒在搅拌反应釜中的悬浮均匀程度对工业副产石膏原料输送及产品生产有较大影响。

近些年国内的机构与学者通过实验模拟的方法针对搅拌釜的混合特性进行了许多研究工作。在桨叶结构形式方面，如苗一等[1]基于轴流式桨与径向流桨的搅拌混合效果的对比研究，认为轴流式桨更有利于提高搅拌釜的混合效果；在搅拌器运行方式方面，如高殿荣等[2]做了变速搅拌的混合效果试验。同时随着计算机技术的发展，计算流体力学在搅拌釜的宏观流动的定性研究[2-3]中有许多应用，在如离底悬浮临界速度[4]的定量研究中也应用广泛。

本文基于 CFD 方法，针对目前生产线中搅拌釜对工业副产石膏颗粒搅拌效果不佳的问题进行数值模拟研究，以期了解搅拌釜内流场情况及固相颗粒在搅拌釜内的分布情况，并分析了搅拌器转速对搅拌釜的搅拌效果的影响，为搅拌器的优化设计及选型提供参考依据。

1　模型与方法

1.1　几何模型

模拟研究的对象为椭圆底搅拌釜，釜体内径 $T=2.6m$，无挡板设置。内置三层斜叶桨式搅拌器，中下层桨叶直径 $D_b=D_m=1.08m$，上层桨叶直径 $D_t=0.85m$。中下层桨叶与搅拌轴轴向呈 $45°$夹角，其中下层桨叶为 2 叶片，中层桨叶为 4 叶片；上层桨叶与搅拌轴轴向呈 $-45°$夹角，叶片数为 2；叶片截面为长圆形，叶片厚度为 $0.03m$，宽度为 $0.144m$；桨叶层间间距为 1m。

根据介质主体在搅拌釜内做绕轴旋转流动，故简化几何模型建立一半计算域，通过旋转周期边界模拟整个搅拌釜流场。图 1 为搅拌釜及搅拌器的结构形式。

1.2　网格模型

计算中采用六面体和四面体混合的非结构化网格，网格单元数量为 607718，节点数量为 282752。网格模型如图 2 所示。

图 1　搅拌釜计算域及搅拌器几何结构

图 2　网格模型

1.3　数学模型及介质参数

搅拌釜流场问题涉及到湍流流动、多相流和搅拌桨转动。其中搅拌釜 0.92 的充液量，使得本问题成为气-固-液三相流问题，但本研究的关注点在于工业副产石膏固体颗粒在液体中的分布，故忽略气液交界面对固液相流动的影响；文中以 Eulerian 模型模拟固液两相流；选用标准 k-ε 模型模拟搅拌釜内介质的湍流流动（85r/min 转速下搅拌釜的雷诺数 $Re = \dfrac{nd_1^2\rho}{\mu}$ = 12812.17）；采用 MRF 多重参考坐标系的方法模拟搅拌釜内桨叶的转动；因固体颗粒的体积比较高，故相间曳力系数采用 Gidaspow 模型，并以此计算固液相间的传递系数。

当液相体积分数＞0.8 时

$$K_{sl} = \frac{3}{4} C_d \frac{a_s a_1 \rho_1 \lceil \vec{V}_s - \vec{V}_1 \rceil}{d_s} a_1^{-2.65}$$

$$C_d = \frac{24}{a_1 Re_s} \left[1 + 0.15(a_1 Re_s)^{0.678} \right]$$

当液相体积分数≤0.8 时

$$K_{sl} = 150 \frac{a_s (1 - a_1) \mu_1}{a_1 d_s^2} + 1.75 \frac{\rho_1 a_s \lceil \vec{V}_s - \vec{V}_1 \rceil}{d_s}$$

搅拌釜内介质为工业副产石膏、载体介质及附加剂。因在生产过程中，附加剂的添加量较少，故本研究中忽略了附加剂的影响。工业副产石膏颗粒的中位数粒径为 60μm，密度为 1372.4kg/m³，固相体积分数为 19%（质量分数为 40.9%）；载体介质动力黏度为 177mPa·s，密度为 1000kg/m³。

2　模拟结果与分析

2.1　速度与速度矢量分布

图 4、图 5 为搅拌釜内垂直搅拌轴截面及沿轴截面的速度分布云图。从图 4 可以看出，

中层桨叶因其 4 叶片的缘故，其对附近流体介质的速度影响大于上下层桨叶；上层桨叶同时由于叶片尺寸较小则更加弱化其对流体速度的影响。图 5 中可以看出极低速倒立锥体区域，这与在实际中由于搅拌器带动介质在釜体内旋转流动会形成一个倒立锥面极为相近，但此现象不利于颗粒均匀分布；此外，中上层桨叶区域中间位置同样出现低速区，这主要是中上层桨叶的叶片倾斜方向相反，从而各自驱动上下流体在此形成碰撞改变流动方向，从而降低了流速。

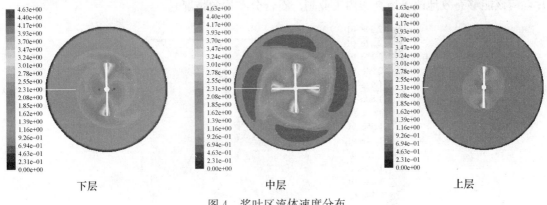

下层　　　　　　　　　　　　中层　　　　　　　　　　　　上层

图 4　桨叶区流体速度分布

图 6 为沿轴截面流体速度矢量图。从图中可以看出流体在釜体壁面与搅拌轴之间存在主体循环运动，介质沿壁面向上运行，沿搅拌轴向下流动；在中下层桨叶附近存在流体剥离而形成的局部区域流动循环。

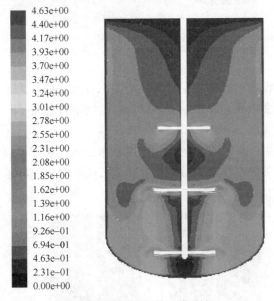

图 5　沿轴截面流体速度分布

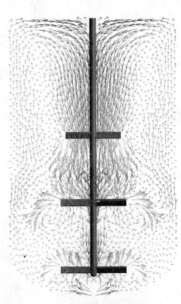

图 6　沿轴截面速度矢量图

2.2　体积分数分布

图 7 反映的是石膏颗粒在釜体内的分布情况。从图可知，釜体壁面及釜底区域工业副产石膏的浓度偏高；而桨叶搅拌中心区域的颗粒浓度趋于平均浓度值（该区域的颗粒浓度分布情况优于实际观察结果）。在流体旋转流动的情况下，因工业副产石膏颗粒的密度大于液相

介质密度，使得石膏颗粒表现出来的切向惯性力大于液体介质，从而在搅拌釜釜体壁面聚集。同样，因介质密度的差异形成工业副产石膏颗粒通过沉降过程在釜体底部形成堆积。此外，壁面附近区域内的流体中水相与工业副产石膏相因重力加速度存在速度差，从而形成壁面上工业副产石膏浓度呈上薄下厚的情况，同时由于中层桨叶的搅拌影响使得这一规律出现一个间断（从这一方面也可推出4叶片对流体影响区域要大于2叶片，如果底层桨叶增加叶片，应该能够有效地改善搅拌釜内工业副产石膏分布均匀情况）。

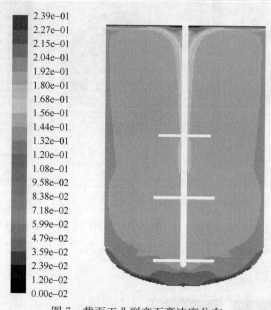

图7　截面工业副产石膏浓度分布

2.3　不同粒径下的颗粒浓度分布

因搅拌釜搅拌的固体介质工业副产石膏颗粒的粒径基本呈现为一个正态分布趋势，为了更好地反映石膏颗粒在釜体内的分布情况，本文采用多个单一粒径计算，最终进行加权平均来表示。

图8分别显示了以体积比0~0.35范围的多个粒径颗粒的体积浓度分布云图。从图可以看出，随着固体颗粒的粒径增大，颗粒在搅拌釜内沉积现象就越明显，即云图中浓度差异越大，高于平均浓度的区域面积也越大。

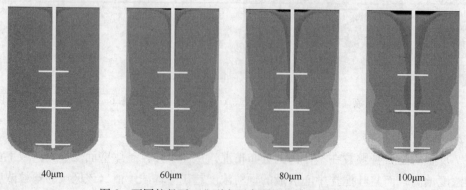

图8　不同粒径下工业副产石膏颗粒的体积浓度云图

从图 9 壁面上的颗粒浓度曲线可以看出，各粒径情况下都在釜体底部区域出现浓度峰值，而且随粒径变大，峰值越高。经加权平均后釜体内最大体积浓度值为 0.271101（质量浓度为 0.518842）。

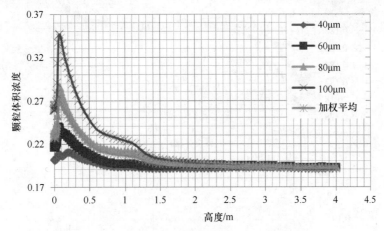

图 9　不同粒径下颗粒在釜体壁面上的浓度情况

2.4　不同转速下的颗粒浓度分布

本文同样模拟了 110r/min、140r/min 和 170r/min 转速下的搅拌器内颗粒浓度分布情况，并与 85r/min 转速情况进行了比较。

图 10～图 12 为在桨叶间及桨叶与自由液面间中间区域的固体颗粒分布情况。从图可以看出，转速越高则曲线的浓度波动就越小，趋近平均浓度的区域就更广；同时随着搅拌器转速的增加，釜体壁面附近区域高于平均浓度的介质厚度就更薄。从而可知搅拌器的转速提高能够改善固体颗粒在搅拌釜体壁面的堆积情况。另外，从图中各转速下浓度曲线的重合度来看，搅拌器转速的提高并不对搅拌釜内所有区域的流体介质都能产生明显影响，其中搅拌器转速对中层桨叶以下区域的搅拌效果的影响会明显于搅拌釜的其他区域，而在上层桨叶上方的液体分布区域，各转速下浓度分布曲线趋于重合。

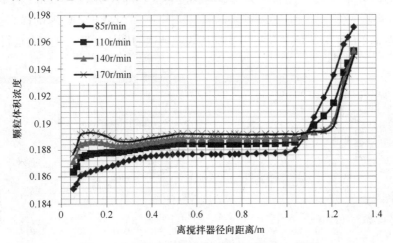

图 10　中下层桨叶中间区域固体颗粒分布曲线

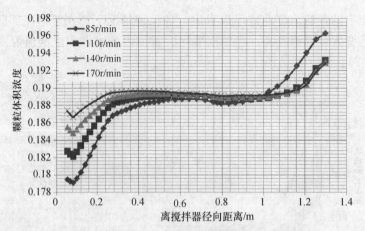

图 11　中上层桨叶中间区域固体颗粒分布曲线

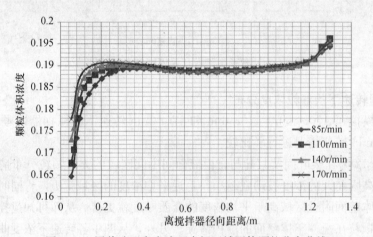

图 12　上层桨叶至自由液面中间区域固体颗粒分布曲线

从图 13 浓度均方差曲线来看，搅拌器转速的提高能够改善全区域固体颗粒分布均匀程度，但曲线在 110r/min 转速处有较为明显的梯度转变，即表明 110r/min 以上的转速对颗粒分布均匀程度影响的作用呈加速减弱趋势。同时从图 14 可以看出，转速的提高会引起搅拌器功率的大幅提高，从而在图 15 的综合效率曲线表明转速的增加会造成搅拌器运行效率的降低。

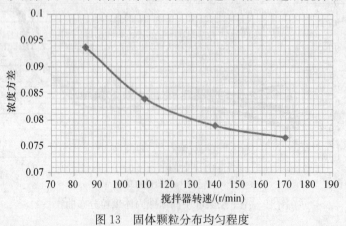

图 13　固体颗粒分布均匀程度

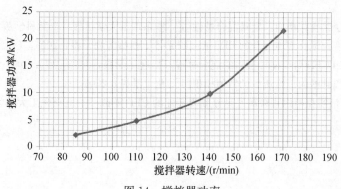

图 14　搅拌器功率

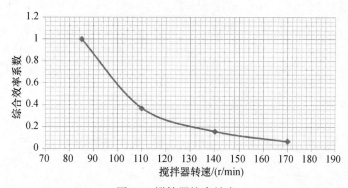

图 15　搅拌器综合效率

表 1　各转速浓度方差

转速/（r/min）	85	110	140	170
浓度方差	0.093713	0.083995	0.078898	0.076622
搅拌器功率/kW	2.2	4.8	9.8	21.6
综合效率系数	1.0000	0.4122	0.1878	0.0829

3　结论

1. 采用 Fluent 软件模拟搅拌釜内工业副产石膏颗粒的分布情况与生产实际基本相似，但同时应计算网格与数学模型的限制存在一定误差。

2. 85r/min 的转速设置并未能够使工业副产石膏颗粒在搅拌釜内呈现完全均匀分布。

3. 粒径对固体颗粒均匀分布有一定影响，可在生产初期对原料进行一定的碾磨，将有利搅拌釜的搅拌效果。

4. 提高搅拌器转速能够提高工业副产石膏颗粒的分布均匀程度，但过高的搅拌器转速会造成搅拌釜运行经济性降低。

5. 根据中层桨叶对介质混合的影响作用，推测 4 叶片的底层桨叶能够改善石膏颗粒在搅拌釜底部堆积情况，提高搅拌釜的混合效果。

参考文献

[1] 苗一，等 . 多层桨搅拌槽内的宏观混合特性[J]. 华东理工大学学报：自然科学版，2006，(3).

[2] 高殿荣，等 . 变速搅拌混沌混合的 PIV 试验研究[J]. 机械工程学报，2006，(8).

[3] 周国忠，等 . 用 CFD 研究搅拌槽内的混合过程[J]. 化工学报，2003，(7).

[4] 马青山，等 . 搅拌槽内三维流场的数值模拟[J]. 化工学报，2005，(5).

[5] 钟丽，等 . 固-液搅拌槽内颗粒离底悬浮临界转速的 CFD 模拟[J]. 北京化工大学学报，2003，(6).

第二部分　技术实践

第三部分　故　木　君　道

第一章 石膏复合胶凝材料、水泥

磷石膏复合材料制备和性能研究

何玉鑫　万建东　诸华军　华苏东　姚　晓　瞿　县　杨银银

【摘　要】　在激发剂的作用下，利用矿渣改性磷石膏（PG）制备磷石膏基胶凝材料（PGS），然后研究不同粉煤灰掺量制备磷石膏复合材料。结果表明：当激发剂掺量在 3％时，在 20℃（湿度大于 70％）养护下，PGS 固化体 28d 的抗压强度和抗折强度（41.9MPa 和 7.1MPa）分别较未掺激发剂的提高了 47.3％和 42.3％，28d 软化系数为 0.94；当钢渣比例在 1∶1 时，磷石膏砂浆的性能最佳，28d 抗压强度和抗折强度分别为 57.1MPa 和 4.8MPa；粉煤灰掺量在 20％时，磷石膏砂浆的抗压强度和抗折强度分别为 22.1MPa 和 3.4MPa，吸水率和软化系数分别为 4.9％和 0.94，质量损失率、抗压强度损失率和抗折强度损失率分别为 1.5％、4.5％和 4.3％。

【关键词】　磷石膏；矿渣；粉煤灰；胶凝材料；砂浆

Preparation and performance study phosphgypsum composite materials

He Yuxin　Wan Jiandong　Zhu Huajun
Hua Sudong　Yao Xiao　Qu Xian　Yang Yinyin

Abstract：Slag as，phosphgypsum（PG）and cement as activator could be blended into preparing phosphgypsum based cementing material（PGS）with certain activator，then studied the effects of the different sand ratio and fly ash content on PGS mortar. The results showed that when activator content was 3wt.％，the 28-day compressive strength and flexural strength for hardened PGS（41.9MPa and 7.1MPa）increased by 47.3％ and 42.3％ comparison with without activator at 20℃（over 70 R. H.）respectively，and the softening coefficient was 0.94；when steel slag ratio was 1∶1，the 28-day compressive and flexural strength were 57.1MPa and 4.8MPa；When fly ash content was 20％，the compressive strength and flexural strength for phosphgypsum mortar were 22.1MPa and 3.4MPa，water absorption and the softening coefficient were 4.9％ and 0.94 respectively，simultaneously mass loss ratio，compressive strength loss ratio and flexural strength loss ratio were 1.5％，4.5％ and 4.3％ respectively.

Key words：phospgypsum；slag；fly ash；cementing material；mortar

磷石膏（PG）是生产磷肥的副产物，2012 年产生 PG 近 7000 万吨，仅约 24％被利用。大量未处理的 PG 堆积或直接排放，污染土地和水资源[1-5]。PG 资源化利用具有重要的现实意义，解决环境污染、发展循环经济和有效利用资源、充分利用磷石膏已成为中国磷肥企业能否可持续化发展的关键。

以 PG 为主要原料，复配适量的矿渣微粉制备磷石膏基胶凝材料（PGS），可以作为二次利用 PG 的新途径。Atun[6] 利用未处理的 PG 掺入硅酸盐水泥中，性能优于天然石膏，仅利用 3％的 PG；Shen 等[7] 利用 PG 制备新型土壤固化材料，仅利用 2.5％的 PG；杨家宽等[8] 利用不同蒸汽条件处理 PG，将其 40％用于制备蒸压砖，抗压强度仅为 25MPa 左右。目前 PG 的处理费用高、利用率低和 PG 制品的养护要求高、强度低等制约 PG 在建筑材料领域的运用。笔者在未处理的 PG 中掺入矿渣微粉，在水泥和液体激发作用下制备了性能优良的 PGS，以及掺入粉煤灰和钢渣制备免煅烧的磷石膏砖，以期有助于提高工业废物的资源化利用和建筑材料生产的节能水平。

1 原材料与试验方法

1.1 原材料

PG（四川绵阳），灰色粉末状，主要成分是 $CaSO_4 \cdot 2H_2O$（图 1），粒径较粗（图 2）；矿渣（江苏南京），粉末状，比表面积为 $410m^2/kg$；Ⅰ级粉煤灰，粉末状，三种原材料的化学组成见表 1；52.5 级普通硅酸盐水泥（江苏南京）；钢渣（江苏南京），粒径为 1～5mm；碱激发剂，自制；保水剂，市售甲基纤维素。

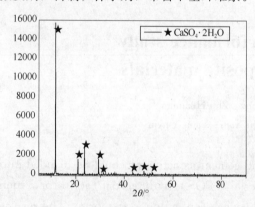

图 1　PG 的 XRD

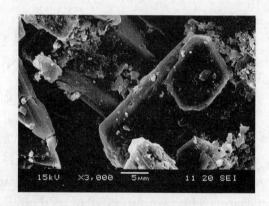

图 2　PG 晶体的形貌

表 1　原材料的化学组成　　　　　　　　　　　　　　　　　　　　％

原材料	CaO	SO_3	SiO_2	Al_2O_3	P_2O_5	R_2O	TiO_2	MgO	MnO
PG	30.85	31.85	4.65	4.20	3.22	0.32	0.2	0.24	—
矿渣	31.75	—	36.86	19.84	—	0.90	1.13	8.54	0.24
粉煤灰	4.57	0.71	53.00	30.58	0.237	1.95	1.08	1.25	0.05

注：R_2O 表示碱金属氧化物，PG 烧失量 22.91％。

1.2 试验方法

按 PG：矿渣：水泥质量比为 50：40：10 混合，在保水剂（掺量为 0.2％，外加剂均外掺）、碱激发剂（1%、3%和5%）和水固质量比0.3作用下制备PGS。试样在20℃（湿度大于70%）下养护至规定龄期时，利用WHY-5型压力试验机和KZY-30电动抗折仪测试硬化体不同龄期的抗压强度和抗折强度。利用GT-60型压汞仪测试试块孔隙率和孔径分布，并利用JSM-5900型扫描电子显微镜对试块的断面形貌进行分析。

2 结果与讨论

2.1 不同碱激发剂掺量时PGS的性能

复合碱激发剂为PGS体系提供OH^-和SO_4^{2-}，有利于促进水化反应和生成更多的水硬性产物（AFt和C-S-H凝胶）[9]。碱激发剂不同掺量时PGS的性能见表2。

表2　不同碱激发剂掺量时PGS的性能

掺量/%	凝结时间/h：min		抗压强度/MPa		抗折强度/MPa		28d软化系数
	初凝	终凝	7d	28d	7d	28d	
0	7：50	14：45	15.5	22.1	3.2	4.1	0.87
1	4：26	9：24	17.8	28.0	3.9	4.5	0.89
3	3：25	6：29	28.5	41.9	5.1	7.1	0.94
5	2：02	5：12	26.1	31.5	4.3	4.6	0.91

由表2可知，PGS浆体凝结时间随着碱激发剂的掺量增加呈缩短的趋势，PGS固化体抗压强度和抗折强度随着碱激发剂掺量的增加呈先增加后减小的趋势。当激发剂的掺量在3%时，7d和28d的PGS固化体抗压强度（28.5MPa和41.9MPa）分别较未掺激发剂的提高了45.6%和47.3%，7d和28d的PGS固化体抗折强度（5.1MPa和7.1MPa）分别较未掺激发剂的提高了37.3%和42.3%，此时初凝时间和终凝时间分别为3h25min和6h29min，28d软化系数为0.94。这可能是碱激发剂提高了体系的碱度，中和磷石膏的酸和促进PG体系的水化，缩短了凝结时间。适量的碱激发剂可以致密PGS的空隙，改善其强度和耐水性，而过量的碱激发剂生成过多的AFt，致体系膨胀而性能下降。

2.2 化纤增韧补强磷石膏复合材料

抗压强度可以有效评价PGS固化体承受载荷的大小，抗压强度高，PGS固化体承受的载荷大。抗冲击功和抗折强度可以有效评价PGS固化体的韧性，抗冲击功和抗折强度大，PGS固化体的韧性则高。不同特种化纤掺量时PGS固化体的力学性能见表3。

表3　不同化纤掺量时PGS固化体的力学性能

掺量/%	抗压强度/MPa		抗折强度/MPa		抗冲击功/J·m^{-2}	
	7d	28d	7d	28d	7d	28d
0	28.5	41.9	3.9	4.4	350	367
0.1	28.7	42.8	4.0	4.6	450	467
0.2	29.3	43.6	4.2	4.6	723	841
0.3	30.1	48.1	4.3	4.8	1167	1213
0.5	29.4	45.1	4.5	4.4	1654	1675

由表3可知，特种化纤的掺入对PGS固化体的力学性能的影响较大，且掺量在0.3%时PGS固化体力学性能最佳，28d龄期的抗压强度、抗折强度和抗冲击功（为48.1MPa、

4.8MPa 和 1213J·m^{-2}）分别较净浆的提高了 20.6％、18.8％和 69.7％。这主要是适量特种化纤桥联搭接作用显著，可以提高 PGS 固化体的强度和韧性；过量的纤维取代了过多 PGS 固化体基体的位置，且在搅浆过程中容易引入气泡，致 PGS 固化体强度降低，由于纤维可能形成更复杂的网状结构，使 PGS 固化体的韧性增加。从经济和力学性能的角度出发，本文选取化纤的掺量在 0.3％。

2.3 PGS 固化体微观形貌分析

PGS 固化体的水化产物主要为 $CaSO_4·2H_2O$ 晶体，以及少量针状 AFt 晶体（图 3）。有关文献[10]指出，由于水化硅酸钙 C-S-H 结晶形态差，大部分以无定形态凝胶的形式存在，一些弥散的衍射峰被 $CaSO_4·2H_2O$ 晶体的衍射峰覆盖，因此难以看出水化过程中 C-S-H 的存在。

矿渣在水泥作用下，活性二氧化硅和三氧化二铝不断地从矿渣玻璃体中解离出来参与水化反应，水化产物随着养护龄期的延长不断地生成，孔结构致密，强度和耐水性改善。其断面形貌如图 4 所示，其中（a）为 PGS 净浆固化体断面相貌，（b）为掺 0.3％化纤的 PGS 断面相貌。

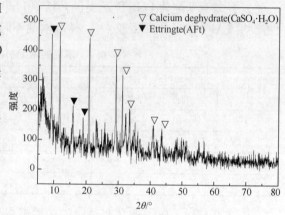

图 3　PGS 固化体的 XRD 图谱

由图 4 可知，PGS 净浆固化体内部主要的晶相为 $CaSO_4·2H_2O$ 以及少量的 AFt 晶体。根据 Edinger 理论[11]可知，碱激发剂提高了体系的碱度，使 $CaSO_4·2H_2O$ 晶体粒径变细（结合图 2）；大量絮状的 C-S-H 凝胶包覆各个组分，形成网状致密的结构，从宏观上提高 PGS 固化体的力学性能；具有桥联搭接作用的化纤深深地插入 PGS 固化体内部，且 C-S-H 凝胶黏结在化纤表面，两者协同作用，缓解外力对整体的破坏作用。

（a）　　　　　　　　　　　　　　　　（b）

图 4　PGS 固化体的断面形貌

（a）PGS 净浆固化体；（b）掺 0.3％化纤的 PGS 固化体

2.4 不同细集料的 PGS 砂浆的性能

PGS 粉料是由原状的磷石膏、矿渣和水泥混合而成，单靠搅拌将 PGS 混匀需要较长时间，而且也无法判断。本文中是利用细集料（钢渣）的收缩性能小、颗粒级配和参与水化作用，使粉料在搅浆过程中充分均匀，水化过程中改善体系的致密性和抑制开裂。本试验测试了在 20℃（湿度大于 70％）养护下，钢渣比例为 1∶1 和 1∶2 的磷石膏砖的力学性能，试验结果见表4。

表4 不同钢渣（细集料）掺量时磷石膏砖的性能

组分	比例	抗压强度/MPa		抗折强度/MPa		吸水率/%	软化系数
		7d	28d	7d	28d		
PGS/钢渣	1：1	35.9	57.1	3.2	4.8	3.8	0.97
	1：2	25.1	37.9	2.5	2.7	4.9	0.95

由表4可知，磷石膏砖的力学性能随着钢渣比例的增加呈减小的趋势，随着养护龄期的延长呈增加的趋势。在钢渣比例为1：1时免煅烧磷石膏砖的性能最佳，28d抗压强度和抗折强度分别为57.1MPa和4.8MPa，此时吸水率和软化系数分别为3.8%和0.97。

2.5 不同粉煤灰掺量时PGS砂浆的性能

粉煤灰中含有大量的活性物质SiO_2和Al_2O_3，在PGS内掺有该活性物质，不仅可以解决PGS的耐水性，而且可以大量利用固体废弃物，同时降低生产成本。不同粉煤灰掺量时PGS砂浆的性能见表5。

表5 不同粉煤灰掺量时PGS砂浆的性能

粉煤灰掺量/%	抗压强度/MPa		抗折强度/MPa		软化系数	吸水率/%
	7d	28d	7d	28d		
0	35.9	47.1	3.2	4.8	0.97	3.8
10	26.1	34.6	2.7	4.1	0.95	4.6
20	17.5	22.1	2.5	3.4	0.94	4.9

由表5可知，粉煤灰掺入对PGS砂浆性能的影响较大，PGS砂浆的抗压强度和抗折强度随着粉煤灰掺量的增加呈现递减的趋势，且随着养护龄期的延长呈现递增的趋势。未掺粉煤灰的PGS砂浆的抗压强度和抗折强度（分别为47.1MPa和4.8MPa）最佳，24h吸水率和软化系数分别为3.8%和0.97。但综合考虑性能和成本，粉煤灰掺量在20%时，PGS砂浆的抗压强度和抗折强度（22.1MPa和3.4MPa）可满足《蒸压粉煤灰砖》强度等级MU15的要求，吸水率和软化系数分别为4.9%和0.94。

2.6 PGS砂浆的抗冻性能

为了进一步研究PGS砂浆的耐久性能，本文按照JC/T 239—2014《蒸压粉煤灰砖》的要求测试磷石膏砖的抗冻性能，其试验结果见表6。

表6 免煅烧磷石膏砖的抗冻性能

原材料	掺量/%	抗压强度损失率/%	抗折强度损失率/%	质量损失率/%
钢渣	0	5.8	4.2	1.3
	10	5.1	5.1	1.3
	20	4.5	4.3	1.5

由表6可知，PGS砂浆的抗冻性能均满足JC/T 239—2014《蒸压粉煤灰砖》的要求。这是因为矿渣在硫酸盐、碱性激发剂和水泥激发下，生成大量的絮状C-S-H凝胶，包覆磷石膏砖的各个组分，形成致密的网状结构，进而改善了PGS砂浆的致密性和抗冻性能；粉

煤灰不仅可以填充密实 PGS 砂浆，而且一部分参与后期水化，生成水硬性物质。当粉煤灰掺量在 20％时，PGS 砂浆质量损失率、抗压强度损失率和抗折强度损失率分别为 1.5％、4.5％和 4.3％。

3　结论

（1）当激发剂的掺量在 3％时，7d 和 28d 的 PGS 固化体抗压强度分别较未掺激发剂的提高了 45.6％和 47.3％，7d 和 28d 的 PGS 固化体的抗折强度分别较未掺激发剂的提高了 37.3％和 42.3％，28d 软化系数为 0.94。

（2）在钢渣比例为 1：1 时 PGS 钢渣浆的性能最佳，28d 抗压强度和抗折强度分别为 57.1MPa 和 4.8MPa，此时吸水率和软化系数分别为 3.8％和 0.97。

（3）特种化纤的掺入对 PGS 固化体的力学性能影响较大，且掺量在 0.3％时 PGS 固化体的力学性能最佳，28d 龄期的抗压强度、抗折强度和抗冲击功（为 48.1MPa、4.8MPa 和 1213J·m^{-2}）分别较净浆的提高了 20.6％、18.8％和 69.7％。

（4）磷石膏砖的抗压强度和抗折强度随着粉煤灰掺量的增加呈现递减的趋势，且随着养护龄期的延长呈现递增的趋势。粉煤灰掺量在 20％时，磷石膏砖的抗压强度和抗折强度分别为 22.1MPa 和 3.4MPa，吸水率和软化系数分别为 4.9％和 0.94，质量损失率、抗压强度损失率和抗折强度损失率分别为 1.5％、4.5％和 4.3％。

参考文献

[1] McCartney J S, Berends R E. Measurement of filtration effects on the transmissivity of geocomposite drains for phosphogypsum [J]. Geotextiles and Geomembranes，2010，28(2)：226-235.

[2] Ma L P, Ning P, Zheng S C, et al. Reaction Mechanism and Kinetic Analysis of the Decomposition of Phosphogypsum via a Solid-State Reaction [J]. Industrial and Engineering Chemistry Research，2010，49(8)：3597-3602.

[3] Othman I, Al-Masri M S. Impact of phosphate industry on the environment：A case study [J]. Applied Radiation and Isotopes，2007，65(1)：131-141.

[4] Kumar S. Fly ash-lime-phosphogypsum hollow blocks for walls and partitions [J]. Building and Environment，2003，38(2)：291-295.

[5] Ghosh A. Compaction Characteristics and Bearing Ratio of Pond Ash Stabilized with Lime and Phosphogypsum [J]. Journal of Materials in Civil Engineering，2010，22(4)：343-351.

[6] Atun I A, Sert Y. Utilization of weathered phosphogypsum as set retarder in Portland cement [J]. Cement and Concrete Research，2004，(34)：677-680.

[7] Shen W G. Zhou M K. Investgation on the application of steel slag fly ash-phosphogypsum solidified material as road base material [J]. Journal of Hazardous Materials，2006，(164)：99-104.

[8] 杨家宽，谢永忠，刘万超，等. 磷石膏蒸压砖制备工艺及强度机理研究[J]. 建筑材料学报，2009，12(3)：352-355.

[9] 何玉鑫，华苏东，姚晓，等. 磷石膏-矿渣基胶凝材料的制备与性能研究[J]. 无机盐工业，2012，44(10)：21-23.

[10] 范立瑛，王志. 硫酸铝对脱硫石膏基钢渣复合材料性能的影响[J]. 新型建筑材料，2010，(3)：11-14.

[11] Edinger S E. The growth of gypsum[J]. J Cryst Growth，1973，(18)：217-223.

纤维改性磷石膏基胶凝材料及
阻裂作用机制分析

何玉鑫　万建东　刘小全　华苏东

【摘　要】　在磷石膏基胶凝材料（PGS）中加入纤维改善 PGS 的抗裂性能，通过评价不同龄期样品的抗冲击功、抗折强度、抗冻融性能和分析断口形貌等表征纤维对 PGS 固化体的抗裂效果。结果表明：化纤对 PGS 固化体增韧和抗裂性能优于矿纤和玻纤。在 20℃（湿度大于 90％）条件下，化纤掺量为 0.7％时，PGS 固化体 28d 的抗冲击功和抗折强度分别较净浆试块提高了 389.5％和 50.6％；在冻融循环 15 次后，掺化纤的 PGS 固化体的抗冲击功、抗折强度和质量损失率较 PGS 净浆固化体分别降低了 87.4％、71.4％和 86.0％；化纤穿插于 PGS 固化体内部，形成一种三维的网状包裹状态，起桥联搭接作用，抗裂效果显著。

【关键词】　磷石膏；胶凝材料；纤维；抗裂；抗冻性能

Fiber modified phosphogypsum-based cementitious
material and anti-cracking mechanism analysis

He Yuxin　Wang Jiandong　Liu Xiaoquan　Hua Sudong

Abstract：Fibers were used to improve phosphogypsum-based cementations material (PGS) anti-cracking ability. The influence of adding fiber was investigated by measuring the impact work，flexural strength，freeze-resistance，and the microscopy of fracture surface. Results showed that fiber could prevent PGS from cracking obviously better than both mineral fiber and glass fiber. The impact work and the flexural strength of PGS with 0.7％ fiber cured at 20℃（R. H.≥90）for 28d were increased by 389.5％ and 50.6％ respectively；after 15 freeze-thaw cycles，the impact work，flexural strength and mass loss rate of cementitious material with 0.7％ fiber were decreased by 87.4％，71.4％ and 50.4％ respectively. The fiber distributed in the matrix of hardened PGS offered a bridging function notably because of three-dimensional network structure.

Key words：phosphogypsum；cementitious material；fiber；resist crack；freeze-resistance

磷石膏（PG）是工业生产磷肥的副产物，每年产生 PG 近 5000 万吨，其中仅有约 20％被利用。大量未处理的 PG 堆积、填满和直接排放，污染土地和水资源。充分利用 PG，不仅可以保护环境、实现资源再利用，而且能促进经济发展[1-5]。

磷石膏基胶凝材料（PGS）易受气候和钙矾石含量过多等因素影响，从而造成 PGS 开裂、力学性能下降等现象[6]，制约其在建材领域中使用。纤维现已广泛用于改善水泥基胶凝材料的性能，主要起增韧、增强和阻裂的作用，如钢纤维增强水泥砂浆、碳纤维增强混凝土、复合纤维增韧油井水泥等[7-10]。目前纤维改性 PGS 的研究较少，笔者对 PG 煅烧改性后制备含磷建筑石膏，掺入工业矿渣粉以及不同种类和掺量的纤维，在碱激发剂、缓凝剂作用下制备了 PGS，通过评价其抗冲击功、抗折强度、抗冻性能和分析内部结构显微形貌来表征纤维改性 PGS 的抗裂效果，以期为制备高性能 PGS 提供技术支持。

1 试验原料与试验方法

1.1 试验原料

PG（四川绵竹），灰色粉末状，过 120 目筛，主要成分是 $CaSO_4 \cdot 2H_2O$（图 1）；矿渣（江苏南京），粉末状，比表面积为 $410m^2/kg$，两种原材料的化学组成见表 1；特种钙材料，市售，氧化钙含量为 89.8% 以上；碱激发剂（自制），水玻璃和氢氧化钠溶液；缓凝剂（NM），市售；纤维，选用矿纤、玻纤和化纤，各纤维的物理性能见表 2。

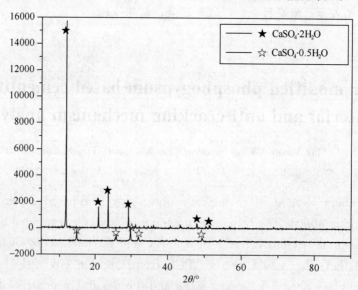

图 1 PG 和含磷建筑石膏的成分

表 1 PG 和矿渣的化学组成 ％

原材料	CaO	SO₃	SiO₂	Al₂O₃	P₂O₅	R₂O	TiO₂	MgO	MnO
PG	30.85	31.85	4.65	4.20	3.22	0.32	0.2	0.24	—
矿渣	31.75	—	36.86	19.84	—	0.90	1.13	8.54	0.24

注：R_2O 为碱金属氧化物，PG 烧失量 22.91%。

表 2　纤维的物理性能

纤维	长度/mm	直径/μm	弹性模量/GPa	抗拉强度/MPa	极限延伸率/%
矿纤	3～8	5	26	350	8
玻纤	5～12	15	80	300	2
化纤	1～3	13	13	410	20

1.2　试验方法

将 PG 在 140℃条件下热活化 4h 后，制含磷建筑石膏，其主要成分为 $CaSO_4 \cdot 0.5H_2O$（图 1），基本性能（表 3）达到国家标准优等品要求。

表 3　含磷建筑石膏的基本性能（20℃）

标准稠度用水量/%	凝结时间/min		2h 强度/MPa	
	初凝	终凝	抗压强度	抗折强度
0.66	6	9	7.2	3.1

PGS 按含磷建筑石膏：矿渣：生石灰＝60：40：4（质量比）配制粉料，水胶质量比为 0.6，碱激发剂 3%，缓凝剂 0.2%（外加剂均外掺法），掺入不同种纤维制备 PGS，利用 KZY-30 电动抗折仪和 XJJ-5 型抗冲击仪器测试抗折强度和抗冲击功，并利用 JSM-5900 型扫描电子显微镜对试块的断面形貌进行分析。

2　结果与讨论

2.1　PGS 固化体抗冻融性能分析

抗折强度和抗冲击功均可有效地评价纤维对 PGS 固化体的增韧作用，抗折强度和抗冲击功越大，韧性越高（所需的断裂能也越高）。抗冻融性能可有效地评价纤维对 PGS 固化体的阻裂作用，抗冻融性能越优，抗裂效果越明显。纤维以拔出、拉伸、拉断三种方式（任何一种方式都需要更高的断裂量）阻止 PGS 固化体的开裂。在冻融循环过程中，进入内部孔隙的水使材料不断产生膨胀收缩应力，导致结构破坏，力学性能下降。在 15 次冻融循环过程中掺不同种类纤维的 PGS 固化体的性能见表 4。

表 4　在 15 次冻融循环过程中掺不同种类纤维的 PGS 固化体的性能

纤维	掺量/%	28d 抗冲击功/J·m^{-2}	28d 抗折强度/MPa	抗冲击功损失率/%	抗折强度损失率/%	质量损失率/%
—	0	110.1	2.2	78.4	73.5	12.9
	0.5	380.2	4.2	27.0	58.4	5.6
矿纤	1.0	440.1	5.7	20.0	44.7	5.2
	1.5	510.3	7.5	15.2	31.8	5.2
	0.5	598.8	3.7	10.8	61.1	4.7
玻纤	1.0	750.0	4.6	4.9	60.3	4.3
	1.5	820.1	4.7	7.0	40.0	4.2

纤维	掺量/%	28d 抗冲击功/ J·m^{-2}	28d 抗折强度/ MPa	抗冲击功损失率/ %	抗折强度损失率/ %	质量损失率/ %
	0.3	745.3	6.9	12.3	23.3	2.1
化纤	0.5	1420.2	9.1	4.2	24.8	1.8
	0.7	2250.1	9.4	9.9	20.8	1.8
	0.9	1950.3	8.5	4.4	23.4	1.6

由表 4 可知，PGS 固化体的抗冲击功和抗折强度随着矿纤和玻纤掺量的增加呈增大的趋势，且掺量为 1.5％时最大，但两者对 PGS 固化体的增韧作用不明显。当化纤掺量为 0.7％时，PGS 固化体的增韧作用（抗冲击功和抗折强度分别较 PGS 净浆固化体提高了 389.5％和 50.6％）最佳；在冻融循环过程中，PGS 固化体的抗冲击功损失率和抗折强度损失率随着矿纤和玻纤掺量的增加呈减小的趋势，且掺量为 1.5％时最小。化纤对 PGS 固化体的抗裂作用较矿纤和玻纤明显，PGS 固化体 28d 的抗冲击功损失率、抗折强度损失率和质量损失率分别较净浆试块降低了 87.4％、71.4％和 86.0％。

当玻纤和矿纤掺量大于 1.5％时，纤维在 PGS 固化体中分散性差，搅浆过程中易发生团聚，不利于 PGS 固化体的抗裂，而化纤在 PGS 浆体中的分散性较好，在试验所选掺量条件下未出现团聚现象，且化纤掺量为 0.7％时，PGS 固化体的抗裂作用最优。

3 纤维抗裂机制分析

当受到水、温度、AFt 等因素的作用会产生膨胀与收缩，PGS 固化体内应力集中而出现开裂，力学性能下降。纤维可以有效阻止 PGS 固化体早期微裂纹的产生和扩展。图 2 为 20℃（湿度大于 90％）养护 28d 试块断面形貌图，其中（a）为净浆试块，（b）为掺 0.7％化纤的抗裂试块，（c）为掺 1.5％玻纤的抗裂试块，（d）为掺 1.5％矿纤的抗裂试块。

图 2 PGS 固化体断面形貌图

（a）净浆；（b）掺 0.7％化纤；（c）掺 1.5％玻纤；（d）掺 1.5％矿纤

由图 2（a）可知，PGS 净浆固化体主要是 C-S-H 凝胶包覆各组分，形成致密的网状结构，受到应力集中而出现开裂，力学性能下降。由图 2（b）、（c）和（d）可知，纤维穿插于 PGS 固化体内部，具有桥联搭接作用，传递部分的力，抗裂性能均优于净浆。结合图 3 可知，化纤由于直径粗、数量多，均匀分散性优于矿纤和玻纤，大量单丝纤维形成一种三维的网状包裹状态，桥联搭接作用更显著，受力的纤维可以将力传到其他纤维上，使 PGS 固化体的内部应力场更加连续与均匀[11]，通过纤维的拔出、拉断、拉伸阻止 PGS 固化体的开裂，因此在冻融循环过程中，化纤有效保持 PGS 固化体的整体完整性（图 4），其抗裂作用最优。

图 3 PGS 固化体抗折测试后的截面

(a)　　　　　(b)　　　　　(c)　　　　　(d)

图 4　PGS 固化体冻融循环后破坏形态

(a) 净浆试块；(b) 掺 0.7% 化纤试块；(c) 掺 1.5% 矿纤试块；
(d) 掺 1.5% 玻纤试块

化纤形成一种三维的网状包裹状态，桥联搭接作用显著，受力的纤维可以将力传到其他纤维上，具有类似高弹性模量纤维的性能，从而阻止 PGS 固化体早期微裂纹的产生；化纤本身具有低弹性模量纤维的性能，可有效阻止 PGS 固化体后期长裂纹的延伸，使 PGS 固化体保持完整性。由图 5 和图 6 化纤抗裂过程可知表达式如下：

$$F_1 = \mu m_g / \Delta \tag{1}$$

$$F_2 = kx \tag{2}$$

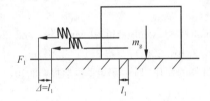

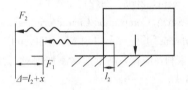

图 5　化纤阻止微裂纹的过程　　　　图 6　化纤阻止长裂纹的过程

μ 为摩擦块的动摩擦系数，表征纤维与 PGS 固化体基体的黏结系数，N/kg；m_g 为摩擦块的质量，kg；l_1、l_2 为摩擦块滑动距离，代表纤维的拔出长度，m；x 为弹簧的伸长，代表纤维的伸长，m；k 为弹簧模型的刚度，是与纤维性质有关的一个常数；Δ 代表基体开裂后裂缝的扩展宽度，m；F_1、F_2 为纤维对裂缝的阻力，N。

由图 5 可知，由于化纤嵌入长度不断递减，以及拔出过程中界面被磨光滑，致动摩擦系数 μ 减小。由公式（1）知，随着裂缝扩展，动摩擦系数 μ 减小，纤维对裂缝的阻力（F_1）减小，在 PGS 固化体中所起的抗裂作用主要表现在裂缝扩展初期（即微裂纹），克服微裂纹所需的阻力主要表现为纤维的拔出。由图 6 可知，化纤具有较高的极限延伸率，随着微裂纹扩展，纤维主要通过提高 PGS 固化体的延展性来提高抗裂性能，抗裂过程中所需的阻力主要表现为纤维的拔出、拉断、拉伸。由公式（2）知，随着裂缝的扩展（Δ 增大），纤维对裂缝的阻力（F_2）增加，对 PGS 固化体的抗裂作用主要表现为裂缝扩展后期（即长裂纹）。可见，微裂纹的产生至试块的破碎期间，化纤能有效阻止 PGS 固化体的开裂。

4　结论

（1）在 20℃（湿度大于 90%）条件下，化纤对 PGS 固化体的增韧作用优于矿纤和玻纤，掺量在 0.7％时 PGS 固化体 28d 的抗冲击功和抗折强度分别较同龄期的净浆固化体提高了 389.5％和 50.6％。

（2）在冻融循环 15 次后，化纤能有效提高 PGS 固化体的抗裂性能，化纤掺量在 0.7％时 PGS 固化体 28d 的抗冲击功、抗折强度和质量损失率较净浆固化体分别降低了 87.4％、71.4％和 86.0％。

（3）在 PGS 中掺入 0.7％的化纤后，大量单丝纤维形成一种三维的网状包裹状态，桥联搭接作用更显著，受力的纤维可以将力传到其他纤维上，有效阻止 PGS 固化体的微裂纹的产生和裂纹的扩展。

参考文献

[1] McCartney J S, Berends R E. Measurement of filtration effects on the transmissivity of geocomposite drains for phosphogypsum [J]. Geotextiles and Geomembranes，2010，28(2)：226-235.

[2] Ma L P, Ning P, Zheng S C, et al. Reaction Mechanism and Kinetic Analysis of the Decomposition of Phosphogypsum via a Solid-State Reaction [J]. Industrial and Engineering Chemistry Research，2010，49(8)：3597-3602.

[3] Othman I, Al-Masri M S. Impact of phosphate industry on the environment：A case study [J]. Applied Radiation and Isotopes，2007，65(1)：131-141.

[4] Kumar S. Fly ash-lime-phosphogypsum hollow blocks for walls and partitions [J]. Building and Environment，2003，38(2)：291-295.

[5] Ghosh A. Compaction Characteristics and Bearing Ratio of Pond Ash Stabilized with Lime and Phosphogypsum [J]. Journal of Materials in Civil Engineering，2010，22(4)：343-351.

[6] 石宗利，应俊，高章韵. 添加剂对石膏基复合胶凝材料的作用[J]. 湖南大学学报，2010，37(7)：56-60.

[7] Li M, Wu Z S, Chen M R. Preparation and properties of gypsum-based heat storage and preservation material [J]. Energy and Buildings，2011，43(9).

[8] Okan O, Baris B, Guney O. Improving seismic performance of deficient reinforced concrete columns using carbon fiber-reinforced polymers[J]. Engineering Structures，2008，30(6)：1632-1646.

[9] 华苏东，姚晓，杜峰. 油固井用 S90 纤维复配材料增韧性能及作用机理分析[J]. 南京工业大学学报，2009，31(6)：7-11.

[10] 何玉鑫，华苏东，姚晓，等. 纤维增韧补强磷石膏基胶凝材料[J]. 非金属矿，2012，35(1)：47-50.

[11] Zhang J, Li Q H, Zhao J P. Comparison of the properties of fiber reinforced cement boards made with extruded dewatering and ordinary casting methods [J]. Journal of Building Materials，2011，14(2)：238-243.

特种化纤改性磷石膏基胶凝材料

田　亮　诸华军　何玉鑫　张成楠

【摘　要】　特种化纤可有效阻止磷石膏基胶凝材料（PGS）开裂，并通过不同龄期样品的抗冲击功、抗折强度、抗压强度、孔隙率和受压样品外貌及断口形貌分析等表征增韧、补强和耐水的效果。结果表明：化纤可显著对 PGS 增韧补强和改善耐水性。在 20℃（湿度大于 90％）条件下，化纤掺量为 0.3％时，PGS 固化体 28d 的抗压强度、抗折强度和抗冲击功分别为 45.1MPa、8.9MPa 和 1145J·m^{-2}，软化系数和吸水率分别为 0.81 和 9.1％；PGS 固化体 160d 总孔隙率（20.03％）较 28d 的降低了 5.1％，PGS 固化体 160d 密度（1.59g·cm^{-3}）较 28d 的提高了 0.6％；特种化纤穿插于硬化体内部，具有桥联搭接作用。

【关键词】　磷石膏；胶凝材料；纤维；增韧；补强

The special fiber improve phosphogypsum-based cementitious material

Tian Liang　Zhu Huajun　He Yuxin　Zhang Chengnan

Abstract：Chemical fibers were used to prevent phosphogypsum-based cementitious material (PGS) crack. The influence of adding fiber were investigated by measuring the impact work, flexural strength, compressive strength, porosity of PGS, and observing the failure process under press, appearance of fractured samples as well as the microscopy of fracture surface. Results showed that chemical fiber could toughen and reinforce obviously cementitious material, as well as improve water resistance. The impact work and the flexural strength of cementitious material with 0.3％ fiber cured at 20℃ for 28d were 45.1MPa, 8.9MPa and 1145J·m^{-2} respectively. The softening coefficient and water absorption were 0.81 and 9.1％；porosity and density of PGS with 0.3％ fiber for 160d increased by 5.1％ and 0.6％ respectively comparison with that for 28d；The fiber distributed in the matrix of cementitious material offered a bridging function.

Key words：phosphogypsum；cementitious material；fiber；reinforce；toughen

磷石膏（PG）是工业生产磷肥的副产物，每年产生 PG 近 5000 万吨，其中仅约 20％被利用。大量未处理的 PG 堆积或直接排放，污染土地和水资源[1-5]。因此 PG 已成为制约磷化工发展的瓶颈和环境保护面临的重大难题，对其大规模的处理和开发利用已刻不容缓。

磷石膏基胶凝材料（PGS）易受气候和钙矾石含量过多等因素影响，从而造成 PGS 开裂、力学性能下降等现象[6]，制约其在建材领域中的使用。纤维现已广泛用于改善胶凝材料的性能，主要起增韧、增强和阻裂的作用，如钢纤维增强水泥砂浆、碳纤维增强混凝土、复合纤维增韧油井水泥等[7-10]。目前纤维改性 PGS 的研究较少，笔者对 PG 煅烧改性后制备含磷建筑石膏，掺入工业矿粉以及掺入特种化纤，在碱激发剂、缓凝剂作用下制备了 PGS，通过评价其抗压强度、抗冲击功、抗折强度和分析内部结构显微形貌来表征纤维改性 PGS 的效果，为制备高性能 PGS 提供技术支持。

1 试验部分

1.1 试验原料

PG（四川绵阳），灰色粉末状，过 120 目筛，主要成分是 $CaSO_4 \cdot 2H_2O$（图 1），粒径较粗（图 2）；矿渣（江苏南京），粉末状，比表面积为 $410 m^2/kg$，两种原材料的化学组成见表 1；特种钙化物，市售；碱激发剂（自制），水玻璃和氢氧化钠溶液；缓凝剂 NM，市售；特种化纤，基本参数见表 2。

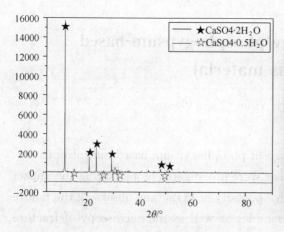

图 1 PG 和含磷建筑石膏的 XRD

图 2 PG 晶体的形貌

表 1 原材料的化学组成　　　　　　　　　　　　　　　　　　%

原材料	CaO	SO₃	SiO₂	Al₂O₃	P₂O₅	R₂O	TiO₂	MgO	MnO
PG	30.85	31.85	4.65	4.20	3.22	0.32	0.2	0.24	—
矿渣	31.75	—	36.86	19.84		0.90	1.13	8.54	0.24

注：R_2O 表示碱金属氧化物，PG 烧失量 22.91%。

表 2 纤维的基本参数

纤维	长度/mm	直径/μm	弹性模量/GPa	抗拉强度/MPa	极限延伸率/%
化纤	3~5	13	13	410	20

1.2 试验方法

将 PG 在 140℃条件下热活化 4h 后，制备含磷建筑石膏（图 1），性能指标见表 3。柱状的 $CaSO_4 \cdot 2H_2O$ 晶体相互交叉，搭接密实低，空隙较大（图 3）。

将含磷建筑石膏：矿渣：特种钙材料按质量比为 60：40：4 配制粉料，水胶质量比为 0.5，碱激发剂 3％（外加剂均为外掺法），缓凝剂 0.2％，掺入化纤制备 PGS。在 20℃（湿度≥90％）条件下 PGS 固化体养护至规定龄期时，利用 WHY-5 型压力试验机、KZY-30 电动抗折仪和 XJJ-5 型抗冲击仪器测试 PGS 不同龄期的抗压强度、抗折强度和抗冲击功。利用 GT-60 型压汞仪测试 PGS 孔隙率和孔径分布。考察受压失效 PGS 固化体的外观形貌，并利用 JSM-5900 型扫描电子显微镜对 PGS 固化体的断面形貌进行分析。

图 3 磷石膏的断面形貌

表 3 含磷建筑石膏的基本性能

标准稠度用水量/％	凝结时间/min		2h 强度/MPa	
	初凝	终凝	抗压强度	抗折强度
0.66	6	9	7.2	3.1

2 结果与讨论

2.1 PGS 力学性能分析

抗压强度可以有效评价 PGS 固化体承受的载荷的大小，抗压强度高，PGS 固化体承受的载荷大。抗冲击功和抗折强度可以有效评价 PGS 固化体的韧性，抗冲击功和抗折强度大，PGS 固化体的韧性则高。在 20℃（湿度大于 90％）养护下，测试化纤掺量在 0、0.3％和 0.5％时 PGS 固化体在 7d、28d 和 160d 龄期的力学性能，试验结果见表 4。

表 4 PGS 固化体的力学性能

掺量/％	抗压强度/MPa			抗折强度/MPa			抗冲击功/J·m⁻²			抗压软化系数	吸水率/％
	7d	28d	160d	7d	28d	160d	7d	28d	160d		
0	26.3	28.2	24.1	8.3	7.1	6.5	435	421	426	0.53	24.0
0.3	27.7	45.1	43.4	8.9	9.2	9.1	841	1145	1139	0.81	9.1
0.5	27.1	43.1	39.2	8.8	9.2	9.2	1424	1472	1451	0.76	11.2
0.7	26.1	37.4	38.1	8.9	8.5	8.6	2143	2153	2089	0.72	15.4

由表 4 可知，化纤的掺入对 PGS 固化体的力学性能影响较大，在养护过程中 PGS 净浆固化体出现开裂现象，宏观上力学性能下降。掺化纤 0.3％时，PGS 固化体的综合性能最优，其中 28d 和 160d 的抗压强度（分别为 45.1MPa 和 43.4MPa）较同龄期 PGS 净浆固化体提高了 37.5％和 44.5％，28d 和 160d 抗折强度（分别为 9.2MPa 和 9.1MPa）较同龄期 PGS 净浆固化体提高了 22.8％和 28.6％，28d 和 160d 的抗冲击功（分别为 1145J·m⁻² 和

1139J·m^{-2}）较同龄期 PGS 净浆固化体提高了 63.2％和 62.6％，28d 软化系数和吸水率分别为 0.81 和 9.1％。由此可见，化纤可增韧补强 PGS 固化体和改善其耐水性能，但掺入过多，不利于 PGS 固化体的强度和耐水性能。

2.2　PGS 孔结构分析

孔隙率和孔径分布可以有效评价 PGS 固化体的耐水性，孔隙率小和孔径分布在小孔区间，PGS 固化体耐水性优异。在 20℃（湿度大于 90％）养护条件下，不同养护龄期时 PGS 固化体的总孔隙率和孔径分布见表 5。

表 5　不同养护龄期时 PGS 固化体的总孔隙率、孔径分布和密度

龄期/d	总孔隙率/%	孔径分布/%				密度/g·cm^{-3}
		0～20nm	20～50nm	50～200nm	>200nm	
28	21.06	35.77	28.40	20.03	15.80	1.58
160	20.03	59.82	30.16	1.23	8.79	1.59

由表 5 可知，养护龄期的延长对 PGS 固化体的总孔隙率和密度影响较小，PGS 固化体 160d 总孔隙率（20.03％）较 28d 的降低了 5.1％，PGS 固化体 160d 密度（1.59g·cm^{-3}）较 28d 提高了 0.6％。且 PGS 固化体 160d 的 0～50nm 无害孔（占 89.98％）较 28d 的提高了 28.7％，>200nm 大孔（占 8.79％）较 28d 的降低了 79.7％。可见，随着养护龄期的延长，PGS 固化体充分水化而更加致密，有利于阻止介质水进入体系内部和无害孔的增加。

2.3　受压过程分析

PGS 净浆固化体脆性大，掺入 0.3％化纤后增韧效果明显。图 4 为 20℃（湿度大于 90％）养护 160d 的 PGS 固化体在相同测试条件下的受压变形曲线。

由图 4 可知，化纤的掺入可提高 PGS 固化体的极限载荷和形变量，掺 0.3％化纤 PGS 固化体的极限载荷和形变量（43.4MPa 和 0.72mm）分别较未掺化纤的 PGS 固化体提高了 44.5％和 38.9％。根据材料力学方面的相关理论[11]，固化体受力后破坏的断裂功即为载荷-形变量曲线与 X 轴之间的面积，PGS 净浆固化体的断裂功 S_1（S_{OAM}）＜掺入化纤的 PGS 固化体的断裂功 S_2（S_{OBDN}）。可见，掺入化纤的 PGS 固化体的破坏过程所吸收的能量大于 PGS 净浆固化体，即化纤可提高 PGS 固化体的韧性。

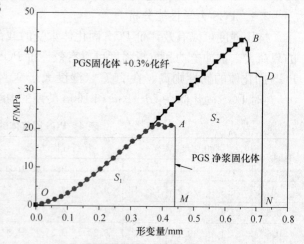

图 4　PGS 固化体的载荷-形变量曲线

3　微观分析

化纤明显能增韧补强 PGS 固化体，图 5 为 20℃（湿度大于 90％）养护 160d 的 PGS 固化体在相同测试条件下的失效后的外貌图，其中（a）为 PGS 净浆固化体，（b）为掺 0.3％化纤的 PGS 固化体。

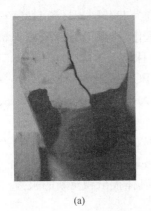

(a)　　　　　　　　　　　(b)

图 5　PGS 固化体照片

（a）PGS 净浆固化体；（b）掺 0.3％化纤的 PGS 固化体

　　由图 5 可见：PGS 净浆固化体受压失效时，断面较整齐，表现为脆性破坏；化纤掺量在 0.3％时，PGS 固化体受压失效时仍保持一定的完整性，表层样品断裂后未完全脱落，断裂处由纤维相连。图 6 为 20℃（湿度大于 90％）养护 28d 的 PGS 固化体断面 SEM 形貌图，其中（a）为 PGS 净浆固化体样品，（b）为掺 0.3％化纤的 PGS 固化体。

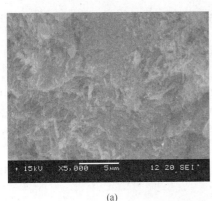

(a)　　　　　　　　　　　(b)

图 6　PGS 固化体的断面形貌

（a）PGS 净浆固化体；（b）掺 0.3％化纤的 PGS 固化体

　　由图 6（a）可知，PGS 固化体内部大量絮状的 C-S-H 凝胶包覆 $CaSO_4 \cdot 2H_2O$ 晶体以及少量的 AFt 晶体，形成密实的网络结构。由图 6（b）可知，化纤穿插于 PGS 固化体内部，C-S-H 凝胶黏结在化纤表面，增加特种纤维从 PGS 基体拔出和拉断的阻力，受外力冲击时由于纤维的桥联搭接作用，部分能量消耗于纤维的断裂和拔出[12]，从而缓解外力对材料整体结构的破坏作用，在宏观上提高了 PGS 固化体的力学性能。

4　结论

　　（1）在 20℃（湿度大于 90％）条件下，特种化纤掺量在 0.3％时，PGS 固化体 28d 和 160d 的抗压强度（分别为 45.1MPa 和 43.4MPa）较同龄期 PGS 净浆固化体的提高了 37.5％和 44.5％，28d 和 160d 抗折强度（分别为 9.2MPa 和 9.1MPa）较同龄期 PGS 净浆固化体提高了

22.8%和28.6%，28d和160d的抗冲击功（分别为1145J·m⁻²和1139J·m⁻²）较同龄期PGS净浆固化体提高了63.2%和62.6%，此时28d软化系数和吸水率分别为0.81和9.1%。

（2）在20℃（湿度大于90%）条件下，特种化纤掺量在0.3%时，PGS固化体160d总孔隙率（20.03%）较28d的降低了5.1%，PGS固化体160d的0～50nm无害孔（占89.98%）较28d的提高了28.7%，＞200nm大孔（占8.79%）较28d的降低了79.7%，有利于阻止介质水进入PGS固化体内部。

（3）在20℃（湿度大于90%）条件下，掺入0.3%特种化纤养护28d的PGS固化体受压失效时仍保持一定的完整性，表层样品没有破坏迹象。由于化纤穿插于PGS固化体内部，C-S-H凝胶黏结在化纤表面，增加纤维从PGS基体拔出和拉断的阻力，提高PGS材料的力学性能。

参考文献

[1] McCartney J S, Berends R E. Measurement of filtration effects on the transmissivity of geocomposite drains for phosphogypsum [J]. Geotextiles and Geomembranes，2010，28(2)：226-235.

[2] Ma L P，Ning P，Zheng S C, et al. Reaction Mechanism and Kinetic Analysis of the Decomposition of Phosphogypsum via a Solid-State Reaction [J]. Industrial and Engineering Chemistry Research，2010，49(8)：3597-3602.

[3] Othman I，Al-Masri M S. Impact of phosphate industry on the environment：A case study [J]. Applied Radiation and Isotopes，2007，65(1)：131-141.

[4] Kumar S. Fly ash-lime-phosphogypsum hollow blocks for walls and partitions [J]. Building and Environment，2003，38(2)：291-295.

[5] Ghosh A. Compaction Characteristics and Bearing Ratio of Pond Ash Stabilized with Lime and Phosphogypsum [J]. Journal of Materials in Civil Engineering，2010，22(4)：343-351.

[6] 石宗利，应俊，高章韵. 添加剂对石膏基复合胶凝材料的作用[J]. 湖南大学学报，2010，37(7)：56-60.

[7] Li M，Wu Z S，Chen M R. Preparation and properties of gypsum-based heat storage and preservation material [J]. Energy and Buildings，2011，43(9).

[8] Okan O，Baris B，Guney O. Improving seismic performance of deficient reinforced concrete columns using carbon fiber-reinforced polymers[J]. Engineering Structures，2008，30(6)：1632-1646.

[9] 华苏东，姚晓，杜峰. 油固井用S90纤维复配材料增韧性能及作用机理分析[J]. 南京工业大学学报，2009，31(6)：7-11.

[10] 何玉鑫，华苏东，姚晓，等. 纤维增韧补强磷石膏基胶凝材料[J]. 非金属矿，2012，35(1)：47-50.

[11] 高建明. 材料力学性能[M]. 武汉：武汉理工大学出版社，2007.

[12] Zhang Z H，Yao X，ZHU H J, et al. Preparation and mechanical properties of polypropylene fiber reinforced calcined kaolin-fly ash based geopolymer [J]. Journal Central South University of Technology，2009，16(1)：49-52.

超硫酸盐水泥是工业副产石膏应用研究方向之一

唐修仁　王彦梅　谢　波

0　前言

超硫酸盐水泥（SSC，Super sulphated cement），也被称为矿渣硫酸盐水泥（sulphate-activated slag cement），它的组成通常为矿渣、硫酸盐（石膏）及10%以下的碱性成分（如熟料、氢氧化钙等）。超硫酸盐水泥相对于普通硅酸盐水泥而言，其优点在于水化热低、具有微膨胀特性、优良抗碱集料反应能力、优良抗硫酸盐侵蚀性及高的后期强度等方面，生产超硫酸盐水泥不需要经过烧成工序，需要的熟料用量少，具有更低的能量消耗和更少的二氧化碳排放量，实现了生态效益和经济效益的兼顾，是实现水泥乃至建筑业绿色化、低碳化发展战略中重要的一环，目前已经引起世界各国的广泛关注。

"超硫酸盐水泥"的"超"字有点言过其实，叫"硫酸盐复合水泥"更确切些。

1　超硫酸盐水泥（SSC）的国内外发展现状

1.1　国外 SSC 的发展状况

超硫酸盐水泥的理论基础来源于德国学者 Kuhi 在1908年发现的硫酸盐可用作矿渣的激活剂。经过几十年的研究和探索，世界各国对于 SSC 的研究和应用也有了相应的进展。超硫酸盐水泥最初应用在法国及比利时，之后德国在 SSC 的研究及应用方面较多。二战期间及战后，SSC 曾作为胶凝材料使用并作为标准水泥进行过大规模生产；20世纪60年代后期、70年代，德国炼铁原材料的改变使矿渣的水化活性、化学组分发生变化，SSC 受此影响而最终停产，相应的标准也被一度废止。2003年后，在德国，超硫酸盐水泥再度受到关注。2002年，奥地利生产了超硫酸盐水泥，产品名为 Slag star 42。该胶凝材料已得到建筑工程局的官方许可，在奥地利建筑材料市场得以销售。瑞士 A. G ru sko vnj ak 等通过 XRD、MIP 等各种微观测试技术以及建立模型，对 SSC 的水化机理进行了较为全面的分析，通过两种不同活性矿渣的对比，从原材料的溶解速率、水化速率和水化产物等方面，全面地阐述了 SSC 的强度发展机理，得出高活性矿渣硫酸盐水泥早期强度相对较高的结论。英国相关研究者进行了养护条件以及温度对 SSC 水化产物稳定性的试验研究。在25℃的养护温度、任何湿度（11%～100%）的条件下，早期的水化产物钙矾石可以稳定存在，不会转变成单硫型水化硫铝酸钙；随着养护温度的升高，钙矾石在碳化作用的影响下变得不稳定。近年来，为了降低环境负荷，欧洲各国重新修订或制定相应标准，研究影响超硫酸盐水泥发展的关键问题，超硫酸盐水泥的研究和实际应用也再度引起重视。

1.2　国内 SSC 的发展状况

我国早在20世纪50年代末就曾系统研究过 SSC 的生产与使用，并发现其在应用中存在凝结缓慢、表面易起灰等问题。90年代初，武汉理工大学周明凯等人根据硫酸盐激活原理，利用废石膏、矿渣、少量碱性激活剂研制出路面基层专用水泥，在高速公路投入使用，效果良好。李磊等利用实验室自配的化学激发剂研究了激发剂掺量对 SSC 砌筑砂浆凝结时间、力学性能以及干缩性能的影响，得出自配的适量化学激发剂可以有效地缩短 SSC 的凝结时间，并能提高砂浆强度的结论；在化学激发剂的作用下，体系主要的水化产物是钙矾石相和水化硅酸钙凝胶，较大的柱状钙矾石相对强度的贡献大。以上是我国 SSC 研究试验阶段以及初步应用阶段的成果，为了尽量克服 SSC 存在的缺陷，充分发挥其生态优势及经济效益，有必要对其进行更深入的研究。

2　超硫酸盐水泥（SSC）的性能研究

相对于普通硅酸盐水泥而言，超硫酸盐水泥具有水化热低、微膨胀特性、优良的抗碱集料反应能力、抗硫酸盐侵蚀性及高的后期强度等方面的优点；相对于矿渣水泥而言，SSC 矿渣掺量更高，熟料用量更少，因而具有更低的能量消耗和更少的 CO_2 排放量；相对于碱矿渣水泥而言，SSC 的原材料来源更广泛，利废率更高。但 SSC 的缺点也十分明显，如早期塑性阶段不能形成大量的钙矾石，造成水化产物匮乏，进而引起早期强度相对较低；高碳化倾向使得超硫酸盐水泥混凝土的抗冻及抗冻盐的能力下降，表面起灰，抗风化能力差。目前国内外关于超硫酸盐水泥的性能研究主要着重于以下几个方面。

2.1　力学性能

影响 SSC 力学性能的主要因素有渣体的类型、碱激发剂的模数及类型、养护温度及湿度等，目前关于 SSC 基本性能研究主要集中在力学性能、水化产物等方面。通常，SSC 制备的浆体在早期不能形成足够多的钙矾石而强度较低，而 Al_2O_3 含量高的矿渣具有较高的活性，使得 SSC 早期形成钙矾石和 C-S-H 凝胶较多，有利于早期强度的发展。有研究证明，高活性矿渣硫酸盐水泥早期水化速率较快，水化峰值的到来较其他 SSC 水化速率提前 4h 左右，再水化 1d 就可以形成较多的钙矾石，具有较高的早期强度；低活性矿渣硫酸盐水泥后期强度增长较高，通过掺 $Al_2(SO_4)_3 \cdot 16H_2O$ 和 $Ca(OH)_2$ 激发以后，早期强度形成的钙矾石较多，试样的孔隙率降低，强度有所增长；通过热力学模型对 SSC 水泥浆体早期主要的水化产物进行预测，得到了与强度发展一致的结果。水化产物的种类及数量是影响 SSC 早期强度的关键因素，而温度及养护条件对水化产物钙矾石的稳定性具有重要的影响。研究证明，当养护温度升高到 50℃甚至 75℃时，受碳化作用的影响，钙矾石变得不稳定；而此时相对湿度 53％左右易引起钙矾石向单硫型水化硫铝酸钙的转变。渣体的类型是影响 SSC 水化进程的关键因素，因此矿渣潜在水硬性的激发是关键因素。

2.2　耐久性

对超硫酸盐水泥耐久性的研究，主要包括抗硫酸盐侵蚀性、抗渗性、抗碳化性、抗冻融性以及干缩变形等方面。研究表明，SSC 具有良好的抗硫酸盐侵蚀性和抗渗性能，不仅因其水化形成的水泥石具有更小的孔隙率，且与其更合理、更有利的孔径分布密切相关。超硫酸盐水泥石中，孔径小于 1nm 的凝胶孔和过渡孔所占的比例达 70％以上，孔径大于 1nm 的毛细孔或大孔的比例在 30％以下；而硅酸盐水泥石中，孔径小于 1nm 的孔与孔径大于 1nm 的孔所占的比例几乎各半。而研究表明，对水泥混凝土有害的孔主要是孔径大于 1nm 的毛细孔和大孔，因此超硫酸盐水泥水化形成水泥石的孔径分布和孔隙率必将有助于超硫酸盐水泥抗渗性和抗硫酸盐侵蚀性的提高。SSC 的抗碳化性能较差，有研究者提出通过适量提高碱度，保证液相中 Ca^{2+} 的浓度，有利于 SSC 抗碳化性能的提高。抗干缩性能也是影响 SSC 耐久性的关键因素，引起浆体变形，主要有原材料的类型、激发剂的作用及水化生成钙矾石的量。超硫酸盐水泥中各种原材料相互作用，可改变水化基体的孔隙大小与分布，对水泥胶砂早期的干缩性能也有较大影响；碱性激发剂的掺入能够影响超硫酸盐水泥的水化过程，进而对水泥胶砂的干缩性能产生影响；钙矾石是超硫酸盐水泥体系中主要的膨胀源，也是强度的贡献者，强度高的配比水化进程中形成了更多的钙矾石，除了表现出较高的强度，同时也会产生较大的体积膨胀，因此强度高的试件的干缩率较强度低的小。

3 应用领域

基于现有的发现，硫酸盐复合水泥用于下列方面较为理想：①大体积低水化热混凝土，例如用于水电厂大坝、地基、防水结构及对控制微细裂缝要求严格的结构单元。②处于侵蚀性环境中的地基用混凝土，其中侵蚀性环境包括侵蚀性土壤、地下水和地面水、输送污水的管道、污水处理厂、与海水接触的工厂以及农业建筑和工厂等。③高水泥用量的混凝土。例如自密实混凝土和高性能混凝土。④由活性碱集料配制的混凝土。⑤砌筑砂浆是将砖、石、砌块等黏结成为砌体的砂浆。运用钢渣硫酸盐水泥配制砌筑砂浆，既减少水泥熟料用量、有效利用工业废弃物，而且能获得性能优异的砌筑砂浆，实现生态效益和经济效益的兼顾。

4 应用障碍

超硫酸盐水泥的应用障碍之一是早期强度低、抗碳化性能差，进而导致表面起灰、抗风化能力及抗冻性差。引起早强低的主要原因是 SSC 水化硬化时，由于矿渣特性、液相碱度及养护方式等条件的影响，不能在早期塑性阶段形成足够多对强度起主要作用的钙矾石，导致早期强度低。另一个主要的障碍在于 SSC 抗碳化性、抗冻融性较差，碳化行为会导致出现稳态 $CaCO_3$ 的变体文石和球霞石，在冻融作用下，该变体会快速溶解而呈现出明显的结构不稳性，导致持续的冻融作用下耐候性变差。目前研究表明，通过 SSC 组分优化，再通过合适的养护工艺等方法，可以适当提高抗碳化性。但还缺乏这方面通用性的基础研究数据支撑，以及相应水化机理和耐久性的深入研究。

5 发展前景

近年来，为推进建筑材料的多元化发展，降低水泥行业的环境负荷，实现经济利益和环保效益的兼顾，超硫酸盐水泥的研究和实际应用再度提上日程，其研究和应用具有更广阔的发展前景。

（1）符合现代建筑的发展要求，推动建筑材料的多元化发展。随着现代水泥混凝土技术的发展，水泥混凝土组分的多元化已成为一种趋势。尽管目前国内外对矿物掺合料的研究已取得了相当的成果，但仍存在许多问题。如主要集中在数量有限的磨细矿渣粉和硅灰等极少的原材料方面。生产超硫酸盐水泥会用到如磷渣、钢渣等工业废渣体，而这些方面的实际利用率还相对较低，对其还缺乏更深入的研究和创新。所以，当前矿物掺合料研究的主要方向之一是实现建筑材料的多元化，广泛探求各种工业渣体的利用，提高废物利用率，以满足现代混凝土可持续发展的需求。

（2）产生巨大的经济效益。生产 SSC 的原材料使用矿渣、钢渣、脱硫石膏、氟石膏等工业固体废弃物，属于资源的二次利用，且生产工艺简单、熟料用量少、成本低，效益显著；随着研究的深入，利用含碱的废渣、废液、天然碱及其他新型碱组分，将会进一步促进 SSC 的潜在水硬活性，克服 SSC 的缺陷，使之产生良好的经济效益。

（3）具有显著的环保意义。SSC 的发展和应用，使继续降低 CO_2 的排放量和节省能量消耗成为可能。相对于盛行的传统硅酸盐水泥的生产而言，SSC 的熟料用量仅为 5％，生产过程排放的 CO_2 极低，对有效减少空气污染、循环利用工业废弃物、节约能源，具有显著的环保意义。可以预见，在对超硫酸盐水泥新的认识下，提高工业固体废弃物的利用率，着重解决 SSC 发展和应用中的关键问题，制备出性能优良的超硫酸盐水泥，具有极好的应用前景。

6 结束语

传统的水泥对环境造成了严重的破坏，超硫酸盐水泥熟料用量少，CO_2 排放量极低，是一种新型的在能耗和减少空气污染等诸多方面都优于普通硅酸盐水泥的胶凝材料，是一种符合可持续发展和环保性的"绿色建筑材料"。超硫酸盐水泥不仅能调整水泥工业结构，还能节约资源和能源，大大降低 CO_2 的排放量，具有较高的环境效益和经济优势，值得深入研究与推广应用。

三元复合水泥是工业副产石膏应用研究方向之二

唐修仁　谢　波　徐红英

0　引言

水泥基材料如今已成为不可替代的最大宗人造建筑材料，但其最重要的原材料硅酸盐水泥尚存在一些性能上的不足，主要表现为：早期强度偏低且强度发展慢，标准养护条件下3d强度仅为20～30MPa；此外，硅酸盐水泥硬化浆体后期体积变形较大，易收缩开裂。而铝酸盐水泥具有早强、高强、抗硫酸盐腐蚀、抗海水腐蚀等特点，但是在服役期间会因其晶型转变引发结构变化，使晶体间结合力降低，导致强度倒缩。为了充分发挥硅酸盐水泥和铝酸盐水泥的优点，抑制各自的缺点，人们越来越重视硅酸盐水泥和铝酸盐水泥的混合使用。两种水泥混合后可组成硅酸盐水泥-铝酸盐水泥二元混合体系，其凝结时间将缩短；更重要的是该体系既能保留硅酸盐水泥的后期强度，又能利用铝酸盐水泥的早强特性，还能避免铝酸盐水泥因水化产物晶型转化而产生的后期强度损失。在二元体系中添加石膏组成三元混合体系（三元体系），还能利用三者之间反应形成钙矾石的特性，使之具有快速硬化及收缩补偿等功能。硅酸盐水泥和铝酸盐水泥的混合不仅能在性能上取长补短，而且工艺过程简便容易控制，其应用与理论研究也越来越受到人们的重视。本文阐述了近年来国内外硅酸盐水泥、铝酸盐水泥和石膏混合体系的研究结果，并在此基础上提出了今后尚待研究的问题。

1　硅酸盐水泥-铝酸盐水泥-石膏三元体系

1.1　石膏的作用

无论在硅酸盐水泥、铝酸盐水泥还是其混合体系中，石膏都对水泥的水化过程起重要作用。石膏通常在水泥中的作用是调节凝结时间，也会适当提高水泥的强度。研究发现，掺二水石膏在一定程度上可以使硅酸盐水泥凝结时间延长，其主要原因是二水石膏溶解快，在水化初期较快较多地提供SO_4^{2-}，SO_4^{2-}能迅速与水化活性较高的含铝矿物反应生成钙矾石，发挥缓凝作用。由于二水石膏中SO_4^{2-}的溶出速度比无水石膏快，在其他条件相同的情况下，掺二水石膏的水泥生成的钙矾石数量较掺无水石膏的多，因而表现为掺二水石膏的水泥强度较高；但当掺量过高时，过量的SO_4^{2-}易导致水化后期继续生成钙矾石，使浆体膨胀开裂，此时掺二水石膏的水泥的强度显著低于掺无水石膏的水泥。二水石膏对钙矾石生成的影响集中在早期（此时浆体强度还不太高），大量钙矾石的生成在宏观上虽然使得浆体刚度增大，但后期过多的膨胀使强度明显下降。而无水石膏使钙矾石生成的时间变长，浆体强度的发展减少了膨胀。总之，在混合体系中加入适量石膏，会使水泥浆产生足够的SO_4^{2-}促进钙矾石的形成，而针棒状的钙矾石晶体相互搭接后形成网状结构，具有较好的韧性，可有效提高混合体系的早期强度，并使硬化体中的残余水减少，从而降低硬化浆体的干燥收缩。三元体系的早期水化主要由钙矾石的生成所控制，而石膏对三元体系性能的影响主要基于对钙矾石生成的影响。

1.2 三元体系的性能

1.2.1 凝结时间与力学性能

铝酸盐水泥及石膏掺量对三元体系的凝结时间起关键作用。随着铝酸盐水泥掺量的增加，凝结时间缩短。铝酸盐水泥掺量大于6％时，凝结时间明显缩短，主要原因是铝酸盐水泥的主要矿物水化速度较快，加入石膏后，会促进钙矾石的形成，从而加速凝结。但铝酸盐水泥掺量小于6％时，三元体系的凝结时间较硅酸盐水泥明显延长，尤其在石膏掺量超过10％时，凝结时间较单独的硅酸盐水泥延长1倍，呈现缓凝状态。铝酸盐水泥及石膏的掺量也是决定三元体系力学性能的关键。当铝酸盐水泥取代20％硅酸盐水泥时，三元体系的早期强度最高。随石膏掺量的增加，三元体系的抗压强度增大。当铝酸盐水泥掺量高于10％时，加入适量的石膏，能够改善三元体系的早期强度，石膏掺量为5％～12％时，甚至可提高后期强度。但是石膏掺量大于铝酸盐水泥掺量时，会导致三元体系强度明显降低，特别是后期强度。这是因为石膏过量时，钙矾石生成量过大，积聚迅速，形成的浆体结构不利于强度的发展。尤其当石膏不能在早期完全反应时，后期还会生成延迟钙矾石及石膏，造成三元体系后期安定性不良、强度下降。温度及石膏种类对三元体系的力学性能也有显著影响。掺无水石膏三元体系的28d抗压强度和抗折强度随温度的升高（0～20℃）先增大后降低，在10℃时达到最大值；而掺半水石膏三元体系的28d抗压强度和抗折强度随温度的升高一直增大；在0～10℃时，掺无水石膏三元体系的抗压强度和抗折强度均高于掺半水石膏三元体系。因此，三元体系要在低温下获得较高的抗压强度和抗折强度，掺无水石膏更加合适。Maier研究掺α-半水石膏的三元体系后得出：①掺α-半水石膏能够显著缩短凝结时间；②掺30％α-半水石膏的三元体系，铝酸盐水泥掺量小于60％时，7d强度非常低，而且随铝酸盐水泥掺量的增加，7d强度不断降低，仅当铝酸盐水泥掺量大于60％时，7d强度才逐渐迅速上升。黄明城等发现，石膏的掺入能提高三元体系的强度，β-半水石膏的作用大于二水石膏，但石膏掺量过大，会导致三元体系在水化后期形成过量钙矾石而产生膨胀，对强度发展产生不利影响。

1.2.2 体积变形

铝酸盐水泥及石膏的掺量对三元体系体积变形具有显著影响。掺入适量石膏可以减小三元体系的干缩率，但掺量过大会导致三元体系在硬化后期形成过量二次钙矾石而产生有害膨胀。无水石膏的掺量越高，钙矾石的生成量越大，三元体系的膨胀率越大。铝酸盐水泥掺量增加（10％～40％），三元体系的膨胀率下降（24h膨胀率由0.047％降为0.002％）。Hirano等发现，三元体系存在两种体积变形形式：收缩—膨胀—收缩，即三元体系先收缩，后膨胀，再收缩；收缩—稳定—收缩，三元体系没有出现膨胀阶段，而经过开始的快速收缩之后到达一个稳定阶段，然后继续收缩。当石膏掺量高于铝酸盐水泥和硅酸盐水泥时，发生前一种变形形式；反之，发生后一种变形形式。黄明城等指出，石膏的掺入能有效减小三元体系干缩，其中二水石膏的作用大于β-半水石膏。但是，Kighelman等的研究表明，膨胀总量不与钙矾石的生成量成正比，如以硅酸盐水泥为主的三元体系较以铝酸盐水泥为主的三元体系，钙矾石生成的速度低且数量少，但其膨胀量很大。

1.3 混合体系的水化硬化机理

1.3.1 二元体系

硅酸盐水泥的水化产物主要为水化硅酸钙凝胶、氢氧化钙及水化硫铝（铁）酸钙（单硫型或三硫型）晶体，而铝酸盐水泥的水化产物主要是水化铝酸钙晶体和铝胶。硅酸盐水泥与铝酸盐水泥混合后，硅酸盐水泥中的石膏和由硅酸三钙水化产生的 $Ca(OH)_2$ 均能加速铝酸盐水泥的凝结，且铝酸盐水泥的水化产物 CAH_{10} 和 C_2AH_8 以及 CAH_3 凝胶遇 $Ca(OH)_2$ 立即转变成 C_3AH_6；硅酸盐水泥中的石膏被铝酸盐水泥消耗后，就不能起到应有的缓凝作用；同时，C_3S 的水化又由于 $Ca(OH)_2$ 被消耗而加速。因此，二元体系的早期水化非常迅速，往往表现为快凝甚至速凝。Czernin 指出，硅酸盐水泥一旦与水接触就会产生过饱和的 CaO 溶液，而 CaO 与 Al_2O_3 能立即反应，因此二元体系发生快凝。Robson 也认为，各种不同的因素结合在一起而导致快凝，石膏和 $Ca(OH)_2$ 都加速了铝酸盐水泥的凝结，硅酸盐水泥中加入铝酸盐水泥后快凝是由硅酸盐水泥中的石膏与铝酸盐水泥水化后生成的水化铝酸钙反应生成钙矾石而引发的，Gu 等也赞同 Robson 的上述观点。Gu 等推测，铝酸盐水泥对二元体系强度不利的原因主要是水化早期生成了较多的钙矾石，包裹在未水化颗粒表面，从而延迟了硅酸盐水泥的水化。利用环境扫描电镜，的确观察到膜状水化产物包裹在未水化颗粒表面，但该膜很薄，因此无法鉴定其组分，并推测除钙矾石外亦包含铝胶或水化铝酸钙等物质。而 Rao 等指出，铝酸盐水泥中的 CA 和硅酸盐水泥中的 β-C_2S 共同水化，主要形成水化钙黄长石（C_2ASH_8），这样便抑制了 C_3AH_6 的生成，从而使硬化水泥浆体的强度持续上升。而那些 CaO 含量较高的铝酸盐水化物仅在浆体中能与 CO_2 接触处被发现，且以低碳型水化碳铝酸钙形式存在。

1.3.2 三元体系

三元体系的早期水化主要由钙矾石的形成所控制，即液相中的 $Al(OH)_4^-$、SO_4^{2-} 和 Ca^{2+} 通过成核、析晶长大而形成钙矾石。与二元体系的石膏是由硅酸盐水泥和铝酸盐水泥提供不同，三元体系的石膏除此以外还有额外掺加。无论是哪种石膏，铝酸盐水泥与硅酸盐水泥混合体系中水化产物的种类是相同的，只是生成的钙矾石和其他水化产物的速度和数量不同。但掺加适量的无水石膏，钙矾石形成得快，C_3S 水化后的 C-S-H 凝胶填充在骨架之间，针棒状的钙矾石与其他水化产物紧密结合，结构致密，水泥的早期强度发展较快。掺不同类型石膏的三元体系的力学性能差别较大，这与石膏的溶解度和溶解速率相关。

2 应用

国内外不乏基于三元体系而发展起来的材料，此类材料的性能优势主要体现在：快凝、早强、微膨胀（可补偿收缩）。Laxmi 等以硅酸盐水泥、铝酸盐水泥、无水石膏（二水石膏经过 350～380℃煅烧所得）、氯化钙、磨细砂和其他掺合料为基础，混匀磨细至比表面积为 470m^2/kg 左右，研制出快凝高强材料（申请了专利），其凝结时间在 15min 以内，1h、2h、8h、24h 强度分别为 20MPa、23MPa、45MPa、70MPa，并具有一定的膨胀性能（3d 膨胀率可达 0.2%），可用于采矿工程、隧道工程、大坝抢修以及各种防御设施抢修工程。Mikhaiov 研制出由 67% 硅酸盐水泥、18% 铝酸盐水泥和 15% 二水石膏组成的自应力水泥。刁桂芝等选择将硅酸盐水泥与熔融法生产的铝酸盐水泥进行混合，并加入二水石膏和熟石灰（85% 硅酸盐水泥、5% 铝酸盐水泥、4% 二水石膏和 6% 熟石灰），大幅度提高了混合体系的早期强度和后期强度，并使凝结时间缩短（初凝时间为 50min，终凝时间为 84min），亦使干燥收缩率低于硅酸盐水泥，且未发现强度倒缩现象。刘成楼以 20％硅酸盐水泥、10％铝酸盐水泥、7％～8％无水石膏、35％～45％河砂、20％可再分乳胶粉、2％～3％粉煤灰、2％～4％硅灰、0.1％葡萄糖酸钠和 0.08％糖钙等为原料配制出一种快凝高强的水泥基自流平砂浆。李英丁等采用三元体系配制了无收缩灌浆，其在铝酸盐水泥取代 20％硅酸盐水泥时凝结时间为 130min，1d、3d、28d 抗压强度分别为 42MPa、56MPa、86MPa，24h 膨胀率为 0.029％。国内还报道了三元体系制备的可满足建筑上高标准要求的若干特种砂浆，例如，体积稳定的自流平砂浆，缩短工期或适于冬季施工的快凝快硬高强砂浆，具有膨胀特性的修补砂浆、堵漏砂浆，可操作时间长、流动性大、早强、高强、微膨胀的高性能灌浆料、瓷砖黏结砂浆等。此外，20 世纪 80 年代，基于硅酸盐水泥与铝酸盐水泥水化生成的 $Ca(OH)_2$ 与无水石膏或半水石膏在 60℃以上急剧反应形成钙矾石的原理，日本积水化学公司生产出建筑外墙板，由于在加热加压过程中只需保持 30min 即可成材，从而可大幅度缩短水泥制品的生产周期，给大型板材连续机械化生产创造了条件。

3 展望

研究硅酸盐水泥与铝酸盐水泥的混合，并引入其他矿物和化学外加剂，改变和突破传统的硅酸盐水泥与铝酸盐水泥的水化产物体系，对克服两种水泥体系各自的缺点，开发不同性能干混砂浆的研制具有重要意义。这方面的研究虽取得了一定进展，但在以下方面仍有待深入开展：①针对耐久性，应广泛研究硅酸盐水泥-铝酸盐水泥-石膏三元体系的长期性能、微观结构演变及其相互关系。②基于施工时的气候条件，应深入研究不同温度下、不同胶凝材料比例条件下，硅酸盐水泥-铝酸盐水泥-石膏三元体系在强度及工作性等方面的性能，制备能满足不同施工条件的特种胶凝材料。

磷石膏生产硬石膏水泥方案之一

唐修仁　丁大武　徐红英　王彦梅　刘丽娟

1　概述

我国是世界上人口最多的国家，农业生产至关重要。随着农业生产的发展，对化肥的需求日益增多。据农业部预测，我国到 2010 年农田化肥需求量约 5000 万吨植物营养的（N＋P_2O_5＋K_2O），其中磷素肥料约为 1000～1200 万吨。磷素肥料主要用天然磷矿加工制造。磷矿的主要组分是氟磷酸钙 [$3Ca_3$（PO_4）$_2$·CaF_2]，它被硫酸分解时的反应式如下：

$$Ca_{10}F_2(PO_4)_6 + 10H_2SO_4 + 20H_2O \longrightarrow 6H_3PO_4 + 10CaSO_4 \cdot 2H_2O + 2HF$$

由上述反应式可知，得到每吨 P_2O_5 的磷酸，消耗 2.6～2.8t 硫酸，生成 4.8～5t 二水硫酸钙（磷石膏）。

据我国磷肥协会统计，2001 年有 10 个大型、80 个小型磷肥厂，折合 P_2O_5 约为 270 万吨，副产磷石膏 1360 万吨左右。预计 2010 年湿法磷酸生产总能力可能达到 600 万吨 P_2O_5。如实现总产量的 75％，磷石膏的排放量将达到 2250 万吨/年。

随着制造湿法磷酸所用原磷矿石质量不同，产生磷石膏的成分也不相同。磷石膏中含有游离磷酸、磷酸盐、氟化物、铁、铝、镁硅等杂质。由于多数磷矿还含有少量放射性元素，磷矿酸解制酸时铀化物溶解在酸中的比例较高；但是铀的自然衰变物镭以硫酸镭的形态（$RaSO_4$）与硫酸钙一起沉淀。其他还有放射性元素钍 Th、钾的同位素 ^{40}K。

我国有相当大的磷矿储量，主要为海相沉积矿床。中国磷矿石有一个非常重要的特点，就是放射性物质含量低。

磷石膏含有的杂质会减慢熟石膏凝固时间，降低制品的强度。杂质有可溶性、不溶性两类。可溶性杂质主要有三种：①游离酸，它对模型、生产设备和结构产生腐蚀；②磷酸一钙、磷酸二钙和氟硅酸盐，它们主要是减慢石膏的凝固时间；③钾、钠盐，它们会在石膏制品表面出现盐霜。不溶杂质有多种，是磷矿石本身就存在的，一般对熟石膏的影响较小。还有一种有机质，对石膏的影响较大，它使产品呈灰黑色，缓凝，降低制品的强度。因此，磷石膏综合利用时，首先对磷石膏要净化处理，除去可溶性杂质和有机物质，然后才是石膏的脱水。

磷石膏的净化处理关键有两个：一是经水洗必须获得性能稳定且杂质含量符合建材行业要求的二水硫酸钙；二是解决水洗过程中的二次污染。

国外目前采用的净化方法主要有水洗、分级和石灰中和等几种。一般多用水洗涤和旋流分离，再用离心或真空脱水，净化后的磷石膏纯度可达 96％，回收率在 85％左右。分级处理可除去细小不溶物杂质，如硅砂等。石灰中和的方法对除去残留酸特别简单有效。

磷石膏中杂质的含量，目前还没有统一标准。石膏制品主要用于建筑物的内部，与人的

注：本文写于 2009 年。

生活有密切的关联。石膏中含有的杂质，除了考虑对石膏制品的色泽、强度、凝结时间以及生产过程和施工过程的影响外，还需要考虑是否对人体环境构成间接或直接的危害。

国家环境保护总局有关部门提出，磷石膏水洗处理的主要目的是降低可溶性氟化物的含量。磷石膏净化操作的氟浓度控制指标，建议暂定为浸出液的氟离子浓度<5mg/L。

关于净化磷石膏的放射性物质含量指标，英国允许石膏制品的镭含量<25pCuries/g。按我国《建筑材料放射性核素限量》（GB 6566—2001），建筑材料成品中^{226}镭（α_{Ra}）、^{232}钍（α_{Th}）和^{40}钾（α_K）比活度（Bq/kg）的要求为总放射强度：

$$\frac{\alpha_{Ra}}{200} \leqslant 1$$

或

$$\frac{\alpha_{Ra}}{350} + \frac{\alpha_{Th}}{260} + \frac{\alpha_K}{4000} \leqslant 1$$

按德国颁布的蓝色天使标志（环境标志），关于化学石膏利用产品的放射性控制标准为：

$$\frac{C_{Ra}}{10pcig} + \frac{C_{Th}}{7pcig} + \frac{C_K}{130pcig} \leqslant 1$$

式中，放射性强度单位为 pcig/g（皮克居里/克），换算成中国国家标准用的 Bq/kg（贝可/千克）则为：

$$\frac{C_{Ra}}{270} + \frac{C_{Th}}{189} + \frac{C_K}{3510} \leqslant 1$$

相比之下，德国的标准比中国标准的要求略高些。

按我国《建筑材料放射性核素限量》（GB 6566—2001），用100%磷石膏作建筑材料的放射性比活度为：

$$\frac{\alpha_{Ra}}{330} + \frac{\alpha_{Th}}{260} + \frac{\alpha_K}{3800} \leqslant 1$$

$$\frac{\alpha_{Ra}}{200} \leqslant 1$$

国家环境保护总局固体所对几家磷肥厂生产的磷石膏的放射性核素分析结果列于表1。数据表明，这些样品的放射性强度均低于 GB 6566—2001 的指标。

表1 磷石膏放射性核素分析结果   Bq/kg

工厂名	^{40}K	^{238}U	^{226}Ra	^{228}Ra	^{232}Th	^{235}U
贵州息峰厂	<AD*	<AD	80.4	5.5	1.2	2.8
云南磷肥厂	<AD	<AD	179.4	7.0	2.7	4.8
荆襄磷化公司	<AD	<AD	7.3	2.6	0.68	0.4
山东肥城磷铵厂	64.2	0.27	48.3	5.8	2.3	2.0
铜陵磷铵厂	<AD	<AD	83.9	4.3	1.5	2.4
湛江化工厂	<AD	2.2	109	3.9	1.5	7.7
上海博罗石膏公司	<AD	<AD	62	2.1	1.6	1.8

* AD 为最低检出限。

四川省磷石膏放射性核素分析结果为：^{226}镭（α_{Ra}）=195.29Bq/kg、^{232}钍（α_{Th}）=40.55Bq/kg 和^{40}钾（α_K）=358.65Bq/kg。

内照射指数 I_{Ra}=0.98<1.0，合格。

外照射指数 I_r=0.84<1.0，合格。

随着农业的发展，磷肥产量逐年增加，磷石膏的排放量也逐年增加，目前我国磷石膏的堆放量近亿吨，占用大量土地，形成渣山，严重污染环境，污染水源，但目前还没有得到有效的充分利用，这是我们科技工作者的责任和任务。下面谈谈具体的综合利用。

2 硬石膏水泥

磷石膏是二水硫酸钙，高温脱水后，可以生成 β 型半水石膏即建筑石膏，干抗压强度一般在 8～15MPa；也可以生成 α 型半水石膏，也叫高强石膏，干抗压强度在 20～40MPa；如两个结晶水全部脱去，则生成无水石膏，也叫硬石膏，其水化速度很慢，一定要用催化剂或激发剂，才能满足使用要求，但其干抗压强度很高，可达到 50MPa。

磷石膏的成分非常复杂，给综合利用带来了很大难度，残留磷的含量在 0.33%～3.2%，还有有机物，大多采用水洗的方法，每吨磷石膏需要 4～5t 水，同时废水还要二次处理，否则对江河造成污染，对我国这样水资源缺乏的国家，不是一种最好最明智的办法。

用磷石膏生产硬石膏水泥，是一种不错的处理方法。该法不采用水洗，而用煅烧的方法除去磷石膏中的有害物质，使磷石膏得到充分利用。在高温（500～800℃）状态下，少量的有机磷和有机物经过高温转变成气体排出，无机磷（P_2O_5）在高温下与钙结合生成惰性的稳定的焦磷酸钙，从而消除了磷石膏对石膏的危害。同时，还保证了二水硫酸钙的正常脱水反应，生成了 II 型无水石膏。

II 型无水石膏掺入少量的催化剂（如硫酸钾）和少量的激发剂，可以配制粉刷石膏、自流平石膏以及石膏腻子等。该类产品的强度完全能满足要求，但它的耐水性较差，软化系数一般在 0.35～0.45，不能在外墙和有水的地方使用，使用范围受到限制。如用我公司研制的石膏专用耐水增强剂 YF-V 和其他的工业废渣配制硬石膏水泥，则用途很广，强度可以达到 20.0MPa 或 30.0MPa 水泥的标准，和砌筑水泥一样，用于砌筑、墙体抹灰，还可以生产混凝土空心砌块等，除水工、地下和结构工程外，其他地方和水泥一样使用。

硬石膏水泥，也叫硬石膏胶结料。到目前为止，能检索到的国内外标准有前苏联标准 OCT/HKTII 5348/2（1993）、德国工业标准 DIN 4208（1997），中国建标 37—61（1961）。各国标准的技术要求见表 2。

表 2 各国硬石膏水泥（胶结料）标准比较

项目			OCT/HKTII 5348/2	DIN 4208			建标 37—61					
4900 孔筛余			⪈20%	⪈20%			⪈15%					
凝结时间	初凝		⪇30min	⪇25min			⪇30min					
	终凝		⪈12h	⪈12h			⪈12h					
强度/MPa	7d	抗折	≥1.84	AB (50)	AB (125)	AB (200)	50#	100#	150#	200#	250#	300#
				0.71	1.53	2.04	0.61	1.22	1.53	2.04	2.24	2.45
		抗压	≥8.16	2.55	6.63	10.2	2.55	7.14	9.18	11.22	14.29	18.37
	28d	抗折	≥2.24	1.53	2.55	4.08	—	—	—	—	—	—
		抗压	≥10.2	5.10	12.76	20.4	—	—	—	—	—	—
体积稳定性			合格	合格			合格					

注：建标 37—61 中 7d 抗折强度为抗拉强度。

各国标准规定的养护制度和检测方法有明显差别，如德国标准规定：试样以 1：3 的胶砂比按 40mm×40mm×160mm 试模成型后要在湿箱中放置 48h，最迟在 48h 脱模，然后把试件置于常温下（20℃±2℃）、（65±5）％的相对湿度，直到检验。体积安定性则按标准稠度用水量成型成试饼，置于湿箱中 48h，在室内空气中养护 12d，水中养护 7d，再放在空气中养护 7d，各次的温度均在（20±2）℃下，试饼边角清楚、平整、没有裂缝，即没有翘曲和膨胀，可称为体积安定性合格。而建标 37—61 规定，试体胶砂比为 1：3，在室温为 15～25℃的空气中养护，试体在 115～120℃下加热 2h 后体积变化均匀即为安定性合格，其余检测均与水泥物理性能检测相同。

我国砌筑水泥标准 GB/T 3183—2003 中规定，（两个标号）7d 的抗折强度 1.9MPa/5.0MPa，抗压强度 9.0MPa/13.0MPa；28d 的抗折强度 3.5MPa/5.0MPa，抗压强度 17.5MPa/27.5MPa。由此可见，硬石膏水泥的强度优于砌筑水泥，完全可以适应调制建筑砂浆。

（1）硬石膏水泥生产的主要设备有干燥器、煅烧窑、粉磨机、包装机、运输设备和计量秤等。其工艺原理如图 1 所示。

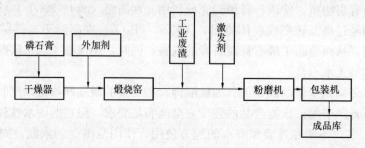

图 1　工艺原理

（2）硬石膏水泥的详细生产工艺流程图如图 2 所示。

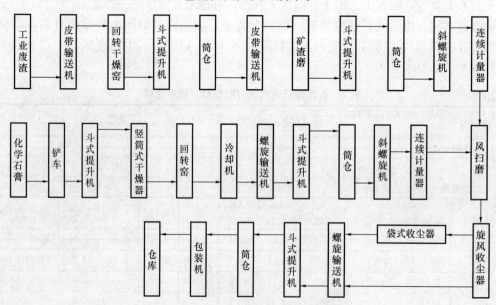

图 2　硬石膏水泥生产工艺流程图

90

（3）硬石膏水泥企业标准的主要技术指标有：

① 细度：0.08mm 筛余不大于 5%；

② 凝结时间：初凝不小于 60min；终凝不大于 12h；

③ 干强度：7d 抗折强度≥2.0MPa、2.5MPa，7d 抗压强度≥9.0MPa、13.0MPa；28d 抗折强度≥3.5MPa、5.0MPa，28d 抗压强度≥20.0MPa、30.0MPa；

④ 软化系数：28d 软化系数 ≥0.8；

⑤ 体积稳定性：合格。

无水石膏水泥研制报告

——四川省绵阳市磷石膏制备无水石膏水泥

唐修仁　徐红英　刘丽娟　丁大武

1　概述

磷石膏是磷肥厂用磷矿石[$3Ca_3(PO_4)_2 \cdot CaF_2$]湿法生产磷酸时的废渣，氟磷酸钙被硫酸分解时的反应式如下：

$$Ca_{10}F_2(PO_4)_6 + 10H_2SO_4 + 20H_2O \longrightarrow 6H_3PO_4 + 10CaSO_4 \cdot 2H_2O + 2HF$$

根据中国磷肥协会的统计，2001 年磷石膏排放量约 1300 万吨/年，预计到 2010 年磷石膏排放量将达到 2250 万吨/年。目前我国磷石膏大多露天堆放，占用土地，污染环境。

磷石膏的成分较复杂，磷矿石用硫酸分解制取磷酸时，磷矿石中含有的 Fe、Al、Mg 等大部分被分解，溶于磷酸溶液中。少量未分解的矿石、氟化物、酸不溶物、有机物质（碳化后）呈细小的质点，与硫酸钙一起沉淀析出。磷酸溶液和硫酸钙的沉淀过滤分离后，滤饼经过一定的洗涤（但限于达到一定磷酸浓度允许的平衡用水量）操作后，硫酸钙滤饼总会含有少量未洗除的酸液。

磷石膏中除含有游离磷酸、磷酸盐、氟化物、铁、铝、镁、硅和有机物外，还会含有少量的放射性元素。世界主要磷矿资源中，中东地区、北非和美国佛罗里达州的磷矿石均含有较高的放射性元素，磷石膏基本不能直接使用。但我国磷矿石的放射性物质含量较低，磷石膏放射性核素的比活度都不超标。

磷石膏中的杂质会减慢熟石膏水化的凝结时间，降低制品的强度。杂质有可溶性、不溶性两类。可溶性杂质及危害表现为：①游离磷酸会对建筑物缓凝、降低强度、腐蚀；②磷酸一钙、磷酸二钙和氟硅酸盐会对建筑物缓凝、降低强度；③钾、钠盐会在制品表面出现白霜，起灰。不溶性杂质及危害表现为：①硅砂、未分解矿石对熟石膏质量影响不大；②有机物对熟石膏影响较大，缓凝、降低强度，使制品呈灰黑色；③磷矿石酸分解时与硫酸钙共同结晶的磷酸二钙和其他不溶的磷酸盐、共晶磷酸盐也会缓凝和降低强度。因此，磷石膏制备建筑石膏的前提为净化处理磷石膏。

中国环境科学院固体所对全国 16 家磷肥企业的磷石膏做了成分分析（表 1），结果表明：磷石膏的主要杂质是氟化物和 P_2O_5，并呈较强的酸性；磷石膏的 pH 值最低为 1.9；氟化物含量最高达 2.04%；总 P_2O_5 最高达 17.10%；可溶性 P_2O_5 最高达 5.70%。可见，雨淋随意堆放的磷石膏，易产生酸性水，对环境的危害显然很大。

磷石膏的净化处理方法，目前国内外主要有水洗、分级和石灰中和等几种手段。国外典型的磷石膏净化技术流程简短、能耗低，有竞争力，主要采用多级水力旋离器为主要手段，净化石膏的回收率在 85% 左右。国内铜陵化工集团处理磷石膏的方法是采用了筛分、水洗、分级串联工艺流程，成品回收率约 80%。磷石膏的净化处理需要大量的水，每吨石膏约要

$4\sim5m^3$水，对于水资源较缺的国家，这种方法不是最理想、最明智的方法。

表1 磷石膏样品化学成分

磷肥企业	化学成分/%					
	$CaSO_4 \cdot 2H_2O$	总P_2O_5	水溶P_2O_5	MgO	F	pH
贵州开磷集团息烽厂	50.70~86.20	0.01~13.3	0.01~0.68	0.23~0.53	0.12~0.48	2.1~4.6
云南红河州磷肥厂	72.90~85.10	0.01~3.60	0.001~2.1	0.20~0.26	0.15~0.46	2.3~3.6
云南磷肥厂	72.50~87.30	0.01~2.96	0.001~1.28	0.22~0.37	0.01~0.36	2.5~6.5
云烽化学工业公司	61.80~78.60	0.02~4.29	0.004~1.92	0.23~0.27	0.17~0.76	2.4~4.8
江西贵溪化工厂	69.70~86.20	0.001~0.96	0.01~0.10	0.21~0.24	0.09~0.48	3.6~5.3
荆襄磷化公司大峪口厂	68.00~83.70	1.51~3.00	0.09~0.74	0.27~0.31	0.001~0.004	2.4~2.6
四川银山化工集团	72.90~85.10	0.01~0.65	0.01~0.09	0.25~0.36	0.13~0.67	2.7~3.5
陕西化肥总厂复合肥厂	76.00~81.80	0.53~3.34	0.05~0.63	0.23~0.26	0.001~0.017	2.2~2.8
山东鲁北企业集团	84.40~88.60	0.15~0.35	0.01~0.04	0.20~0.29	0.11~0.20	2.5~3.2
山东肥城磷铵厂	71.10~88.90	0.25~11.2	0.01~1.00	0.25~0.52	0.12~0.75	2.2~5.4
山东红日集团	75.80~88.50	2.20~9.47	0.10~1.95	0.29~0.50	0.09~0.67	2.2~2.6
沈阳化肥总厂	79.20~85.70	0.01~0.59	0.001~0.28	0.23~0.27	0.02~0.29	2.4~5.2
南化集团磷肥厂	49.80~91.80	0.20~3.89	0.001~1.55	0.22~1.34	0.02~2.04	2.2~2.8
江苏泰兴磷肥厂	71.30	0.67	0.47	0.27	0.134	2.7
铜陵化工集团	62.40~89.60	0.06~1.0	0.004~0.51	0.16~0.21	0.08~0.66	2.8~5.4
湛化企业集团	61.70~96.40	0.006~17.1	0.004~5.7	0.15~0.22	0.10~5.1	1.9~5.1

宁夏建筑科学院提出磷石膏的无害化处理新工艺（技术）——"闪烧法"。该方法是用火焰直接与磷石膏接触，温度达到400~600℃，通过控制"闪烧"的速度和温度可生产出两种产品，即β型半水石膏和Ⅱ型无水石膏。该种方法的理论认为，磷石膏中影响最大的有害成分是残留的有机磷和无机磷及磷酸铵，去掉或变成无害成分，磷石膏就变废为宝。如P_2O_5在高温（200~400℃）状态下分解成气体或部分转变成惰性的、稳定的难溶性磷酸类化合物，如焦磷酸钙，从而将其对产品性能的危害降低到最低点，使有害物质通过高温分解或转变成惰化物质。

宁夏建材研究所提出的"闪烧法"技术理论是可取的，使磷石膏不经过预净化处理而直接利用，这将大大简化使用工艺流程。我们采用该项技术理论，用气流煅烧工艺，即硅酸盐水泥干法生产中的窑外分解部分的设备，煅烧温度在500~800℃之间，生产Ⅱ型无水石膏，再用我公司特别研制的石膏专用耐水增强剂和催化剂配制成无水石膏水泥（28d抗压强度达到35MPa，软化系数大于0.7，体积稳定性合格）。

2 原材料及试验方法

2.1 原材料

磷石膏（四川绵阳市），磷石膏的化学分析见表2；磷石膏的放射性核素检测结果见表3，内照射指数$I_{Ra}=0.98<1.0$，合格；外照射指数$I_r=0.77<1.0$，合格；明矾、硫酸钾、硫酸钠等硫酸盐为市售化学纯试制品；水泥化学分析结果见表4；矿渣和粉煤灰化学分析结果

见表5；生石灰，市售。

表2 磷石膏化学分析结果 %

SO$_3$	CaO	MgO	SiO$_2$	P$_2$O$_5$	Al$_2$O$_3$	K$_2$O	Na$_2$O	TiO$_2$	Fe$_2$O$_3$	SrO	ZnO	烧失量
43.57	28.52	0.39	5.20	1.70	2.53	0.27	0.12	0.17	1.29	0.25	0.017	12.99

表3 磷石膏放射性核素比活度 Bq/kg

$C_{226_{Ra}}$	$C_{232_{Th}}$	C_{40_K}
195.29	40.55	358.65

表4 水泥化学分析结果 %

SiO$_2$	Al$_2$O$_3$	Fe$_2$O$_3$	CaO	MgO	Na$_2$O	K$_2$O	烧失量
19.95	4.71	2.90	60.58	1.41	0.20	1.20	6.24

表5 矿渣和粉煤灰化学分析结果 %

	SiO$_2$	Al$_2$O$_3$	Fe$_2$O$_3$	CaO	MgO	Na$_2$O	K$_2$O	烧失量
矿渣	34.35	15.56	1.40	36.80	8.10	0.29	0.61	2.01
粉煤灰	45.01	25.30	15.40	3.40	0.49	0.28	0.77	8.05

2.2 试验方法

无水石膏水泥是由60%左右的无水石膏、30%左右的水硬性混合材和10%左右的催化剂及激发剂组成。水化机理：无水石膏水泥的主要成分为新生成的二水石膏（属气硬性胶凝材料）；水硬性混合材水化后生成水化硅酸钙和硫铝酸钙等（属水硬性胶凝材料）；水化硅酸钙胶体包裹在石膏晶体周围，提高了无水石膏水泥硬化体强度，如遇水则降低了石膏的溶解，提高了硬化体的软化系数；无水石膏水泥中，无水石膏的水化速度比建筑石膏（β型半水石膏）的水化速度慢得多，所以要提供一个潮湿的水化条件和时间。同时，矿渣、粉煤灰等水硬性混合材，一定要在潮湿的条件下才能水化。所以无水石膏水泥的水化条件和普通硅酸盐水泥一样，要在相对湿度大于95%、温度（20±2）℃标准条件下养护7d、28d。无水石膏水泥的水化产物大部分是二水石膏，它的软化系数一定小于硅酸盐水泥。所以测定强度时，要按气硬性材料要求的方法，试件抗压前要在（45±2）℃条件下干至恒重，以干强度为标准。

其他标准稠度用水量、凝结时间和强度试件成型方法等均按国家标准GB/T 1346和GB/T 17671的方法进行。

无水石膏水泥的体积稳定性是一个十分重要的性能，后期遇水体积膨胀是因没有完全水化的无水石膏引起，所以测定方法和普通水泥不一样。现行的建标37—61中的测定方法不合理，不能反映后期遇水膨胀性能，我们参考德国标准DIN 4208（1997）中的测定方法，在水中养护7d，再在室内养护7d，但时间做适当调整。具体方法是：准备两块涂了油的100mm×100mm玻璃板；制备标准稠度净浆200g，取70～80g净浆团放在玻璃板上，边振动边用水果刀向中心抹，做成直径70～80mm、中间厚10～15mm边薄的球面形试件两块；在室内静置24h后，放到标准养护室或养护箱中养护7d，取出后放入（45±2）℃的鼓风干燥箱中烘干3d，然后浸入20℃的水中4d，再烘干3d，浸水4d，共22d，观察试饼表面有无龟裂、裂缝、翘曲现象，如无上述现象为体积稳定性合格，如有为不合格。

3 试验结果及分析

3.1 无水石膏水泥初次试验，选用 $L_9(3^4)$ 表头

三因素三水平分别为：

A. 无水石膏煅烧温度：600℃；650℃；700℃。

B. 激发剂品种：消石灰；生石灰；水泥。

C. 无水石膏用量：50%；60%；70%。

催化剂固定 4%，水膏比 0.6，1∶3 砂浆。

表6 $L_9(3^4)$ 正交表

序　号	A 温度/℃	B 激发剂	C 石膏用量	抗压强度/MPa
1	600	消石灰	50%	23.0
2	600	生石灰	60%	21.8
3	600	水泥	70%	29.6
4	650	消石灰	60%	22.5
5	650	生石灰	70%	23.3
6	650	水泥	50%	26.4
7	700	消石灰	70%	19.6
8	700	生石灰	50%	25.3
9	700	水泥	60%	25.8
Ⅰ	74.4	65.2	7437	
Ⅱ	72.3	70.4	70.2	
Ⅲ	70.7	81.8	72.5	
极差	3.7	16.6	4.5	

由极差定性分析得知，激发剂品种的影响较大，硅酸盐水泥的效果最佳。煅烧温度在 600～700℃ 范围内影响不大，应扩大煅烧温度范围。无水石膏用量在 50%～70% 范围内影响也不显著。

3.2 无水石膏的煅烧温度、煅烧时间和水化能力的关系

从二水石膏差热曲线上看到，当煅烧温度 360℃ 以上时，生成Ⅱ型无水石膏，也叫硬石膏，直到 1180℃ 以上，$CaSO_4$ 分解。这个区间所形成的硬石膏，根据其水化能力，可分为硬石膏Ⅱ-s、硬石膏Ⅱ-u 和硬石膏Ⅱ-E。煅烧温度大约在 400～650℃ 形成Ⅱ-s，650～750℃ 形成Ⅱ-u，750℃ 以上形成Ⅱ-E。煅烧温度对硬石膏的水化能力有影响，这是共知的。我们在研究中发现，煅烧时间对硬石膏的水化能力亦有较大影响。现将不同煅烧温度、不同煅烧时间的无水石膏在 2% 硫酸钾作用下的水化率测试结果列于表 7 中，并绘制成如图 1、图 2 所示曲线。

表7 掺入2%分析纯硫酸钾时无水石膏的水化能力

煅烧温度/℃	煅烧时间/min	水化率/%				
		6h	12h	1d	3d	7d
600	90		46.2	70.4	81.4	82.6
600	20	69.9	79.4	82.2	84.5	84.4
700	90			30.8	53.6	71.4
700	20	12.3	27.5	41.1	63.8	76.4
800	90			11.0	23.4	37.2
800	20			21.3	43.4	54.5

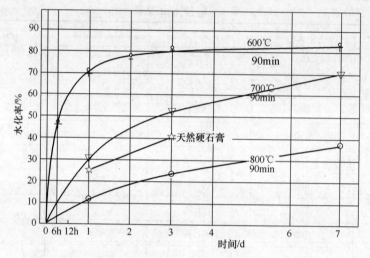

图1 无水石膏在不同煅烧温度下的水化率曲线（2%K$_2$SO$_4$）

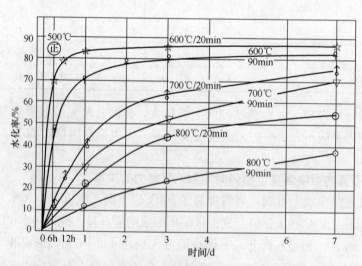

图2 无水石膏在不同煅烧温度、煅烧时间下的水化率曲线（2%K$_2$SO$_4$）

不同煅烧温度的无水石膏不掺催化剂的水化率测试结果列于表8中，并绘制成如图3所示曲线。

表8 纯无水石膏（不掺催化剂）的水化率

煅烧温度/℃	水化率/%			备注
	1d	4d	7d	
500	37.9	77.1		
600	13.8	54.8		
700	5.2	17.5		
800	1.8	3.1		24h末初凝

煅烧温度为600℃、不同煅烧时间形成的无水石膏，在2‰硫酸钾条件下，6h的水化率如图4所示，随着煅烧时间延长，水化能力明显下降，而且呈直线关系。

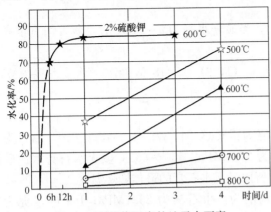

图3 不同煅烧温度的纯无水石膏
水化率曲线

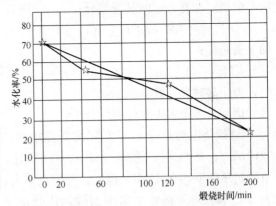

图4 无水石膏在600℃条件下煅烧时间
和水化率关系曲线

3.3 煅烧温度、碱性激发剂和催化剂的正交试验，选用 $L_8(4^1 \times 2^4)$ 表头

因素A：煅烧温度为550℃、600℃、650℃、700℃四个水平；因素B：激发剂选用生石灰和水泥两个水平；因素C：催化剂选用煅烧明矾石矿石粉和化学纯硫酸盐两个水平。无水石膏用量60%，磨细矿粉28%～30%，催化剂和激发剂为10%～12%。

1：3砂浆抗压强度试验结果列于表9中。

表9 $L_8(4^1 \times 2^4)$ 正交表

序号	A				B	空	C	空	抗压强度	
	1'	1	2	3	4	5	6	7	MPa	−30
1	550	1	1	1	①	1	（一）	1	25.2	−4.8
2	550	1	1	1	②	2	（二）	2	40.0	10.0
3	600	1	2	2	①	1	（二）	2	28.6	−1.4
4	600	1	2	2	②	2	（一）	1	35.5	5.5
5	650	2	1	2	①	1	（一）	2	23.0	−7.0
6	650	2	1	2	②	2	（二）	1	39.5	9.5
7	700	2	2	1	①	2	（二）	1	23.7	−6.3
8	700	2	2	1	②	1	（一）	2	31.8	1.8
I		9.3	7.7	0.7	−19.5	5.1	−4.5	3.9		
II		−2.0	−0.4	6.6	26.8	2.2	11.8	3.4	T=7.3	
R		11.3	8.1	5.9	46.3	2.9	16.3	0.5		

①生石灰；② P·O水泥；（一）明矾石；（二）硫酸钾。

表 10　方差分析表

方差来源	平方和	自由度	均方和	F 值	显著性
A. 煅烧温度	28.514	3	9.505	17.55	△
B. 激发剂	267.951	1	267.951	494.83	☆☆
C. 催化剂	33.211	1	33.211	61.33	☆
误　差	1.083	2	0.5415		

查 F 分布表得：

① $F_{0.05}$（3，2）＝＝19.2＞F_A＝＝17.55＞$F_{0.10}$（3，2）＝9.16，当显著水平为 $\alpha=0.10$ 时，煅烧温度有一定的显著差异；

② F_B＝＝494.83＞$F_{0.01}$（1，2）＝＝98.5，当显著水平为 $\alpha=0.01$ 时，激发剂有很高的显著差异；

③ $F_{0.01}$（1，2）＝＝98.5＞F_C＝＝61.33＞$F_{0.05}$（1，2）＝＝18.5，当显著水平为 $\alpha=0.05$ 时，催化剂有显著差异。

诸因素各个水平实际强度分析：

① 煅烧温度各个水平实际抗压强度平均值为：550℃时，为 32.6MPa；600℃时，为 32.1MPa；650℃时，为 31.3MPa；700℃时，为 27.8MPa。550～650℃段无水石膏水泥砂浆的抗压强度均在 30MPa 以上，差别也不大，所以是无水石膏的最佳煅烧温度。

② 碱性激发剂各个水平实际抗压强度平均值为：生石灰为 25.1MPa；P·O 水泥为 36.2MPa，水泥明显优于石灰，提高强度达 40%。

③ 催化剂各个水平实际抗压强度平均值为：煅烧明矾石粉为 31.1MPa；硫酸钾为 32.5MPa，两者差别不大，但硫酸钾价格比煅烧明矾石高得多，所以选用明矾石较合理。

3.4　煅烧明矾石掺量的影响

表 11　1：3 砂浆试件强度

编号	无水石膏/%	矿渣粉/%	水泥/%	明矾石粉/%	硫酸钾/%	抗折强度/MPa	抗压强度/MPa
M2	62	30	6	2	—	5.8	23.5
M4	60	30	6	4	—	8.9	36.7
M6	60	28	6	6	—	8.6	39.2
M8	58	28	6	8	—	6.7	31.2
K2	62	30	6	—	2	8.5	38.1

从表 11 试验结果来看，明矾石用量在 4%～6% 和硫酸钾用量在 2% 时较好，明矾石用到 8% 时抗压强度有下降现象，可能是生成较多钙矾石，体积膨胀影响了试件强度。

3.5　无水石膏水泥的配合比及系统测定

根据上述试验结果，选定三个无水石膏水泥配合比。无水石膏的煅烧温度为 600℃，煅烧时间为 5min，通过 $120\mu m$ 方孔筛。磨细矿粉标号为 S95，外购，激发剂用水泥和生石灰，催化剂用煅烧明矾石。

（1）无水石膏水泥的配合比，见表12。

表 12　无水石膏水泥的配合比　　　　　　　　　　　　%

原料 编号	无水石膏	矿渣粉	粉煤灰	P·O水泥	生石灰	明矾石
川-2	60	30	—	—	6	4
川-3	60	29	—	7	—	4
川-4	60	20	8	8	—	4

（2）无水石膏水泥的标准稠度用水量、凝结时间和体积稳定性，见表13。

表 13　标准稠度用水量、凝结时间和体积稳定性

编号	标准稠度用水量/%	初凝时间/min	终凝/（h：min）	体积稳定性
川-2	45	40	1：20	合格
川-3	40	90	3：30	合格
川-4	42	85	2：40	合格

（3）无水石膏水泥砂浆的强度，见表14。

表 14　试件强度（1：3砂浆）

项目 编号	7d强度/MPa		28d强度/MPa		28d湿抗压强度/ MPa	软化系数
	抗折	抗压	抗折	抗压		
川-2	4.4	19.4	4.1	23.8	15.0	0.63
川-3	6.4	26.7	6.2	36.6	26.7	0.75
川-4	5.1	24.9	5.2	30.6	21.7	0.71

上述同样配合比无水石膏水泥送检结果如下：

编号	标准稠度 用水量/%	初凝时间/min	终凝时间/min	7d强度/MPa		28d强度/MPa	
				抗折	抗压	抗折	抗压
川-3	36	80	230	6.1	33.7	5.1	35.4
川-4	37	70	151	4.1	31.9	4.1	30.9

4　结束语

磷石膏中的主要有害物质为磷（P_2O_5）和有机物，如不用水洗而采用高温煅烧方法，可以除去有机物和大部分可溶性磷，使有害物质对石膏的影响降到最小。

无水石膏的煅烧温度和煅烧时间都对其水化能力有很大影响，煅烧温度在 500～650℃ 时，其水化能力最大，但随煅烧时间延长，水化能力明显下降，如图 4 所示，基本呈直线关系。无水石膏水化能力的大小对制品的抗压强度影响不大，但对体积稳定性有较大的影响，如果水化能力小，即早期水化不足，再加上保湿养护不充分，则会造成体积稳定性不良。

第二章 α高强石膏

脱硫石膏制备高强石膏的工艺参数研究

唐修仁 段珍华

0 前言

脱硫石膏和磷石膏等化学石膏都有一个共同特点，就是含有一定量游离水的粉末体或膏状体。这种状态的原材料特别适合用动态水热法制备高强α型半水石膏的工艺方法，在原料处理上就省去粉磨和干燥工序，节省能耗。

动态水热法的最大特点，也是最大优点，就是可用不同品种的晶形改良剂（有人称媒晶剂或转晶剂）生长出我们所要求的结晶形态。α型半水石膏的结晶形态不同，对其性能特别是强度影响特大。纤维状或针状晶体的α型半水石膏，其需水量很大、强度很低；棒状晶体的α型半水石膏，其需水量大、强度也较低；只有短柱状晶体的α型半水石膏，其需水量较小、强度较大。晶形改良剂的品种很多，有机物、无机物均可以，对α型半水石膏晶体生长来说，是掺入了一种杂质离子吸附在石膏晶体的某个晶面上，影响了该晶面方向的正常生长，也就改变了原半水石膏晶体的生长习性。天然石膏也好，各种化学石膏也好，其原料中都有各种异物离子存在，这些离子也都影响α型半水石膏晶体的生长，所以目前很难从理论上得到最佳晶形改良剂。一切都要通过试验才能解决问题，对你的原材料所找到的最佳晶形改良剂，也不一定就是最佳的，只是在现有试验条件下是比较好的。

我们以邳州的天然石膏、南京脱硫石膏和四川的磷石膏为原料，用动态水热法对晶形改良剂进行了筛选试验，选用了12种有机酸（或盐）、3种无机盐进行单独使用或复配使用。试验结果如下：对邳州天然石膏，选用柠檬酸（钠）和硫酸铝复配较好；对四川磷石膏，选用柠檬酸镁和硫酸铝（或镁）复配较好；对南京脱硫石膏，选用丁二酸（或盐）单独用或和硫酸铝复配均较好。

1 原材料与试验方法

1.1 原材料、晶形改良剂与仪器

原材料：脱硫石膏（南京华润苏源电厂）；

晶形改良剂：JZ-1，市售分析纯试剂；

仪器：高压反应釜，加热温度可达到200℃以上，容量大约为60L；三足快速离心脱水设备；电热鼓风干燥箱等。

1.2 试验方法

先将一定质量的脱硫石膏和一定量的水制成料浆后，加到高压釜内，同时开动搅拌器和

电加热棒，然后加入一定质量的晶形改良剂。升温到一定的温度后，保持一定的恒温时间。断开加热棒，降温降压后，将料浆放入高速离心机脱去游离水，立即将脱水后的热料放到已升温至一定温度（120～140℃）的鼓风烘箱内，经干燥后即得到α型半水石膏粉。

2 试验结果与分析

2.1 工艺参数对α型半水石膏的影响

工艺参数对α型半水石膏的影响试验选择正交试验方法，选用 $L_9(3^4)$ 表头，诸因素和水平见表1。A琥珀酸钠掺量为水溶液浓度，C温度和时间有交互作用，温度低，恒温时间就应长些，否则就可能没有完全"蒸熟"，温度高，恒温时间就应短些，所以温度和时间以一个因素考察。

表1 诸因素和水平

水平＼因素	A琥珀酸钠/%	B料浆浓度/%	C温度/时间/（℃/h）
1	0.05	20	130/1.5
2	0.15	30	140/1.0
3	0.25	40	150/0.5

表2 试验结果

序号	A/%	B/%	C/（℃/h）	干强度/MPa 抗折	干强度/MPa 抗压
1	0.05	20	130/1.5	11.7	43.8
2	0.05	30	140/1.0	11.2	41.7
3	0.05	40	150/0.5	10.3	42.5
4	0.15	20	140/1.0	12.8	54.6
5	0.15	30	150/0.5	13.5	52.6
6	0.15	40	130/1.5	12.1	51.8
7	0.25	20	150/0.5	13.0	47.6
8	0.25	30	130/1.5	11.6	45.7
9	0.25	40	140/1.0	12.1	45.2

2.2 正交试验结果分析

将抗压强度试验结果抄于表3中进行极差及方差分析，为了计算方便，抗压强度均减去47MPa后列入表中，对分析结果没有影响。

表3 $L_9(3^4)$ α型半水石膏干抗压强度相对值

序号	A/%	B/%	C/（℃/h）	D（空）	抗压强度（－47MPa）
1	0.05	20	130/1.5	1	－3.2
2	0.05	30	140/1.0	2	－5.3
3	0.05	40	150/0.5	3	－4.5
4	0.15	20	140/1.0	3	7.6

序号	A/%	B/%	C/（℃/h）	D（空）	抗压强度（−47MPa）
5	0.15	30	150/0.5	1	5.6
6	0.15	40	130/1.5	2	4.8
7	0.25	20	150/0.5	2	0.6
8	0.25	30	130/1.5	3	−1.3
9	0.25	40	140/1.0	1	−1.8
Ⅰ	−13.0	5.0	0.3	0.6	
Ⅱ	18.0	−1.0	0.5	0.1	$T=2.5$
Ⅲ	−2.5	−1.5	1.7	1.8	$(2.5)^2/9=0.694$
R	31.0	6.5	1.4	1.7	

从表3极差R的大小来初步分析，晶形改良剂效果明显，影响最大；料浆浓度有影响但不明显；脱水温度和时间的极差还没有误差大，一点影响也没有。这也证明我们的选择是正确的，实际上120℃两小时或160℃几分钟也可以。但是，温度低时间长，生长的晶粒要粗大些；温度高而时间短，生长的晶粒要细小些。

表4 α型半水石膏抗压强度方差分析表

方差来源	平方和	自由度	均方和	F值	显著性
A 琥珀酸钠	156.72	2	78.36	200.92	★★★
B 料浆浓度	8.72	2	4.36	11.18	★
C 温度/时间	0.36	2			
误差 e	1.20	2			
总误差	1.56	4	0.39		

$F_A = 200.92 > F_{0.01}(2, 4) = 18.0$；

$F_{0.01}(2, 4) = 18.0 > F_B = 11.18 > F_{0.05}(2, 4) = 6.94$。

因素 A 琥珀酸钠具有特别显著性，而且不是越多越好，应有一个适中用量，如图1所示。因素 B 料浆浓度在显著性 $\alpha = 0.05$ 时，有一定显著性。

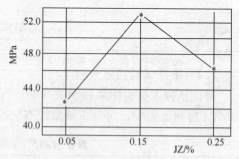

图 1 琥珀酸钠用量对 α 半水石膏抗压强度的影响

3 结论

（1）用"动态水热法"制备高强 α-半水石膏，JZ-1 单掺时具有很好的转晶效果，能够使 α 型半水石膏的晶体形状转变为短柱状或六方粒状，并能显著地提高 α 型半水石膏的强度。

（2）料浆浓度对石膏强度有一定影响，但不是很大，在生产中为了提高产量还应选择较高的料浆浓度。

（3）脱水温度基本没有影响，为了提高产量可适当选用较高温度。

用脱硫石膏制备 α 型超高强石膏的关键技术研究

唐永波

1 前言

随着脱硫装机容量的快速增长，脱硫石膏产量由 2005 年的 500 万吨迅速增加至 2010 年的 5230 万吨，在东部沿海地区一度形成供不应求的局面，江苏地区的脱硫石膏出厂价已达 30~50 元/吨，然而就长远来看，我国脱硫石膏综合利用的状况不容乐观，至 2011 年底全国脱硫石膏综合利用率虽达到 69%，但仍有库存近 8000 万吨。根据"十二五"国家对节能减排工作的进一步要求，预计到 2015 年，煤电机组基本上全部配套脱硫装置，脱硫石膏年产量届时将达到 8000 万吨以上。根据工信部制定的《大宗工业固体废物综合利用"十二五"规划》，到 2015 年，全国工业副产石膏的综合利用率由目前的 40% 提升至 65%，要"大力推进脱硫石膏生产高强石膏粉、纸面石膏板等高附加值利用"，因此价格适中、力学性能优异的 α 型超高强石膏将在精密铸造、陶瓷模具、汽车轮胎制造等领域获得广泛的应用，用工业副产石膏制备 α 型超高强石膏前景广阔。

2 脱硫石膏的成分及粒度分布

2.1 脱硫石膏的成分

采用 X 射线荧光光谱仪对脱硫石膏的化学成分分析见表 1。

表 1 脱硫石膏的成分分析

成分	SO₃	CaO	SiO₂	Al₂O₃	Fe₂O₃	K₂O	Cl	Na₂O	TiO₂	SrO	P₂O₅	MnO	烧失量	总计
百分含量	41.84	30.42	4.26	1.86	0.83	0.68	0.40	0.14	0.12	0.10	0.06	0.04	0.01	100

将脱硫石膏置于烘箱中，升温至 230℃然后保温 2h，脱硫石膏的失重为 18.9%，据此估算脱硫石膏中的二水硫酸钙（$CaSO_4 \cdot 2H_2O$）的含量为 90.4%，与 X 射线荧光光谱仪的分析结果相当。

2.2 脱硫石膏的粒度分布

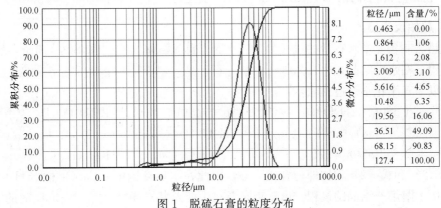

粒径/μm	含量/%
0.463	0.00
0.864	1.06
1.612	2.08
3.009	3.10
5.616	4.65
10.48	6.35
19.56	16.06
36.51	49.09
68.15	90.83
127.4	100.00

图 1 脱硫石膏的粒度分布

3 转晶剂的作用原理及选择

3.1 转晶剂的作用原理

$\alpha\text{-}CaSO_4 \cdot 0.5H_2O$ 晶体的 C 轴方向由 Ca^{2+} 和 SO_4^{2-} 交替构成，表面能高，水分子分布于由钙离子和硫酸根离子组成的长链之间，因为表面能高，所以在 $CaSO_4 \cdot 2H_2O$ 溶解结晶形成 $\alpha\text{-}CaSO_4 \cdot 0.5H_2O$ 的过程中 C 轴方向生长速率最快。因此在一般的水热环境中易沿 C 轴方向生长成细长的单晶，也就是石膏晶须，为了制备出力学性能好的短柱状 α 石膏晶体，就有必要采取一定的措施遏制 $\alpha\text{-}CaSO_4 \cdot 0.5H_2O$ 的定向生长，而最有效的办法就是采取在水溶液中加入可溶于水的有机物，使加入水中的有机物吸附在 $\alpha\text{-}CaSO_4 \cdot 0.5H_2O$ 高能面上，从而降低 $\alpha\text{-}CaSO_4 \cdot 0.5H_2O$ 晶体 C 轴方向的生长速率，使短柱状的 $\alpha\text{-}CaSO_4 \cdot 0.5H_2O$ 的制备成为可能。

3.2 转晶剂的优化选择

转晶剂对于 α 型超高强石膏的制备起着非常关键的作用，具体的转晶机理已在 3.1 节中做了仔细的描述，本节着重考察几种有可能成为制备 α 型超高强石膏转晶剂的有机酸及醇，以期从中找到一种环境友好、价格适中、满足工艺要求的转晶剂。

表 2　多种有机酸和醇对转晶的影响

转晶剂 浓度	有机多元酸			多元醇			其他		
	DES	PGS	丙二酸	BSC	YEC	山梨醇	谷氨酸钠	硫酸铝	马丙共聚物
0.01%	长柱状	长柱状	针状	针状	针状	针状	针状		
0.05%	短柱状	短柱状	针状	针状	针状	针状	针状		
0.10%	短柱状	短柱状	针状	长柱状	长柱状	针状	针状		
0.15%	扁平状	短柱状	针状	长柱状	长柱状	针状	针状		

在表 2 的所有试验中二水石膏悬浮液的浓度皆为 20%，试验结果可看出，多元醇的总体转晶效果不及多元酸。与此同时，不同的有机酸之间的转晶效果也有显著的差别，如丙二酸在水溶液浓度介于 0.01%～0.15% 之间时基本没有转晶效果，而 DES 酸则在较少的浓度范围内就会产生明显的转晶效果，当 DES 水溶液的浓度为 0.01% 时，二水石膏转化的 α 型半水石膏的长径比约为 6∶1，因此本项目采用有机多元酸 DES 作为制备 α 型超高强石膏的转晶剂。

4 用脱硫石膏制备 α 型超高强石膏的工艺

4.1 起始反应温度

用水热法制备 α 半水石膏的过程中，二水石膏首先溶解为 Ca^{2+} 和 SO_4^{2-} 离子，然后在转晶剂的作用下在水中结晶，生长六方短柱状 α 石膏晶体，即是一个溶解—结晶的过程，整个过程可用以下三个化学反应式表示：

$$CaSO_4 \cdot 2H_2O \text{ (s)} \rightarrow Ca^{2+} \text{ (aq)} + SO_4^{2-} \text{ (aq)} + 1.5H_2O \text{ (l)} \tag{1}$$

$$Ca^{2+} \text{ (aq)} + SO_4^{2-} \text{ (aq)} + 0.5H_2O \text{ (l)} \rightarrow CaSO_4 \cdot 0.5H_2O \text{ (α)} \tag{2}$$

$$CaSO_4 \cdot 2H_2O \rightarrow CaSO_4 \cdot 0.5H_2O \text{ (α)} + 1.5H_2O \text{ (l)} \tag{3}$$

将式（1）和式（2）相加即得到式（3），因此在水热环境中 $\alpha\text{-}CaSO_4 \cdot 0.5H_2O$ 晶须的生长虽经历了溶解—结晶的过程，由于吉布斯自由能是状态函数，晶须生成反应的 $\Delta_r G_m$ 只与始态和末态有关，详见图 2 所示热力学框图。故可得如下关系式：

$$\Delta_r G_m(1) + \Delta_r G_m(2) + \Delta_r G_m(3) \tag{4}$$

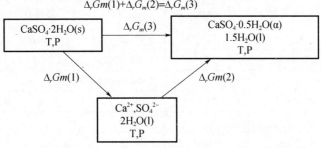

图 2　合成 $CaSO_4 \cdot 0.5H_2O$（α）反应的吉布斯自由能的计算框图

二水硫酸钙在水热环境下转变的 α 相半水石膏的摩尔反应吉布斯自由能随温度的变化如图 3 所示，理论计算表明二水石膏在水热环境下转变为 α 相半水石膏的反应温度为 119℃，但根据石膏不同相的溶解度计算表明，二水硫酸钙在水热环境下转变的 α 相半水石膏的临界温度为（99±2）℃，理论计算结果与实测值有一定差异，主要原因可能是水热法生成的 α 相半水石膏所含的结晶水并非严格等于 0.5，导致 α 相半水硫酸钙的热力学数据与真实值有一定偏差。

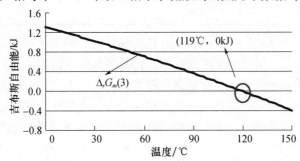

图 3　合成 $CaSO_4 \cdot 0.5H_2O$（α）反应的吉布斯自由能

4.2　α型超高强石膏正交试验

（1）超高强石膏的正交试验测试数据，见表 3。

表 3　超高强石膏正交试验结果

					α超高强石膏正交试验						
因素 序号	转晶剂 质量/g	悬浮液浓度/ %	压强/ MPa	转速/ Hz	2h强度/MPa		干强度/MPa		初凝/ min	需水量/ %	堆积密度/ (g/L)
					抗折	抗压	抗折	抗压			
1	1(5)	1(40)	3(0.35)	2(20)	7.8	25.5	17.8	67.1	5.5	36	1250
2	2(10)	1	1(0.25)	1(25)	6.9	28.5	11.1	54.0	9.0	37	1216
3	3(15)	1	2(0.15)	3(15)	6.0	34.7	15.2	67.4	10.0	37	1368
4	1	2(30)	2	1	5.1	18.3	13.8	42.4	7.0	39	1177
5	2	2	3	3	6.5	25.8	15.2	57.1	6.0	33	1200
6	3	2	1	2	26.7	4.8	15.5	63.9	10.0	36	1265
7	1	3(2)	1	3	29.0	5.2	17.3	58.0	10.0	32	1280
8	2	3	2	2	16.8	5.2	9.4	36.6	36	1225
9	3	3	3	1	25.0	5.2	11.5	39.7	30.0	35	970

（2）2h抗折强度的极差分析，见表4。

表4 超高强石膏2h抗折强度极差分析

序号 \ 因素	转晶剂质量 A	悬浮液浓度 B	压强 C	转速 D	2h抗折强度/MPa
1	1（5g）	1（40%）	3（0.35MPa）	2（20Hz）	7.8
2	2（10g）	1	1（0.25MPa）	1（25Hz）	6.9
3	3（15g）	1	2（0.15MPa）	3（15Hz）	6.0
4	1	2（30%）	2	1	5.1
5	2	2	3	3	6.5
6	3	2	1	2	4.8
7	1	3（20%）	1	3	5.2
8	2	3	2	1	5.2
9	3	3	3	1	5.2
K1	18.1	20.7	22	17.2	
K2	18.6	16.4	16.3	17.8	$T=52.7$
K3	16	15.6	19.5	17.7	
R	2.6	5.1	5.7	0.6	

根据表4的极差分析得知，各因素对2h抗折强度的影响主次顺序如下：

压强≈悬浮液浓度＞转晶剂质量≫转速

以每个因素的三个水平代表的实际状态为横坐标，以与这三个水平值对应的试验结果之和的平均值为纵坐标求得三个点，并将这三个点顺序连成一条折线，这样便得到转晶剂的质量、转速、压强、悬浮液浓度的各个水平及其相应的2h抗折强度平均值的趋势图，如图1所示。

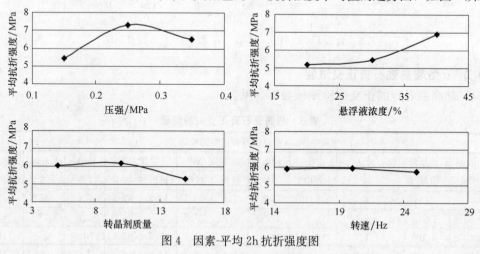

图4 因素-平均2h抗折强度图

对于压强，趋势图上可看到当压强为0.25MPa时接近抗折强度的最佳状态；悬浮液浓度的2h抗折强度的影响仅次于压强，从趋势图中可看出，随着悬浮液浓度的提高，2h抗折强度逐步上升；转晶剂对2h抗折强度的影响规律和压强相似，当转晶剂的质量为10g时超高强石膏的2h抗折强度达到最大值；根据极值可知转速对2h抗折强度影响最小，从趋势图也可看出在15~25Hz的范围内趋势线接近于一条水平线。

106

在本试验中希望 2h 抗折强度越高越好，因此，根据极差分析结果，最佳的因素水平搭配是 $A_2B_3C_2D_{1\sim3}$，其中下标"1~3"表示针对因素 D 也就是转速具体水平的选择上，三个水平皆可，对 2h 抗折强度无明显影响。

（3）干抗压强度的极差分析，见表 5。

表 5　超高强石膏干抗压强度极差分析

序号 \ 因素	转晶剂质量 A	悬浮液浓度 B	压强 C	转速 D	干抗压强度/MPa
1	1 (5g)	1 (40%)	3 (0.35MPa)	2 (20Hz)	67.1
2	2 (10g)	1	1 (0.25MPa)	1 (25Hz)	54.0
3	3 (15g)	1	2 (0.15MPa)	3 (15Hz)	67.4
4	1	2 (30%)	2	1	42.4
5	2	2	3	3	57.1
6	3	2	1	2	63.9
7	1	3 (20%)	1	3	58.0
8	2	3	3	2	36.6
9	3	3	3	1	39.7
K1	167.5	188.5	175.9	136.1	
K2	147.7	163.4	146.4	167.6	$T=486.2$
K3	171.0	134.3	163.9	182.5	
R	23.3	54.2	29.5	46.4	

从表 5 的极差计算结果可看出，各因素对干抗压强度的影响主次顺序如下：

悬浮液浓度＞转速≫转晶剂质量＞压强

采用与分析 2h 抗折强度同样的方法，以每个因素的三个水平代表的实际状态为横坐标，以与这三个水平值对应的试验结果之和的平均值为纵坐标求得三个点，并将这三个点顺序连成一条折线，这样便得到转晶剂的质量、转速、压强、悬浮液浓度的各个水平及其相应的干抗压强度平均值的趋势图，如图 2 所示。

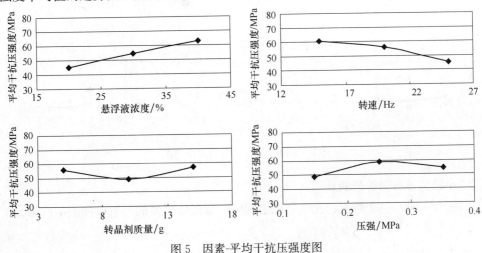

图 5　因素-平均干抗压强度图

对于超高强石膏的制备，自然是希望干抗压强度越高越好，因此，根据极差分析结果，最佳的因素水平搭配是 $A_{1or2}B_3C_2D_1$，其中下标"1or2"表示针对因素 A 也就是转品剂质量具体水平的选择上，既可选择水平 1 亦可选择水平 2，对干抗压强度无明显影响。

（4）超高强石膏制备工艺的优化选择。超高强石膏既要有较高的干抗压强度，又追求较大的 2h 抗折强度，因此，超高强石膏制备工艺的优化选择的过程也就是兼顾各种因素对 2h 抗折强度和干抗压强度不同的影响，从中选择出最合适的制备 α 超高强石膏的工艺。具体的优化过程如下：

对于 2h 抗折强度，最佳的工艺为：

$$A_2B_3C_2D_{1\sim3}$$

对于干抗压强度，最佳的工艺为：

$$A_{1or2}B_3C_2D_1$$

对于 2h 抗折强度，因素 A 的最佳水平是 2，对于干抗压强度，因素 A 中的水平 1 和水平 2 对干抗度的影响相当，故综合考虑选择 A 因素中的水平 2；从 2h 抗折和干抗压的两个最佳工艺中可看出，无论是 2h 抗折还是干抗压，B 因素下的 3 个水平中，水平 3 最佳，故 B 因素中的水平 3 为最佳的水平；同理，对于因素 C，水平 2 是其最佳选择；因素 D 对于干抗压强度的影响很显著，对于干抗压强度来说，D 因素中的水平 1 是最好的水平，对照 2h 抗折强度，D 因素下的水平 1 至水平 3 对 2h 抗折皆无明显影响，因此水平 1 是 D 因素的最佳选择。综合所述，α 超高强石膏的最佳制备工艺为：$A_2B_3C_2D_1$。

5 α 超高强石膏的物相、形貌、粒度分布分析

5.1 α 超高强石膏的物相分析

从图 6 可看出，通过水热法制得的 α 超高强石膏的主要成分是 $\alpha\text{-}CaSO_4\cdot0.5H_2O$，此外还有少量的以石英形式存在的 SiO_2。

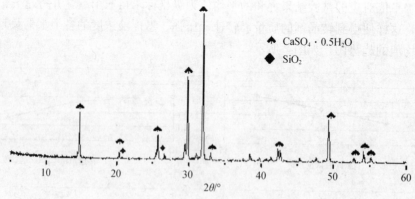

图 6 α 超高强石膏的粉末衍射图

5.2 α 超高强石膏的形貌

用奥特光学 BK-5000 型生物光学显微镜观察 α 超高强石膏的形貌，如图 7 所示。

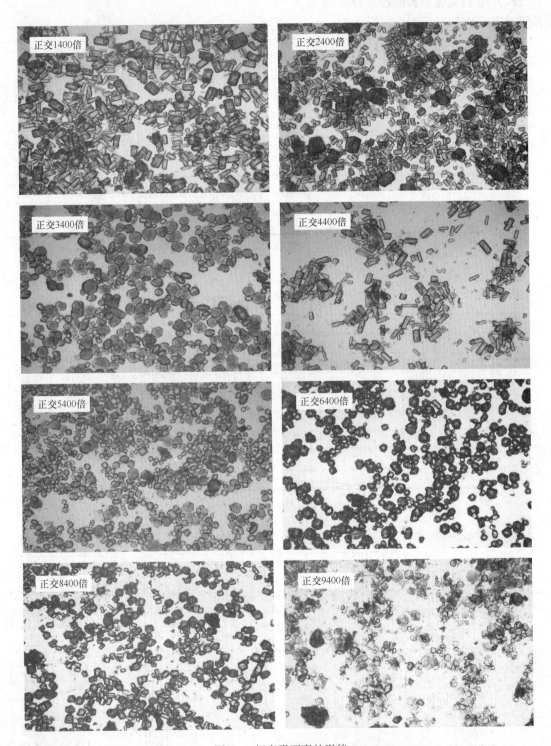

图 7　α超高强石膏的形貌

5.3 α超高强石膏的粒度分布

正交试验1号样的粒度分布

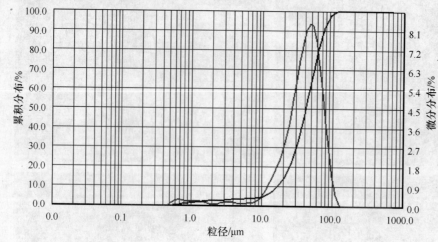

粒径/μm	含量/%
0.463	0.00
0.864	1.19
1.613	2.36
3.013	2.88
5.628	3.68
10.51	5.03
19.63	13.42
36.66	41.24
68.47	86.59
128.2	100.00

正交试验3号样的粒度分布

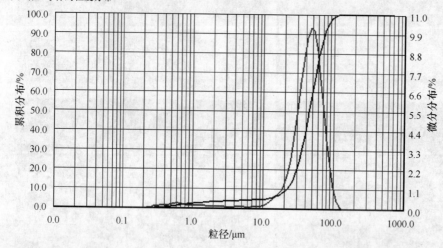

粒径/μm	含量/%
0.235	0.00
0.473	0.83
0.952	2.39
1.917	3.34
3.860	3.95
7.773	4.53
15.65	6.63
31.51	22.92
63.45	81.34
127.9	100.00

正交试验4号样的粒度分布

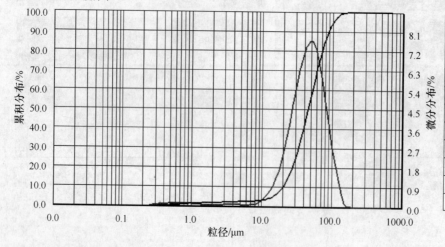

粒径/μm	含量/%
0.248	0.00
0.515	0.60
1.069	1.41
2.220	1.94
4.610	2.49
9.573	3.17
19.88	9.92
41.28	43.88
85.72	89.52
178.2	100.00

图8 α石膏粉体的粒度分布

6 结论

结合以上所述试验结果及α高强石膏粉体的微观分析，本研究得到以下结论：

（1）短柱状的α高强石膏晶体的力学性能最好。

（2）六方扁平状的α高强石膏晶体的干抗压性能与短柱状α高强石膏相当，最高可达67MPa。

（3）α高强石膏的力学性能不仅与其晶体形貌有关，也与其制备过程密切相关，如转晶剂的量、反应压力等。

（4）通过水热工艺制备的α高强石膏的粒度分布基本呈高斯分布，粒径范围窄，级配不佳。

（5）通过单一转晶剂的工艺可以制备出性能优越的α高强石膏，其2h抗折强度达到7.8MPa，干抗压强度可达67MPa，已明显超过我国行业标准JC/T 2038—2010《α型高强石膏》中的最高等级α50的要求。

脱硫石膏常压盐溶液法制备 α 高强石膏的研究

徐红英

1 背景

我国电力以煤电为主，燃煤电厂发电量约占总发电量的 80%，加上我国煤的含硫量普遍较高，因此 SO_2 就成为大气污染的主要污染物之一。为控制 SO_2 的排放，必须对烟气进行脱硫[1]。目前，在烟气脱硫装置中，以石灰石（石灰）-石膏湿法脱硫工艺为主，这种工艺会产生大量副产物脱硫石膏。脱硫石膏以其纯度高、成分稳定、无放射性、水化后结晶结构紧密、使水化硬化体有较高的强度等特点成为一种较好的可再生资源。据国家发改委2013 年 4 月发布的《中国资源综合利用 2012 年度报告》，2011 年，我国脱硫石膏产生 6770万吨，其综合利用率为 69%，预计到 2015 年，煤电机组基本上全部配套脱硫装置，脱硫石膏年产量届时将达到 8000 万吨以上，其堆存量将超过亿吨。根据工信部制定的《大宗工业固体废物综合利用"十二五"规划》，到 2015 年，全国工业副产石膏的综合利用率由目前的40% 提升至 65%，要"大力推进脱硫石膏生产高强石膏粉、纸面石膏板等高附加值利用"，因此价格适中、力学性能优异的 α 高强石膏将在精密铸造、陶瓷模具、汽车轮胎制造等领域获得广泛的应用。

国内外生产 α 高强石膏的方法主要有加压水蒸气法、加压水溶液法和陈化法等。加压水蒸气法能耗比较大，并且产品的质量波动较大、品质也较差。加压水溶液法所得到的 α高强石膏强度较高，但工艺较复杂，生产效率相对较低，生产能力较小，导致能耗和成本较高。常压盐溶液法同其他方法相比，具有常压、温度低的特点，是 α 高强石膏研究的方向。

2 脱硫石膏的成分及粒度分析

2.1 脱硫石膏的成分分析

采用 X 射线荧光光谱仪对脱硫石膏的化学成分分析见表 1。

表 1　脱硫石膏的成分分析

成分	SO_3	CaO	SiO_2	Al_2O_3	MgO	Fe_2O_3	K_2O	Cl	Na_2O	TiO_2	SrO	P_2O_5	MnO	烧失量	总计
百分含量	41.84	30.42	4.26	1.86	0.83	0.68	0.40	0.14	0.12	0.10	0.06	0.04	0.01	19.24	100

将脱硫石膏置于烘箱中，升温至 230℃ 然后保温 2h，脱硫石膏的失重为 18.9%，据此估算脱硫石膏中的二水硫酸钙（$CaSO_4 \cdot 2H_2O$）的含量为 90.4%，与 X 射线荧光光谱仪的分析结果相当。

2.2 脱硫石膏的粒度分布

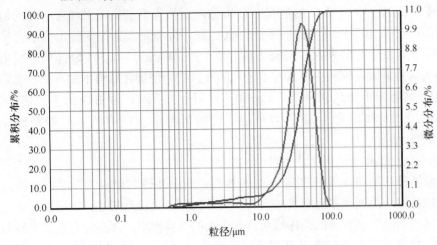

粒径/μm	含量/%
0.497	0.00
0.888	0.92
1.588	2.23
2.840	3.41
5.079	4.63
9.083	5.65
16.24	10.54
29.04	32.71
51.93	84.08
93.05	100.00

图 1　脱硫石膏的粒度分布

2.3 脱硫石膏的晶体形貌

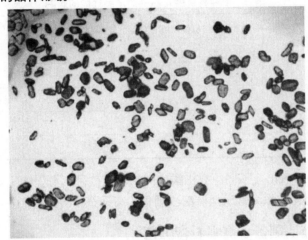

图 2　脱硫石膏的晶体形貌

3　盐溶液和转晶剂

3.1　盐溶液

在常压盐溶液法制备 α-半水脱硫石膏工艺中，盐溶液的主要作用是增大二水石膏与 α-半水脱硫石膏的溶解度差，使 α-半水脱硫石膏能够更加顺利地结晶析出[4,6]。在阅读分析大量文献后发现，很多种盐具有增大二水石膏与 α-半水脱硫石膏溶解度差的功效。从经济角度加以考虑后，选择最为常见的 NaCl 溶液作为反应介质。

3.2　转晶剂

3.2.1　转晶剂的作用原理

转晶剂的作用原理目前并不完全清楚，一般认为，转晶剂是通过吸附作用来改变 α 半水石膏的晶体形貌的[5]。α-$CaSO_4 \cdot 0.5H_2O$ 晶体的 C 轴方向由 Ca^{2+} 和 SO_4^{2-} 交替构成，表面能高，水分子分布于由钙离子和硫酸根离子组成的长链之间，因为表面能高，所以在 $CaSO_4 \cdot 2H_2O$ 溶解结晶形成 $\alpha\text{-}CaSO_4 \cdot 0.5H_2O$ 的过程中 C 轴方向生长速率最快。因此在一般的饱和水蒸气环境中易沿 C 轴方向生长成细长的单晶，也就是石膏晶须。为了制备出力学性能好的短柱状 α 石膏晶体，就有必要采取一定的遏制措施，使 $\alpha\text{-}CaSO_4 \cdot 0.5H_2O$ 晶体定向生长，而最有效的办法就是采取在原料中加入可溶于水的有机物，使加在原料中的有机物吸附在 $\alpha\text{-}CaSO_4 \cdot 0.5H_2O$ 高能面上，从而降低 $\alpha\text{-}CaSO_4 \cdot 0.5H_2O$ 晶体 C 轴方向的生长速率，使短柱状的 $\alpha\text{-}CaSO_4 \cdot 0.5H_2O$ 的制备成为可能。这种可溶于水的有机物，即是制备 $\alpha\text{-}CaSO_4 \cdot 0.5H_2O$ 的转晶剂。

3.2.2 转晶剂的优化选择

转晶剂是常压盐溶液法制备 α-半水脱硫石膏的核心，国内外研究也较为广泛。一般认为，转晶剂分为无机盐类转晶剂、多元有机酸类转晶剂及大分子类转晶剂等。本研发组研究后发现，无机盐类转晶剂对半水石膏的晶体形貌没有太大的改善作用，而多元有机酸类转晶剂有相对较佳的转晶效果[8]。本节着重考察两种有可能成为制备 α 高强石膏转晶剂的有机酸，以期从中找到一种环境友好、价格适中、满足工艺要求的转晶剂。

表 2　两种有机酸转晶剂对产品性能的影响

序号	类别 石膏/kg	转晶剂/%		标稠/%	初凝/min	抗折强度/MPa		抗压强度/MPa		备注
		L	D			2h	干	2h	干	
1	9	1			120	无	—	—	—	未磨
2	9	0.5		53	100	无	—	—	—	未磨
3	9		1	37	25	6.1	—	—	48	粉磨
4	9		0.5	34	10	5.4	—	—	41	粉磨

从表 2 试验结果可看出，不同的有机酸之间的转晶效果、力学性能有显著的差别，因此本项目采用有机多元酸 D 作为常压盐溶液法制备 α 高强石膏的转晶剂。

4　常压盐溶液法制备 α 高强石膏工艺

4.1　不加转晶剂条件下常压盐溶液法制备的 α 高强石膏的形貌

在常压盐溶液法制备 α-半水脱硫石膏工艺中，盐溶液的主要作用是增大二水石膏与 α-半水脱硫石膏的溶解度差，使 α-半水脱硫石膏能够更加顺利地结晶析出。盐溶液的浓度对结晶析出的 α-半水脱硫石膏的晶体形貌影响很大。重庆大学邹辰阳在《α-半水脱硫石膏常压盐溶液法制备工艺及调晶剂技术机理研究》中阐述，反应介质 NaCl 溶液的浓度及反应温度对脱硫石膏的脱水反应进程及 α-半水脱硫石膏晶体形貌有较大影响：较低的 NaCl 溶液浓度及反应温度下，脱硫石膏无法进行脱水，α-半水脱硫石膏无法生成；二水石膏脱水反应可以进行的最低 NaCl 浓度为 10%，最低反应温度为 92.5℃；此时二水石膏脱水反应速率较慢，所得 α-半水脱硫石膏晶体尺度较大；随着 NaCl 溶液浓度及反应温度的增大，脱硫石膏脱水反应速率变快，但所得 α-半水脱硫石膏晶体尺度随之变小[4]。

本试验在前人的研究基础上，结合生产应用，拟定的试验条件为：石膏浓度 30%，NaCl 溶液浓度 20%，反应温度 96℃。制备的 α 石膏的晶体形貌如图 3 所示。晶体呈长棒状，长径比约为 9:1。

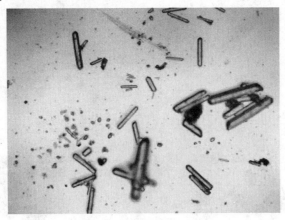

图 3　100 倍晶体形貌图

4.2　转晶剂 D 对制备的 α 高强石膏形貌的影响

拟定的试验条件为：石膏浓度 30%，NaCl 溶液浓度 20%，反应温度 96℃。转晶剂 D 掺量对制备的 α 石膏的晶体形貌的影响如图 4 所示。

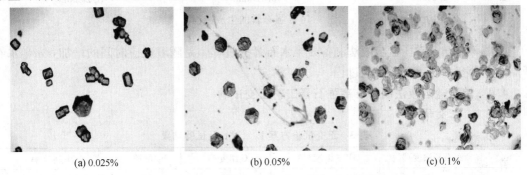

(a) 0.025%　　　　　　　(b) 0.05%　　　　　　　(c) 0.1%

图 4　D 掺量对制备的 α 石膏的晶体形貌的影响

由图 4 可知：随着转晶剂 D 掺量的增加，常压盐溶液法制备的 α 石膏的晶体形貌由短柱状向扁六边形转变，转晶剂 D 掺量从 0.025% 增加到 0.1% 时，晶体的粒径先变大后变小。当转晶剂 D 掺量为 0.025% 时，常压盐溶液法制备的 α 石膏的晶体形貌为短柱状，长径比为 1:1～1:1.5，晶体形状良好。从经济性上考虑，转晶剂的掺量当然越低越好，由试验结果可知，当转晶剂的掺量为 0.025% 时，制备的 α 石膏的晶体的长径比已接近 1，因此，转晶剂的掺量在 0.025% 左右即可。

4.3　常压盐溶液法制备 α 高强石膏的生成过程

拟定的试验条件为：石膏浓度 30%，NaCl 溶液浓度 20%，反应温度 96℃，转晶剂 D 掺量为 0.025%。α 高强石膏的生成过程如图 5 所示。

常压盐溶液法制备 α 半水石膏，一般认为是溶解—重结晶机制。Masayuki Imahashi[2] 等研究了 NaCl 溶液中半水石膏与二水石膏间的相互转化，认为是溶解—结晶过程。童仕唐[3] 等认为盐溶液改性脱硫石膏制备 α 半水石膏，二水石膏首先脱水生成 β 半水石膏相，然后 β 半水石膏相进一步在热的盐溶液中进行转化，形成 α 半水石膏。

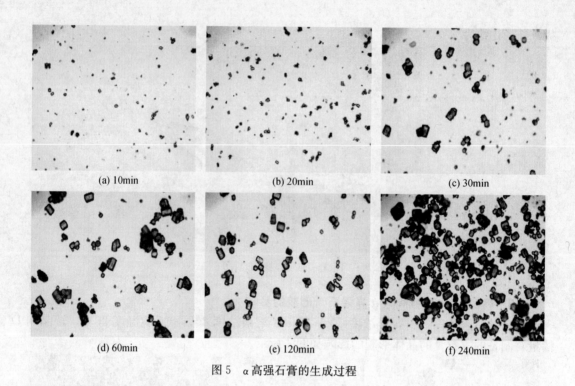

| (a) 10min | (b) 20min | (c) 30min |
| (d) 60min | (e) 120min | (f) 240min |

图5　α高强石膏的生成过程

由图5可知：常压盐溶液法制备α半水石膏的过程，是随着反应时间的增加，α半水石膏晶体由少变多，逐渐长大的过程。

4.4　常压盐溶液法制备α高强石膏工艺正交试验

4.4.1　正交试验

表3　正交试验方案 L_9（3^4）及试验结果

	A石膏浓度/%	B盐浓度/%	C温度/℃	中位径/μm	2h转化率/%
1	1（20）	1（20）	1（94）	77.83	74.11
2	1	2（25）	2（96）	79.30	72.82
3	1	3（30）	3（98）	73.80	67.23
4	2（30）	1	2	104.90	84.58
5	2	2	1	59.17	88.01
6	2	3	3	74.63	81.73
7	3（40）	1	3	56.21	81.79
8	3	2	1	53.77	95.64
9	3	3	2	43.43	81.57

4.4.2　中位径的极差分析

表4　常压盐溶液法制备的α高强石膏中位径的极差分析

	A石膏浓度/%	B盐浓度/%	C温度/℃	中位径/μm
1	1（20）	1（20）	1（94）	77.83
2	1	2（25）	2（96）	79.30
3	1	3（30）	3（98）	73.80

	A石膏浓度/%	B盐浓度/%	C温度/℃	中位径/μm
4	2 (30)	1	2	104.90
5	2	2	1	59.17
6	2	3	3	74.63
7	3 (40)	1	3	56.21
8	3	2	1	53.77
9	3	3	2	43.43
K1	230.93	238.94	190.77	
K2	238.70	192.24	227.63	$T=577.71$
K3	153.41	191.86	204.64	
R	85.29	47.08	36.86	

根据表4的极差分析得知,各因素对中位径的影响主次顺序如下:

石膏浓度>盐浓度>温度

以每个因素的三个水平代表的实际状态为横坐标,以与这三个水平值对应的试验结果之和的平均值为纵坐标求得三个点,并将这三个点顺序连成一条折线,这样便得到石膏浓度、盐浓度、温度的各个水平及其相应的中位径的趋势图,如图6所示。

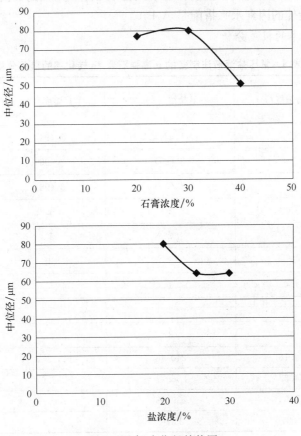

图6 因素-中位径趋势图

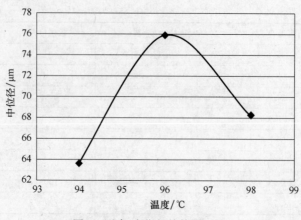

图6 因素-中位径趋势图（续）

对于中位径，趋势图上可看到当石膏浓度为40%时，数值最小；盐浓度对中位径的影响仅次于石膏浓度，从趋势图中可看出，随着盐浓度的提高，中位径数值快速变小并趋于平缓；温度对中位径数值的影响为先变大后减小，中间有极值，当温度为96℃时中位径的数值达到最大值。

根据以往的测试经验，如果制备的α高强石膏的中位径过大，则粉体过粗，加水反应时反应速率过慢，影响其凝结时间和强度。在本试验中希望中位径的数值能小一些，因此，根据极差分析结果，最佳的因素水平搭配是 $A_3B_2C_1$。

4.4.3 2h转化率的极差分析

表5 常压盐溶液法制备的α高强石膏2h转化率的极差分析

序号 因素	A 石膏浓度/%	B 盐浓度/%	C 温度/℃	2h 转化率/%
1	1（20）	1（20）	1（94）	74.11
2	1	2（25）	2（96）	72.82
3	1	3（30）	3（98）	67.23
4	2（30）	1	2	84.58
5	2	2	1	88.01
6	2	3	3	81.73
7	3（40）	1	3	81.79
8	3	2	1	95.64
9	3	3	2	81.57
K1	214.16	240.48	257.76	
K2	254.32	256.47	238.97	$T=727.48$
K3	259.00	230.53	230.75	
R	44.84	25.94	27.01	

根据表5的极差分析得知，各因素对2h转化率的影响主次顺序如下：

石膏浓度＞温度＞盐浓度

以每个因素的三个水平代表的实际状态为横坐标，以与这三个水平值对应的试验结果之和的平均值为纵坐标求得三个点，并将这三个点顺序连成一条折线，这样便得到石膏浓度、盐浓度、温度的各个水平及其相应的2h转化率的趋势图，如图7所示。

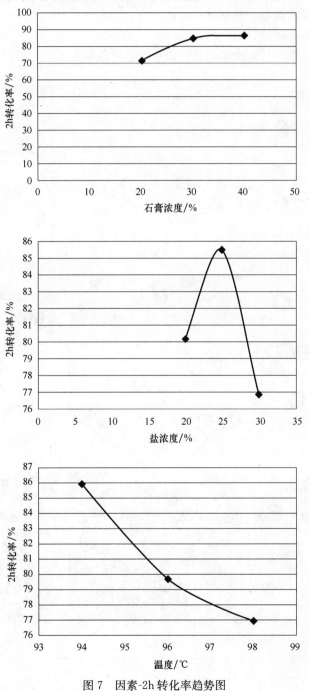

图7　因素-2h转化率趋势图

对于 2h 转化率，趋势图上可看到当石膏浓度为 40％时，2h 转化率最高；温度对 2h 转化率的影响仅次于石膏浓度，从趋势图中可看出，随着温度的提高，2h 转化率相应随之降低；随着盐浓度的提高，2h 转化率先增后减，在 25％时有极大值。

转化率越高，即生成的 α 半水石膏越多，在本试验中希望其值越大越好，因此，根据极差分析结果，最佳的因素水平搭配是 $A_3B_2C_1$。

4.5 α 高强石膏的形貌、粒度分布分析

4.5.1 α 高强石膏的形貌

用奥特光学 BK-5000 型生物光学显微镜观察 α 超高强石膏的形貌，如图 8 所示。

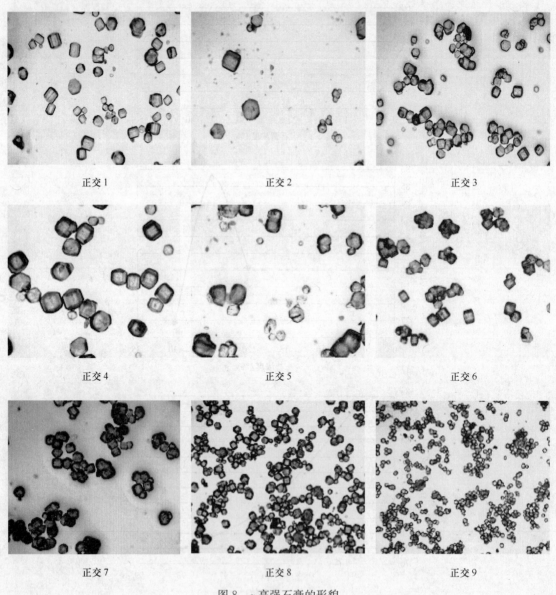

| 正交 1 | 正交 2 | 正交 3 |

| 正交 4 | 正交 5 | 正交 6 |

| 正交 7 | 正交 8 | 正交 9 |

图 8　α 高强石膏的形貌

4.5.2 α高强石膏的粒度分布

正交试验1号样的粒度分布

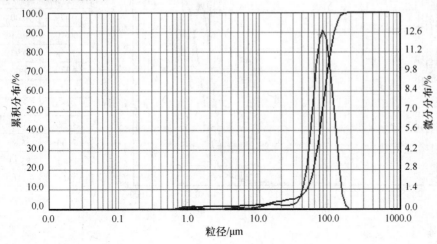

粒径/μm	含量/%
0.615	0.00
1.165	0.80
2.207	1.32
4.181	1.49
7.920	1.96
15.00	3.28
28.41	5.12
53.82	15.79
101.9	80.10
193.3	100.00

正交试验2号样的粒度分布

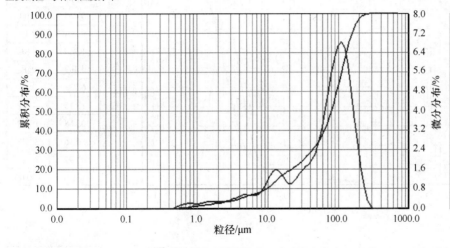

粒径/μm	含量/%
0.471	0.00
0.964	1.09
1.975	2.76
4.046	5.11
8.289	8.88
16.98	17.80
34.78	26.31
71.25	44.87
145.9	86.24
299.8	100.00

正交试验3号样的粒度分布

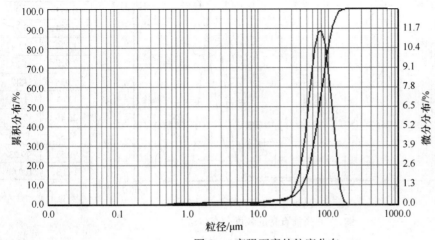

粒径/μm	含量/%
0.497	0.00
0.964	0.49
1.870	0.85
3.627	0.89
7.035	0.89
13.64	1.53
26.46	3.32
51.32	17.86
99.55	80.09
193.3	100.00

图9 α高强石膏的粒度分布

121

正交试验4号样的粒度分布

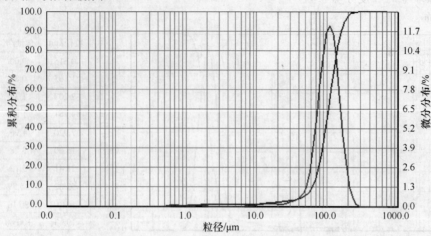

粒径/μm	含量/%
0.479	0.00
1.010	0.51
2.052	0.97
4.170	1.00
8.474	1.10
17.22	2.03
34.99	3.49
71.11	15.89
144.5	83.13
294.0	100.00

正交试验5号样的粒度分布

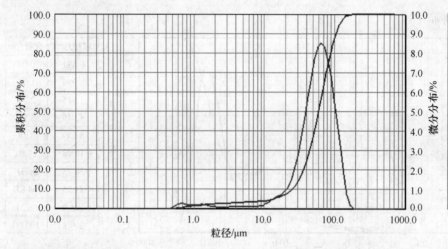

粒径/μm	含量/%
0.463	0.00
0.904	1.19
1.765	2.36
3.447	2.91
6.733	3.50
13.15	4.86
25.68	10.48
50.16	37.73
97.97	86.42
191.6	100.00

正交试验6号样的粒度分布

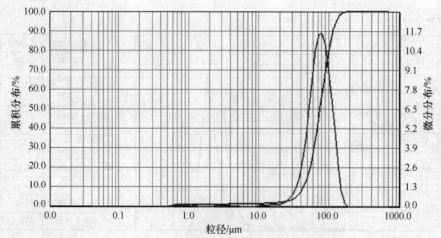

粒径/μm	含量/%
0.497	0.00
0.964	0.71
1.870	1.04
3.627	1.24
7.035	1.47
13.64	1.79
26.46	2.95
51.32	17.15
99.55	79.23
193.3	100.00

图 9　α高强石膏的粒度分布（续）

正交试验7号样的粒度分布

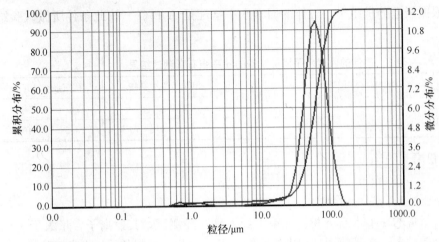

粒径/μm	含量/%
0.497	0.00
0.944	0.99
1.793	1.85
3.406	1.91
6.470	1.98
12.29	2.49
23.34	4.59
44.34	27.12
84.23	86.89
160.2	100.00

正交试验8号样的粒度分布

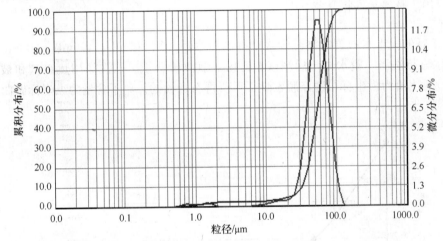

粒径/μm	含量/%
0.497	0.00
0.921	0.76
1.707	1.88
3.164	2.11
5.865	2.11
10.87	2.64
20.15	4.46
37.35	16.65
69.24	77.42
128.6	100.00

正交试验9号样的粒度分布

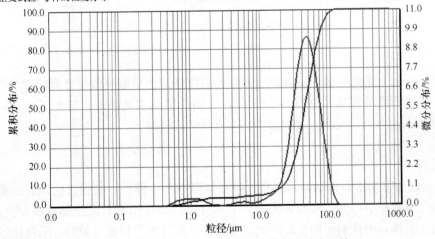

粒径/μm	含量/%
0.471	0.00
0.878	1.42
1.636	3.48
3.050	3.86
5.686	4.47
10.60	5.43
19.76	9.32
36.83	36.20
68.66	86.16
128.2	100.00

图 9 α高强石膏的粒度分布（续）

4.6　最优试验结果

综合所述，根据极差分析结果，最佳的因素水平搭配是 $A_3B_2C_1$。按此条件所做试验结果见表6。

表6　最佳的因素水平搭配制备的 α 高强石膏测试结果

序号	容重/（g/L）	标稠/%	初凝/min	抗折强度/MPa		抗压强度/MPa	
				2h	干	2h	干
8	1162	40	35	4.8	10.9	13.2	40.3

4.7　洗涤和粉磨

4.7.1　洗涤

（1）洗涤的必要性

常压盐溶液法制备的 α 半水石膏粉，如果不经处理，经测试，其氯离子含量大于1%。石膏粉中氯离子含量过高，在其使用过程中会腐蚀设备。因此，对制备的 α 半水石膏粉用热水洗涤，降低其氯离子含量是完全有必要的。

（2）洗涤效果

将200mL制备好的 α 半水石膏盐溶液经真空抽滤脱水后，用200mL、400mL、600mL温度为80℃的热水进行洗涤，脱水烘干后测试石膏粉的氯离子含量。以洗涤用热水量和被洗涤的盐溶液的量的比值为横坐标，洗涤脱水烘干后所得石膏粉的氯离子含量为纵坐标做曲线图，如图10所示。

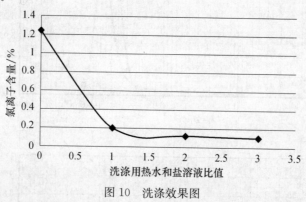

图10　洗涤效果图

常压盐溶液法制备的 α 半水石膏，其氯离子含量随着洗涤热水倍数的增加显著减少。当不洗涤时，所得 α 半水石膏的氯离子含量为1.24%；当用1倍热水洗涤时，氯离子含量减少为0.21%；当热水量增加到3倍时，氯离子含量减少为0.098%。

4.7.2　粉磨

（1）粉磨的机理

α 半水石膏之所以比 β 半水石膏制品强度高，除晶体形态不一样外，其颗粒的比表面积比 β 半水石膏颗粒比表面积小得多，从而大大降低了水膏比。对 α 半水石膏结晶原粒而言，由于形成了完整的大晶体，因此粒子间空隙较大，有相当一部分水是填充空隙的，水膏比较大。为了制作一种在强度、硬度方面均优越的产品，要降低空隙率，提高致密度，应从颗粒级配着手，即必须合理地制备各种大小不均的半水石膏颗粒来填满原有的颗粒空隙，达到最大限度地降低空隙率，进一步降低水膏比。因此将干燥好的 α 半水石膏再进行粉磨，改变结晶原粒形态，并将其颗粒调整到最佳级配。

（2）粉磨后 α 高强石膏的力学性能

将最佳的因素水平搭配 $A_3B_2C_1$ 条件下制备的 α 高强石膏粉磨 30min 后，所得石膏粉的力学性能见表 7。

表 7　最佳的因素水平搭配制备的 α 高强石膏粉磨后测试结果

序号	容重/（g/L）	标稠/%	初凝/min	抗折强度/MPa		抗压强度/MPa	
				2h	干	2h	干
8	1082	36	12	5.8	14.2	16.8	48.6

5　结论

以脱硫石膏为原料，用常压盐溶液法制备的 α 半水石膏，经过粉磨后，所得的石膏粉的 2h 抗折强度为 5.8MPa，干抗压强度为 48.6MPa，满足建材行业标准 JC/T 2038—2010《α 型高强石膏》强度等级 α_{40} 的要求，即 2h 抗折强度大于 5.0MPa；烘干抗压强度大于 40.0MPa。

参考文献

[1] 刘红霞. 常压盐溶液法 α-半水脱硫石膏的制备及晶形调控的研究[D]. 重庆：重庆大学，2010.

[2] Imahashi M, Miyoshi T. Tranformations of GyPsum to Calcium Sulfate Hemihydrate and Hemihydrate to GyPsum in NaCl Solutions[J]. Bulletin of the Chemical Society of Japan, 1994, 67(7): 1961-1964.

[3] 青桂萍，童仕唐. 从 FGD 残渣中制备 a 型半水石膏结晶机理的研究[J]. 吉林化工学院学报，2002, 19(1): 9-12.

[4] 邹辰阳. α-半水脱硫石膏常压盐溶液法制备工艺及调晶剂技术机理研究[D]. 重庆：重庆大学，2011.

[5] 沈卓贤. 脱硫石膏在常压盐溶液中制备 α-半水石膏的转晶剂作用研究[D]. 杭州：浙江大学，2008.

[6] 何伟. 常压下脱硫石膏的转晶、改性及溶解度研究[D]. 武汉：武汉科技大学，2009.

脱硫石膏半干法制备 α 高强石膏的研究

朱 旭 唐永波

1 背景

我国是世界上耗煤量最大的国家，燃煤排放 SO_2 生成的酸雨对人类生存环境、农作物生长造成极大的危害，因此国家采取强制性的烟气脱硫政策，以减少 SO_2 在空气中的含量。然而空气中的 SO_2 降低了，但烟气脱硫产生的副产物——脱硫石膏，因堆存又转移到对土壤、水源的污染，并增加企业的购地堆放负担。每年的脱硫石膏排放量为 5000 万吨以上，而利用附加值极低，只能煅烧后做纸面石膏板或干粉砂浆、不煅烧做水泥缓凝剂。

随着科学技术的迅速发展，近年来用脱硫石膏水热法生产 α 半水石膏粉有了很快发展，α 半水石膏粉的应用领域日趋广泛，已涉及航空、汽车、橡胶、塑料、船舶、铸造、机械、医用等多种领域，而且产品趋于系列化。水热法制备的 α 半水石膏粉具有高力学性能的优势，但生产设备一次性投资较大、产量较低、成本高，现在市场普遍大批量使用的 α 半水石膏粉，对其力学性能要求没有那么高。本课题将通过半干法（直接使用原料）来制备高强石膏粉，因其具有投资小、生产产量大、成本低的优势，适合大批量生产，发展前景广阔。

2 脱硫石膏的成分及粒度分析

2.1 脱硫石膏的成分

采用 X 射线荧光光谱仪对脱硫石膏的化学成分分析见表 1。

表 1 脱硫石膏的成分分析

成分	SO_3	CaO	SiO_2	Al_2O_3	MgO	Fe_2O_3	K_2O	Cl	Na_2O	TiO_2	SrO	P_2O_5	MnO	烧失量	总计
百分含量	41.84	30.42	4.26	1.86	0.83	0.68	0.40	0.14	0.12	0.10	0.06	0.04	0.01	19.24	100

将脱硫石膏置于烘箱中，升温至 230℃ 然后保温 2h，脱硫石膏的失重为 18.9%，据此估算脱硫石膏中的二水硫酸钙（$CaSO_4 \cdot 2H_2O$）的含量为 90.4%，与 X 射线荧光光谱仪的分析结果相当。

2.2 脱硫石膏的粒度分布

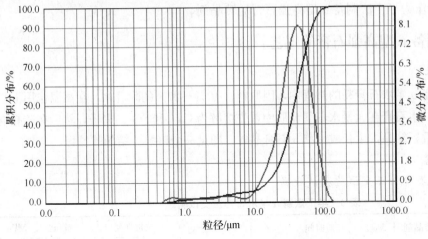

粒径/μm	含量/%
0.463	0.00
0.864	1.06
1.612	2.08
3.009	3.10
5.616	4.65
10.48	6.35
19.56	16.06
36.51	49.09
68.15	90.83
127.4	100.00

图 1 脱硫石膏的粒度分布

3 转晶剂的作用原理及选择

3.1 转晶剂的作用原理

在饱和水蒸气中，α-$CaSO_4 \cdot 0.5H_2O$ 晶体的 C 轴方向由 Ca^{2+} 和 SO_4^{2-} 交替构成，表面能高，水分子分布于由钙离子和硫酸根离子组成的长链之间，因为表面能高，所以在 $CaSO_4 \cdot 2H_2O$ 溶解结晶形成 α-$CaSO_4 \cdot 0.5H_2O$ 的过程中，C 轴方向生长速率最快。因此在一般的饱和水蒸气环境中易沿 C 轴方向生长成细长的单晶，也就是石膏晶须。为了制备出力学性能好的短柱状 α 石膏晶体，就有必要采取一定的遏制措施，使 α-$CaSO_4 \cdot 0.5H_2O$ 晶体定向生长，而最有效的办法是采取在原料中加入可溶于水的有机物，使加在原料中的有机物吸附在 α-$CaSO_4 \cdot 0.5H_2O$ 高能面上，从而降低 α-$CaSO_4 \cdot 0.5H_2O$ 晶体 C 轴方向的生长速率，使短柱状的 α-$CaSO_4 \cdot 0.5H_2O$ 的制备成为可能。这种可溶于水的有机物，即是制备 α-$CaSO_4 \cdot 0.5H_2O$ 的转晶剂。

3.2 转晶剂的优化选择

转晶剂对于 α 型高强石膏粉的制备起着非常关键的作用，具体的转晶机理已在 3.1 节中做了仔细的描述，本节着重考察两种有可能成为制备 α 型高强石膏转晶剂的有机酸，以期从中找到一种环境友好、价格适中、满足工艺要求的转晶剂。

表 2 两种有机酸转晶剂对产品性能的影响

序号	类别 石膏/ kg	转晶剂/% L	D	标稠/ %	初凝/ min	抗折强度/MPa 2h	干	抗压强度/MPa 2h	干	备注
1	9	1			120	无	—	—	—	未磨
2	9	1				无				粉磨
3	9	0.5		53	100	无	—	—	—	未磨
4	9	0.5		50	80	无	—	—	18.5	粉磨
5	9		1	37	25	6.1	—	—	48	粉磨
6	9		0.5	34	10	5.4	—	—	41	粉磨

从表2试验结果可看出，两组有机酸的转晶效果、力学性能有显著的差别，因此本项目采用有机多元酸D作为半干法制备α型高强石膏的转晶剂。

4 半干法制备α型高强石膏的工艺

4.1 制作条件

在半干热法制备α半水石膏粉的过程中，因原料含$10\%\sim20\%$的附着水，在高温作用下很快转化为水蒸气，二水石膏在大量水蒸气介质中首先溶解为Ca^{2+}和SO_4^{2-}离子，然后在转晶剂的作用下在蒸汽中重新结晶，生长成柱状α石膏晶体，即是一个溶解—结晶的过程。

4.2 正交试验

4.2.1 α半水石膏粉正交试验测试数据

表3 半干法制α半水石膏正交试验

序号	石膏/kg	转晶剂/g	温度/℃	反应时间/h	容重/(g/L)	标稠/%	初凝/min	抗折强度/MPa		抗压强度/MPa	
								2h	干	2h	干
1	7	1 (35)	1 (145)	1 (6)	1140	40	25	4.7	21	10.1	33
2	7	1	2 (160)	2 (4)	1000	49	15	2.4	/	/	17.5
3	7	1	3 (170)	3 (2)	970	50	30	4.1	9.4	11.7	27.2
4	7	2 (7)	1	2	960	48	8	3.5	8	8.5	23.8
5	7	2	2	3	1180	40	21	3.9	10.3	12	37.2
6	7	2	3	1	1060	42	31	4.6	12.7	15.4	36
7	7	3 (70)	1	3	1060	44	52	2.3	10.1	7.2	35.2
8	7	3	2	1	1060	50	12	1.8	6.3		16
9	7	3	3	2	915	52	12	0.9	4		11.4

4.2.2 2h抗折强度的极差分析

（1）半干法制α半水石膏粉2h抗折强度极差分析

表4 2h抗折强度极差分析

序号	转晶剂质量A	温度B	反应时间C	2h抗折强度/MPa
1	1 (35)	1 (145)	1 (6)	4.7
2	1	2 (160)	2 (4)	2.4
3	1	3 (170)	3 (2)	4.1
4	2 (7)	1	2	3.5
5	2	2	3	3.9
6	2	3	1	4.6
7	3 (70)	1	3	2.3
8	3	2	1	1.8

128

序号 \ 因素	转晶剂质量 A	温度 B	反应时间 C	2h 抗折强度/MPa
9	3	3	2	0.9
M1j	11.2	10.5	11.1	
M2j	12	8.1	6.8	T=28.4
M3j	5	9.6	8.9	
Rj	7	2.4	4.3	

根据极差大小顺序，可排出因素的主次顺序为：A、C、B，由此可以看出，因素 A（转晶剂的质量）的极差最大，对指标的影响也最大。从表 4 计算分析得到 $A_2B_1C_1$ 为最佳试验条件。

（2）水平变化时指标变化的趋势

以每个因素的三个水平代表的实际状态（不是水平号码）为横坐标，以与这三个水平值对应的试验结果之和 Mij 为纵坐标求得三个点，并将这三个点顺序连成一条线。这样便得到三个因素 A、B、C 的各个水平及其相应的 Mij 的趋势图，如图 2 所示。

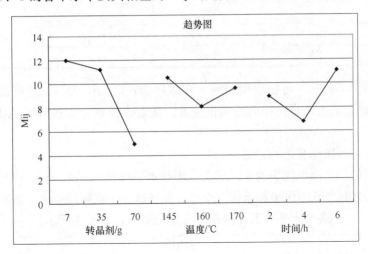

图 2　三因素水平变化对 2h 抗折强度影响趋势图

对于因素 A（转晶剂质量），趋势图接近逐渐上升的趋势，图上看到是 7g 时，2h 抗折强度为 A 因素的最佳状态，一个合理的猜测是：如果转晶剂质量继续减少，抗折强度可能还会增加，而实际情况是转晶剂的质量已经很少，如果继续减少，在生产中有可能混不匀而影响产品质量。

对于因素 B（反应温度），趋势图是一条先高后降再上扬的曲线，145℃时是 B 因素的最佳状态，也是摸索试验时的最低值，虽然 170℃时接近最佳状态，但能耗大、成本高。

对于因素 C（反应时间），趋势图也是一条先高后降再上扬的曲线，表示时间长抗折强度有所提高，但考虑过长的反应时间不利于节约电力和提高功效，而且第 3 号试验已表明，反应时间 2h，已接近 1 号试验的抗折强度。

因此，通过趋势图分析，在实际生产中 $A_2B_1C_3$ 是合适的生产条件。

4.2.3 干抗压强度的极差分析

（1）半干法制 α 半水石膏粉干抗压强度极差分析

表 5　干抗压强度极差分析

序号　　因素	转晶剂质量 A	温度 B	反应时间 C	干抗压强度/MPa
1	1（35）	1（145）	1（6）	33
2	1	2（160）	2（4）	17.5
3	1	3（170）	3（2）	27.2
4	2（7）	1	2	23.8
5	2	2	3	37.2
6	2	3	1	36
7	3（70）	1	3	35.2
8	3	2	1	16
9	3	3	2	11.4
M1j	77.7	92	85	$T=237.3$
M2j	97	70.7	52.7	
M3j	62.6	74.6	99.6	
Rj	34.4	21.3	46.9	

根据极差的大小顺序，可排出因素的主次顺序为：C、A、B，由此可以看出，因素 C（反应时间）的极差最大，对指标的影响也最大。从表 5 计算分析得到 $C_3A_2B_1$ 为最优试验条件。

（2）水平变化时指标变化的趋势

以每个因素的三个水平代表的实际状态（不是水平号码）为横坐标，以与这三个水平值对应的试验结果之和 Mij 为纵坐标求得三个点，并将这三个点顺序连成一条线。这样便得到三个因素 A、B、C 的各个水平及其相应的 Mij 的趋势图，如图 3 所示。

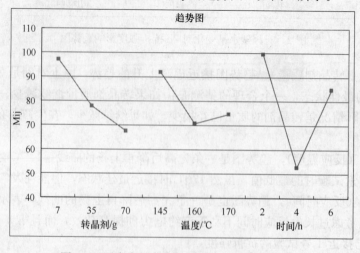

图 3　三因素水平变化对干抗压强度影响趋势图

130

同理，对于因素 A（转晶剂质量），趋势图接近逐渐上升的趋势，图上看到是 7g 时，2h 抗压强度为 A 因素的最佳状态，一个合理的猜测是：如果转晶剂质量继续减少，抗压强度可能还会增加，而实际情况是转晶剂的质量已经很少，如果继续减少，在生产中有可能混不匀而影响产品质量。

对于因素 B（反应温度），趋势图是一条先高后降再略有上扬的曲线，145℃时是 B 因素的最佳状态，也是摸索试验时的最低值。

对于因素 C（反应时间），趋势图也是一条先高后降再上扬的曲线，表示时间长抗折强度有所提高，但考虑过长的反应时间不利于节约电力和提高功效，而且第 3 号试验已表明，反应时间 2h，已是最好的试验抗压强度。

4.2.4　最优试验结果

综合所述，通过极差分析，$C_3A_2B_1$ 为最优试验条件，按此条件所做试验结果见表 6。

表 6　干法制 α 半水石膏试验测试数据

因素	石膏/kg	转晶剂/g	温度/℃	反应时间/h	容重/(g/L)	标稠/%	初凝/min	抗折强度/MPa		抗压强度/MPa	
								2h	干	2h	干
	7	7	145	2	1150	40	35	4.4	10.3	12..5	40.3

原料及 α 半水石膏晶体形态如图 4、图 5 所示。

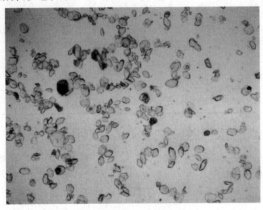

图 4　原料晶体形态

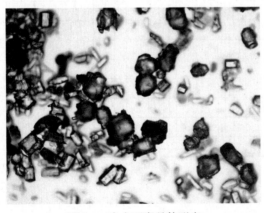

图 5　α 半水石膏晶体形态

5 粉磨与颗粒级配对 α 型高强石膏强度的影响

5.1 粉磨机理

α 型半水石膏之所以比 β 型半水石膏制品强度高，除晶体形态不一样外，其颗粒的比表面积比 β 型半水石膏颗粒比表面积小得多，从而大大降低了水膏比。对 α 型半水石膏结晶原粒而言，由于形成了完整的大晶体，因此粒子间空隙较大，有相当一部分水是填充空隙的，水膏比较大。为了制作一种在强度、硬度方面均优越的产品，要降低空隙率，提高致密度，应从颗粒级配着手，即必须合理地制备各种大小不均的半水石膏颗粒来填满原有的颗粒空隙，达到最大限度地降低空隙率，进一步降低水膏比。因此将干燥好的 α 型半水石膏再进行粉磨，改变结晶原粒形态，并将其颗粒调整到最佳级配。

5.2 粉磨前后的颗粒分布及物理力学性能

5.2.1 粉磨前后的物理力学性能对照

表 7 粉磨前后的不同力学性能对照表

样品	稠度/%	容重/(g/L)	初凝/min	抗折强度/MPa	抗压强度/MPa		粒径分布	备注
				2h	2h	干		
1	40	1150	35	4.4	12.5	40.3	图 6	未磨
2	37	1280	19	5.4	17.3	45.3	—	粉磨 10min
3	34	1285	17	5.1	17.9	53.6	—	粉磨 15min
4	32	1300	16	6.1	21.3	52	图 7	粉磨 20min
5	31	1270	12	5.4	18.7	45.1	—	粉磨 25min
6	30	1185	10	6.8	24.1	49	—	粉磨 35min

表 7 表明，α 半水石膏经适当粉磨处理后，改变原有粒径分布，形成了一定程度的自然级配，从而大大降低了空隙率，因此强度提高了 30%，达到了 α50 标准。

5.2.2 粉磨前后的不同颗粒分布、晶体形态

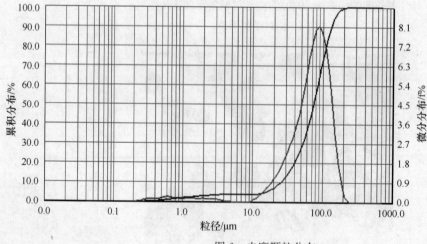

粒径/μm	含量/%
0.235	0.00
0.507	0.81
1.095	2.12
2.366	3.24
5.112	3.86
11.04	4.02
23.85	9.12
51.54	29.48
111.3	80.35
241.5	100.00

图 6 未磨颗粒分布

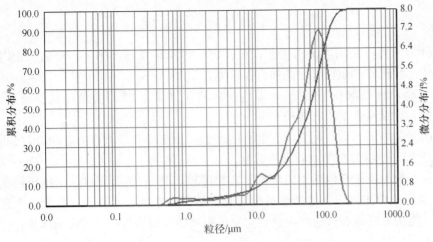

粒径/μm	含量/%
0.458	0.00
0.907	1.37
1.796	2.84
3.557	4.18
7.045	6.42
13.95	12.44
27.63	22.48
54.72	46.31
108.3	87.77
215.2	100.00

图 7　粉磨 20min 颗粒分布

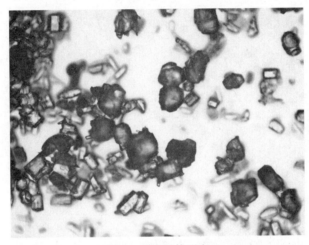

图 8　未磨晶体形态

图 9　粉磨晶体形态

6 结论

（1）以脱硫石膏为原料，使用半干法工艺，在一定压力及转晶剂作用下，经过一定时间，可以制备出晶体形状较好的短柱状 α 高强石膏晶体。

（2）通过正交试验，转晶剂质量：1‰，温度：145℃，时间：2h，为最佳试验条件，在此条件下可制备出 α40 级高强半水石膏粉。

（3）适当粉磨改变晶体形态后，其力学性能有所改变，干抗压强度增加 30%，2h 抗折强度增加 50%，已达到 α50 级高强半水石膏粉标准。

（4）使用半干法工艺与干法（也叫干闷法）工艺相比较，其 2h 抗折强度、干抗压强度增加 30% 以上；与水热法相比较，其生产设备投资省、运行成本低、环节少。半干法工艺生产 α 高强石膏粉，将为 α 高强石膏粉在陶瓷、建筑等领域的应用赢得广阔的市场前景。

硝硫基石膏制备 α 半水石膏的初步研究

朱 旭

1 背景

随着我国经济建设的发展，石膏已被国家列入重点发展的非金属矿产业之一。石膏已不仅仅是水泥工业配套的原料，随着工业和科学技术的发展，人们在生活中对石膏的需求日益增长。为了改善环境、保护耕地、节约资源，实现可持续发展，国家已逐步关闭了一批天然石膏矿产的开采，改用工业副产石膏。工业副产石膏也称化学石膏，是指工业生产中因化学反应生成的以硫酸钙（含零至两个结晶水）为主要成分的副产品或废渣。工业副产石膏是一种非常好的再生资源，综合利用工业副产石膏，既有利于保护环境，又能节约能源和资源，符合我国可持续发展战略。同时由于工业副产石膏在生成过程中往往夹带少量主产品和主产品生产原料含有的杂质，而杂质的影响使工业副产石膏的利用，甚至排放都存在不少问题，工业副产石膏要想得到完全利用还有许多需要研究解决的课题。

硝硫基石膏（图 1）是来自山东金正大公司用一种硝酸分解磷矿，生产硝硫基复合肥的联产工业副产石膏，是一种颗粒大、品位高（≥95%）、白度好（≥90%）的二水硫酸钙晶体（其晶体结构图见图 2），附着水含量在 10%～20%，可代替天然一级石膏生产 α、β 半水石膏用于除食品外的所有领域。为了充分利用工业副产石膏，使其资源化，实现可持续发展，国内许多科研单位和一些生产企业已成功应用工业副产石膏（烟气脱硫石膏等）生产出超高强 α 半水石膏。由于硝硫基石膏与烟气脱硫石膏（其晶体结构图见图 3）在产生过程和晶体结构方面的差异，使其未能生产出与烟气脱硫石膏具有相同性能的超高强 α 半水石膏，实验室炒制、煅烧的 β 半水石膏也不合格（表 1）。为此，本试验的目的是，为实现硝硫基石膏资源的更好利用，开辟新的途径和方法，做一点探索研究工作。

图 1　硝硫基石膏实物图

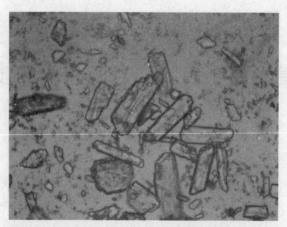

图2 硝硫基石膏显微镜图

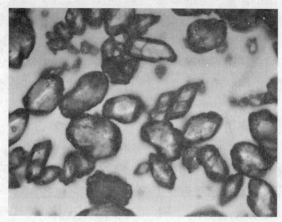

图3 脱硫石膏显微镜图

表1 β半水石膏品质检测（GB/T 9776—2008）

等级	初凝/min				2h抗折强度/MPa				2h抗压强度/MPa				制备
	国标	实测	合格	不合格	国标	实测	合格	不合格	国标	实测	合格	不合格	
1.6	≥3	3.3	√		1.6	0.7		√	≥3	2.1		√	炒制
		2.5	√			1.1		√		—		√	煅烧

2 硝硫基石膏的成分及粒度分布

2.1 硝硫基石膏的成分

2.1.1 化学成分分析

采用X射线荧光光谱仪对硝硫基石膏进行化学成分分析，结果见表2。

表2 硝硫基石膏的成分分析

成分	SO_3	CaO	P_2O_5	SiO_2	BaO	MgO	SrO	Al_2O_3	K_2O	Fe_2O_3
含量/%	49.61	33.46	0.625	0.069	0.0523	0.0355	0.0251	0.0224	0.0154	0.013

136

2.1.2 常规化学分析

采用紫外可见近红外分光光度计对硝硫基石膏进行化学成分分析，结果见表3。

表3　分析检测结果

项目	NH^{4+}/%	NO^{3-}/%
结果	0.17	1.45

2.1.3 粒度分布

硝硫基石膏的粒度分布如图4所示。

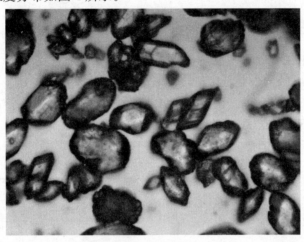

图4　硝硫基石膏粒度分布图

3　转晶剂的作用原理及选择

3.1　转晶剂的作用原理

α-$CaSO_4 \cdot 0.5H_2O$ 晶体的 C 轴方向由 Ca^{2+} 和 SO_4^{2-} 交替构成，表面能高，水分子分布于由钙离子和硫酸根离子组成的长链之间，因为表面能高，所以在 $CaSO_4 \cdot 2H_2O$ 溶解形成 α-$CaSO_4 \cdot 0.5H_2O$ 的过程中 C 轴方向生长速率最快。因此在一般的水热环境中易沿 C 轴方向生长成细长的单晶，也就是石膏晶须。为了制备出力学性能好的短柱状 α 石膏晶体，就有必要采取一定的措施遏制 α-$CaSO_4 \cdot 0.5H_2O$ 的定向生长，在 C 轴方向的晶面上选择吸附形成网络状"缓冲薄膜"，添加一种有机物（转晶剂），阻碍结晶基原在该方向晶面上的结合和生长，使晶体沿各个方向的生长速率接近平衡，从而使柱状 α-$CaSO_4 \cdot 0.5H_2O$ 的制备成为可能。

3.2　转晶剂的优化选择

转晶剂对于制备 α 型高强石膏起着非常关键的作用，具体的转晶机理已在3.1节中做了仔细的描述，本节着重考察几种有可能成为制备 α 型高强石膏转晶剂的有机酸，以便从中找到一种价格适中、满足生产工艺及环境要求的转晶剂。

在表4的所有试验中二水石膏悬浮液的浓度皆为20%，试验结果可以看出，不同的有机酸之间的转晶效果有显著的差别。DES酸和JSS酸无论用量多少基本没有转晶效果，而LMS酸则在较少的用量就产生明显的转晶效果，因此本试验采用有机多元酸LMS作为制备

α高强石膏的转晶剂。

表4 多种有机酸对转晶的影响

掺量/%	有机多元酸			
	DES	JSS	LMS	EDTA
0.5	针状	针状	长柱状	长棒状
0.8	针状	针状	柱状	长柱状
1.0	针状	针状	柱状	柱状

4 用硝硫基石膏制备α型高强石膏的工艺

4.1 加压水溶液法制取α型高强石膏

二水石膏在液态水介质中热处理时，首先溶解为Ca^{2+}和SO_4^{2-}离子，然后在转晶剂的作用下迅速结晶，形成结晶粗大的致密的α型半水石膏晶体，即是一个溶解—结晶的过程。

4.2 α型高强石膏正交试验

4.2.1 α型高强石膏正交试验测试数据

表5 α型高强石膏正交试验结果

序号	悬浮液浓度/%	转晶剂浓度/‰	压强/MPa	时间/h	抗折强度/MPa		抗压强度/MPa	
					2h	干	2h	干
1	1 (30)	1 (3)	1 (0.35)	1 (2)	1.8	4.4	—	10.5
2	2 (25)	1	2 (0.15)	2 (3)	—	3.1	—	10.2
3	3 (20)	1	3 (0.25)	3 (2.5)	—	1.5	—	3
4	2	2 (5)	1	1	—	3	—	6.5
5	3	2	2	2	—	2.6	—	7
6	1	2	3	3	—	3.5	—	8.7
7	3	3 (7)	1	2	2.1	4.4	—	11.5
8	1	3	2	3	2.3	5.1	—	15
9	2	3	3	1	2.2	5.5	—	12

4.2.2 干抗压强度的极差分析

（1）α型高强石膏干抗压强度极差分析

表6 α型高强石膏干抗压强度极差分析

序号 \ 因素	A悬浮液浓度/%	B转晶剂浓度/‰	C压强/MPa	D时间/h	抗压强度/MPa
1	1 (30)	1 (3)	1 (0.35)	1 (2)	10.5
2	2 (25)	1	2 (0.15)	2 (3)	10.2
3	3 (20)	1	3 (0.25)	3 (2.5)	3
4	2	2 (5)	1	1	6.5
5	3	2	2	2	7

序号 \ 因素	A悬浮液浓度/%	B转晶剂浓度/‰	C压强/MPa	D时间/h	抗压强度/MPa
6	1	2	3	3	8.7
7	3	3	1	2	11.5
8	1	3 (7)	2	3	15
9	2	3	3	1	12
M1j	34.2	21	28.5	29.5	
M2j	26	22.2	29.5	27.7	T=81.7
M3j	21.5	38.5	23.7	24.5	
Rj	12.7	17.5	5.8	5	

（2）因素对指标的影响

根据表6的极差分析得知，各因素对干抗压强度的影响主次顺序如下：

$$转晶剂浓度 > 悬浮液浓度 > 压强 > 时间$$

由此可以看出，转晶剂浓度对干抗压强度影响最大，其次为悬浮液浓度、压强、时间。从以上计算分析得到 $B_3A_1C_2D_1$ 为最优试验条件。

（3）水平变化时指标变化的趋势

以每个因素的三个水平代表的实际状态为横坐标，以与这三个水平值对应的试验结果之和 M_{ij} 为纵坐标求得三个点，并将这三个点顺序连成一条线。这样便得到四个因素A、B、C、D各个水平及其相应 M_{ij} 的趋势图，如图5所示。

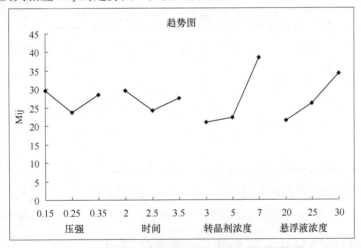

图5　三因素水平变化对干抗压强度影响趋势图

对于反应压强（C）、反应时间（D），趋势图上曲线下降，表示压强增大、时间延长，抗压强度已由下降转为上升的趋势。但在实际生产时为了节约电力和提高功效，因此采用 C_2D_1 是合适的。

对于悬浮液浓度（A）、转晶剂浓度（B），接近逐渐上升的一条直线，一个合理的猜测是：如果悬浮液浓度继续上升、转晶剂浓度继续增加，抗压强度可能还会提高。因此展望的好水平不停留在悬浮液浓度＝30%、转晶剂浓度＝7‰，而应取一个较高的水平。

4.2.3 第二批试验

由以上极差分析可知，压强 C_2（0.15MPa）、反应时间 D_1（2h）是合适的，所以第二批试验将压强、时间固定在 0.15MPa 和 2h，悬浮液浓度和转晶剂浓度再取一个水平，测定它的干抗压强度。

表7 α型高强石膏第二批正交试验

序号 \ 因素	A悬浮液浓度/%	B转晶剂浓度/‰	C压强/MPa	D反应时间/h	干抗压强度/MPa
1	1（30）	1（9）	0.15MPa	2h	15
2	2（40）	2（7）	0.15MPa	2h	18.7
3	2	1	0.15MPa	2h	21.8
4	1	2	0.15MPa	2h	13.5

由试验结果看出，这四个试验的抗压强度依次为：试验3＞试验2＞试验4＞试验1，试验3仅略高于试验2。

综合两批试验，得到最佳试验组合为：悬浮液浓度＝40%，转晶剂浓度＝9‰，压强＝0.15MPa，反应时间＝2h。

5 pH值对α型高强石膏强度的影响

为了使 α 型高强石膏在溶液中更好地定向生长，还必须控制溶液的酸碱度，也就是溶液的 pH 值。

表8 pH值对α型高强石膏强度的影响

序号 \ 因素	悬浮液浓度/%	转晶剂浓度/‰	pH值	干抗压强度/MPa	晶体形态
1	40	9	3	21.8	柱状
2	40	9	5	12.5	长柱状
3	40	9	7	—	棒状
4	40	9	9	—	长棒状
5	40	9	11	—	针状

试验证明，当溶液中的 pH 值在 9~11 时，半水石膏晶体呈长棒状、针状及纤维状；当溶液中的 pH 值在 3~5 时，α 半水石膏晶体呈柱状和长柱状，也就是制作 α 型高强石膏所需要的。

6 粉磨与颗粒级配对α型高强石膏强度的影响

6.1 粉磨机理

α 型半水石膏之所以比 β 型半水石膏制品强度高，其主要原因是颗粒的比表面积比 β 型半水石膏颗粒比表面积小得多，从而大大降低了水膏比。对硝硫基 α 型半水石膏结晶原粒而言，由于形成了完整的大晶体，因此粒子间空隙较大，有相当一部分水是填充空隙的，水膏比较大。为了制作一种在强度、硬度方面均优越的产品，要降低空隙率，提高致密度，首先要从颗粒级配着手，即必须合理地制备各种大小不均的半水石膏颗粒来填满原有的颗粒空隙，达到最大限度地降低空隙率，进一步降低水膏比。因此将干燥好的 α 型半水石膏再进行粉磨，改变结晶原粒形态，并将其颗粒调整到最佳级配。

6.2 粉磨前后的颗粒分布及物理力学性能

表 9 粉磨前后的不同颗粒分布物理及力学性能对照表

序号	粒径/μm	白度/%	水膏比/%	容重/(g/L)	初凝/min	抗折强度/MPa 2h	抗折强度/MPa 干	抗压强度/MPa 2h	抗压强度/MPa 干	备注
1	85	83	68	580	70		2.7		13.4	未磨
2	55	88	39	930	23	3.8	6.8	21	32	粉磨 10min
3	50	88	37	980	22	5.2	6.8	27	41.5	粉磨 15min
4	44	88	37	950	27	4.8	7	26	38	粉磨 20min
5	35	88	37	950	23	4.7	6.7	26	37	粉磨 25min

表 9 表明，α 型半水石膏经粉磨处理后，改变原有粒径分布，形成了一定程度的自然级配，从而大大降低了空隙率，提高了制品密实度，因此强度提高了 2.5 倍，符合 α40 标准。

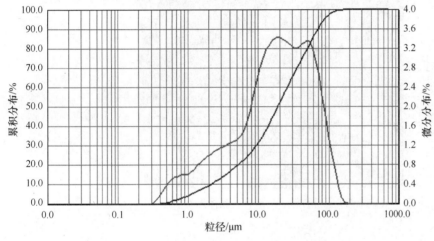

粒径/μm	含量/%
0.324	0.00
0.653	2.00
1.316	6.09
2.653	12.40
5.348	20.50
10.78	33.47
21.73	54.92
43.80	76.46
88.29	95.41
178.2	100.00

图 6 未粉磨粒径分布

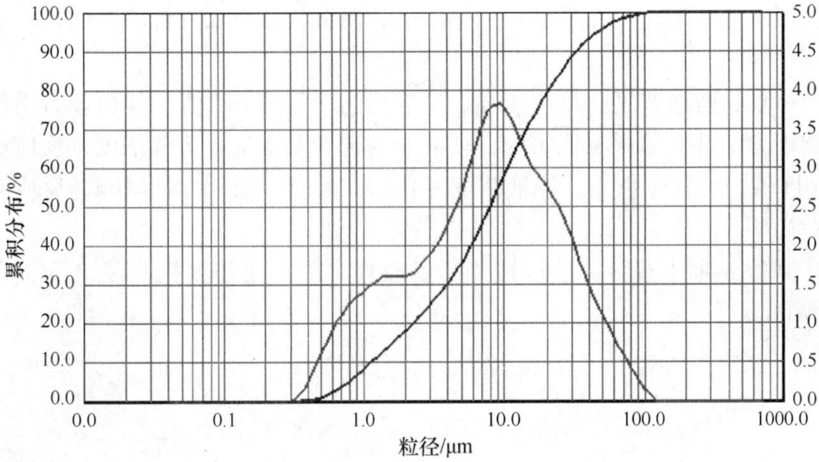

粒径/μm	含量/%
0.307	0.00
0.592	2.36
1.143	10.05
2.207	19.85
4.262	31.80
8.230	51.01
15.89	72.81
30.68	88.82
59.24	97.43
114.8	100.00

图 7 粉磨 15min 后粒径分布

141

6.3 粉磨前后晶体形态图

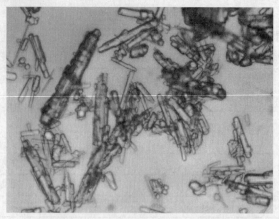

图 8　未磨 α 半水石膏晶体形态

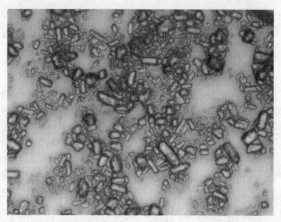

图 9　粉磨后 α 半水石膏晶体形态

7　结论

（1）硝硫基石膏采用水热法工艺，在转晶剂的作用下，制备的 α 半水石膏粉晶体形状为长、短柱状。

（2）不同的转晶剂掺量、溶液浓度、反应压强、反应时间、溶液 pH 值，其物理力学性能都有所不同。对其物理力学性能的影响依次为：转晶剂的选择及掺量、溶液浓度、反应压强、反应时间、溶液 pH 值；最佳条件是：溶液浓度＝40％、反应压强＝0.15MPa、反应时间＝2h，溶液 pH 值＝3～5。

（3）用硝硫基石膏制备 α 半水石膏，通过适当粉磨改性，干抗压强度提高了 2.5 倍以上，达到了干抗压 41MPa。

用磷石膏生产 α 型半水石膏的研究

唐修仁　包文星

【摘　要】　采用动态水热法处理磷石膏，生产强度较高的 α 型半水石膏。通过对媒晶剂品种及掺量的研究，认为有机酸（或盐）和无机盐的复合使用可获得粗大而均匀的晶体和较高的制品强度。

【关键词】　磷石膏；媒晶剂；α 型半水石膏

Abstract：A kind of high strength α-hemihydrate，plaster have been prepared using phosphogypsum processed by dynamic hydrothermal method. In this paper，the effect of catalysts and its quantity on the properties of α-plaster have been studied. It is found that the combination of organic acid（organic salt）with inorganic acid can make the crystal stout and unit-form，and gain the high strength α-plaster.

Keywords：phosphogypsum；catalyst；α-hemihydrate plaster

1　前言

采用动态水热法使磷石膏脱水转化成 α 型半水石膏。该技术路线可克服含水率高、能耗大的缺点，而且自身有净化功能，使共晶磷的有害影响降到最小。更重要的是，该技术路线可以使用先进的晶形改良技术，使结晶形态按要求的方向发展。该技术如无适当的媒晶剂加入，是生产不出高质量的 α 型半水石膏的。所以本文着重研究媒晶剂和产品质量的关系。

2　媒晶剂的作用

在 α 型半水石膏生产过程中加入少量的晶形改良剂，即媒晶剂，能使 α 型半水石膏的结晶形态在较大范围内变化。大量试验证明，短柱状的晶体能获得较高的制品强度，因为它具有较小的比表面积和较低的水膏比。因此，获得粗大柱状的 α 型半水石膏晶体是人们制取高强石膏的努力方向。

媒晶剂的作用机理，各国研究者的看法较为一致，认为 α 型半水石膏晶体属三方晶系，空间群为 D_{3d}，各个晶面的性能不尽相同，在半水石膏的过饱和条件下，媒晶剂中的阴、阳离子有选择地吸附在某些晶面上，从而阻碍了该晶面的生长速度。晶体动力学理论认为，晶体的生长过程，实质上是晶面向外平行推移的过程，晶面法向生长速率（即晶面生长速率）的相对大小与晶面发育的相对大小有着密切的关系，并最终决定了晶体的生长形态。当一个晶面的生长速率比相邻晶面慢时，在生长过程中它总是逐渐扩大；如果快的话，则其晶面逐渐缩小，当快到一定程度时，该晶面最终会被完全"淹没"而消失。因此，若未加媒晶剂，由于石膏晶体在 C 轴方向的生长速率较快，最终长成针状晶体，而当加入媒晶剂后，则 C 轴方向的生长速率受到抑制，从而改变了原针状结晶惯态，不同程度地向棒状、柱状或粒状转变。

在石膏水溶液中加入媒晶剂，对晶体生长来说是加入了一种杂质，关于杂质的选择性吸附对晶体生长机制的影响，目前尚缺少统一的理论。从晶体生长最小表面能原理出发，可以认为，杂质的吸附将改变晶面的比表面自由能，从而降低该晶面的生长速率。而根据 PBC 理论（周期键理论）的观点，则可解释为当溶质结合到吸附杂质的晶面上，首先必须破坏已存杂质的"吸附键"，晶面生长速率则相应减慢。

以上都是以晶体生长动力学的观点来解释媒晶剂的作用机理的，下面尝试借助于表面物理化学的原理来进行分析。正如我们所知，晶体生长是一个相变过程，它要求在体系中的某些局部小区域内，首先形成新相的核，这样体系内将出现两相界面，依靠相界面逐步向旧区域内推移，而使得新相不断长大。在加有媒晶剂的水溶液中，α 型半水石膏晶相的界面（各晶面）上将因媒晶剂离子的吸附而形成扩散双电层。这种扩散双电层的存在阻碍了晶体生长基元向界面的扩散，减弱了生长基元在界面上的吸附，从而抑制了晶面的生长。

3 媒晶剂的选择及效果

综合国内外文献资料来看，媒晶剂主要有无机盐和有机酸（或盐）两大类。首先研究媒晶剂品种对磷石膏经动态水热法生成 α 型半水石膏过程中，晶形改变的效果。选取了被人们普遍认为具有一定改良效果的 10 余种无机盐和有机酸（盐）进行对比试验。试验中，无机盐有效掺量为 1‰～5‰，有机化合物的有效掺量为 1‰～5‰。试验结果列于表 1 中，α 型半水石膏的结晶形态用偏光显微镜进行定性的对比观察。

表 1　媒晶剂对 α 型半水石膏晶体的改良效果

类别	媒晶剂代号	α-半水石膏晶体形态	干强度/MPa	
			抗折	抗压
无机盐	空白	细小针状	0.9	1.4
	M1	不规则细小针状	0.9	1.5
	M2	较粗针状	1.9	4.5
	M3	细长棒状	2.1	5.6
有机酸或盐	JZ-3	细棒状	3.4	12.5
	JZ-2	长棒状	3.2	9.6
	GO-2	粗针状	1.8	4.2
	ML-O	细长棒状	3.2	8.4
	MC	细柱状	4.3	15.1
	SC	细柱状	4.1	14.8
	CT	细棒状	2.9	11.2
	SD	细小针状	0.6	0.9

注：M1、M2、M3 分别为一价、二价、三价金属盐。

从表 1 的试验结果来看，不加媒晶剂的情况下，磷石膏生成的 α 型半水石膏为细小针状晶体。针状晶体是 α 型半水石膏的惯态，但由于磷石膏中有害杂质的影响，使得针状晶体特别细小，所以水膏比很大，其强度尚不如用磷石膏制得的 β 型石膏强度（8.4MPa/3.1MPa）。

一价无机盐基本无改良效果，三价、二价无机盐有一定作用，但和实际应用要求还差很远。有机酸（盐）大都有一定效果，但亦不能满足生产要求，特别是 SD（磺酸盐类）无效果，而且有强的缓凝作用。

欲获得理想的结晶形态，即短柱状晶体，采用单组分媒晶剂往往是比较困难的。所以必须采用 2 种以上媒晶剂合理搭配使用。通过大量试验研究，发现有机酸（盐）和无机盐复合使用效果较好，而且两者的掺量应有最佳比例关系。现将有机酸盐 MC 和无机盐 M3 相互搭配的试验结果表示在图 1。

从图 1 中的结果和相应的结晶形态，可以得到以下几点看法：

（1）当 MC 掺量为 0.5‰时，强度在 0.5％ M3 处得到最高值（38MPa），在此之后，则随 M3 掺量的增加，强度显著降低。从结晶形态来看，随 M3 掺量的增加，晶体由短柱状向细棒状转变。此外，若 M3 降到 0.25％时，强度也很低，晶体为中等棒状。

（2）当 MC 掺量为 1‰时，强度值随 M3 掺量的增加而降低，但幅度较小，相应的晶体由柱状变为棒状。

（3）当 MC 掺量为 2‰时，随 M3 掺量的增加，强度基本不变，其结晶形态基本上为较粗棒状。

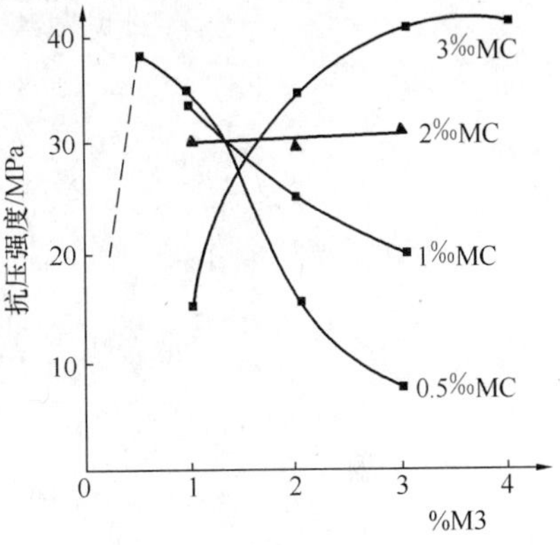

（4）当 MC 掺量增加到 3‰时，与上述情况截然不同，强度随 M3 掺量的增加而增加，晶体形态也和这一规律相一致。另外，当 M3 掺量大于 3％时，强度变化趋于平稳。

图 1　MC 和 M3 复合时，掺量和抗压强度的关系

通过上面的阐述可以看到，MC 和 M3 复合使用时，掺量上存在着一定的规律性。显然，当 MC 掺量一定时，M3 掺量一味增加往往并不能带来强度值的增加。因此，可以做出这样一个判断，即 MC 与 M3 二者的掺量之间存在一个合理的最佳比例关系，只有符合这个掺量比例关系，才能获得较高的制品强度；若比例失调，晶形改良效果变差，强度下降。从图 1 的结果来看，MC 和 M3 的合理掺量比例为 1:10 左右，最经济的掺量为 0.5‰MC 和 0.5％M3。

其他媒晶剂复合试验中，亦有上述同样的规律。现将经过筛选的几组复合搭配比例较好的试验结果列于表 2 中。相应的电镜照片如图 2 所示，供参考。

表 2　媒晶剂复合试验结果

编号	媒晶剂代号	结晶形态	干态强度/MPa	
			抗折	抗压
1	MC＋M3＋NO	粗柱状为主	11.2	44.6
2	MC＋M2	六角片状为主	10.6	40.9
3	JZ-3＋M3	柱状为主，杂有粒状	10.1	38.0
4	SC-I-M3-I-MF	柱状为主	8.7	35.6
5	CT-I-M3	棒状为主	8.0	28.6
6	SC-f-M2	细棒状为主	7.6	25.3

另外，在工艺条件方面，低浓度的料浆，低温长时间和慢速搅拌，可使晶体生长较粗壮，反之则晶体较细小。如料浆浓度较高，则提高搅拌速度是有利的。

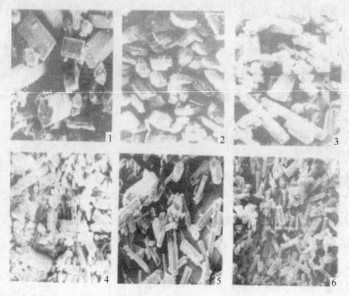

图2　a-半水石膏电镜照片（×200）

4　讨论

这里就媒晶剂复合搭配对 α 型半水石膏结晶形态的影响机理进行探讨。有机酸盐多属阴离子表面活性剂，主要靠疏水作用在 α 型半水石膏晶体的某些晶面上造成吸附，并进而形成双电层。但表面活性剂的吸附作用常受到静电斥力的影响而有所减弱。无机盐的加入则提供了大量的反离子，削弱了静电斥力，增加了表面活性剂的吸附，使晶体改良效果比使用单一媒晶剂时大为改善。但须注意的是，无机金属盐的加入量并不是越多越好。当有机酸盐掺量较低时，随无机盐掺量的增加，先是增加了吸附量，并在一定无机盐掺量下达到最大值；继而随无机盐的不断增多，过剩金属盐离子的存在造成扩散双电层的收缩，并且无机盐的酸根离子对表面作用点的争夺变得较为强烈，从而减弱了表面活性剂的吸附作用。

当有机酸盐掺量较高时，随无机盐的增多，其平均离子活度增加，继而使吸附量和表面压增大，此效应完全相似于微溶盐的盐析作用。若有机酸盐的掺量足够大，则无机盐掺量增至一定程度时，使有机酸盐在晶面上达到饱和吸附，表面张力降至最低点。显然，整个晶面被表面活性剂分子所覆盖后，无机盐掺量的继续增加将对吸附作用不再产生影响。

从上面试验结果和分析可知，对一定掺量的有机酸盐，为使其在晶面上达到充分吸附，必须有适量的无机盐相配合，二者之间显然存在着一个最佳比例关系。

第三章 β半水石膏、粉刷石膏、砂浆

贵州瓮福磷石膏制备 β 型半水石膏

孟 醒

1 背景

随着磷肥工业的不断发展，其副产物磷石膏堆积如山，生产 1t 湿法磷酸约排出 4.5～5.5t 磷石膏。磷石膏的堆存不仅占用大量土地，而且严重污染地下水及周边环境，有待重视落实其利用途径。磷石膏中的二水硫酸钙含量较高（一般达到 90％以上），是一种重要的再生资源。国内外研究表明[1-5]，磷石膏建材的资源化是实现其有效利用的最主要途径。

贵州是我国磷石膏排放大省，2010 年贵州省两大磷矿企业中化开磷、瓮福公司的磷石膏年产生量分别为 320 万吨和 350 万吨，目前两公司的渣场堆存量均超过 2000 万吨。磷石膏的大量产生，不仅占用土地，而且严重影响生态环境。据中国化工矿业协会预测[6]，2015 年中国需硫 1720 万吨，2020 年需硫 2100 万吨，在中国硫资源紧缺的情况下，磷石膏的资源化利用已成为一种必然选择。目前，贵州省磷石膏的产生量大，综合利用率却仅为 10％左右，剩余的废弃磷石膏达 4000 多万吨，主要堆放于渣场。到 2015 年，全省磷石膏产生量加上原有贮存的大量磷石膏，在短期内很难消纳。

工业副产石膏的资源化利用途径有很多，其中利用石膏原料煅烧制备建筑石膏粉是最有效的途径之一。目前，脱硫石膏制备建筑石膏粉的工艺已较成熟，制备出的 β 型半水石膏各项性能较为稳定。然而对磷石膏来说，磷、氟、有机物等有害杂质的存在则严重影响着磷石膏制备出建筑石膏粉的性能，如凝结时间、强度等[7]。传统的制备工艺生产出的磷石膏 β 型半水石膏粉具有凝结时间不稳定、标准稠度用水量大、强度低等特点，不能满足建筑石膏粉的基本要求，难以得到很好利用。因此，有必要对磷石膏制备 β 型半水石膏的工艺进行适当改进。

本课题为贵州磷石膏资源化利用的子课题，旨在利用贵州的工业副产磷石膏制备出性能优异的 β 型半水石膏，其强度需满足建筑石膏 3.0 等级，等级指标详见表 1。研究以贵州瓮福公司的磷石膏为原料，采用多种工艺手段制备建筑石膏粉，其中包括水洗、石灰中和、闪烧法、掺入矿物掺合料、原料预粉磨等。对不同工艺下制备出的 β 型半水石膏分别测定其标准稠度、凝结时间、强度等基本性能，并进行比较，最终确定适合磷石膏制备建筑石膏粉的最佳工艺。

表 1 建筑石膏的物理力学性能指标[8]

等级	细度（0.2mm 方孔筛筛余）/％	凝结时间/min		2h 强度/MPa	
		初凝	终凝	抗折	抗压
3.0				≥3.0	≥6.0
2.0	≤10	≥3	≤30	≥2.0	≥4.0
1.0				≥1.6	≥3.0

2 原材料与试验方法

2.1 原材料

磷石膏（贵州瓮福集团有限责任公司）、超细粉煤灰（合肥宇淅粉煤灰科技有限公司）、Ca(OH)$_2$粉末（未知厂家），其中磷石膏与粉煤灰的化学成分与矿物组成分别见表2和图1。磷石膏的主要成分为二水硫酸钙和少量石英，品位达90.82％，游离水含量约为4.79％，二水硫酸钙晶体呈棱形板状结构，并伴有少量杂质吸附于表面，如图2所示；粉煤灰的主要成分为莫来石、石英和赤铁矿。磷石膏原料颗粒的中位径为42.35μm，粉煤灰的中位径为5.25μm，它们的粒径分布如图3所示。

表2 磷石膏与粉煤灰的化学成分　　　　　　　　　　　％

	CaO	SO$_3$	SiO$_2$	P$_2$O$_5$	Al$_2$O$_3$	Fe$_2$O$_3$	K$_2$O	Na$_2$O	LOI
磷石膏	28.63	42.43	5.28	0.82	0.19	0.04	0.02	—	22.50
粉煤灰	4.42	0.66	50.09	—	27.30	7.48	1.22	0.59	5.26

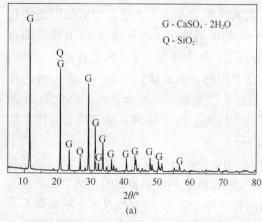
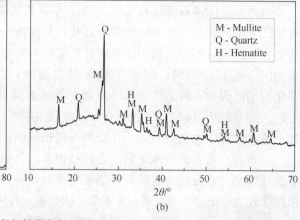

(a)　　　　　　　　　　　　　(b)

图1 磷石膏与粉煤灰的XRD图

（a）磷石膏；（b）粉煤灰

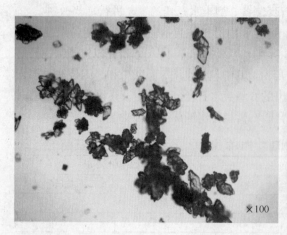
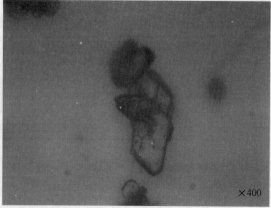

图2 磷石膏原料的晶体显微照片

148

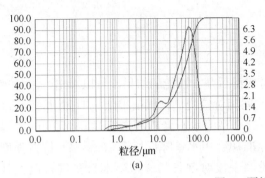 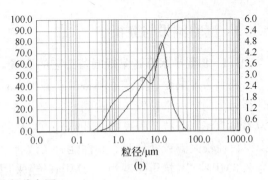

图 3　颗粒粒径分布图
(a) 磷石膏；(b) 粉煤灰

2.2　试验方法

2.2.1　β型半水石膏常规制备工艺的探索

为了使制备出的β型半水石膏的性能最好，将磷石膏在150℃下煅烧4h并陈化17h，再分别进行过0.075mm筛和球磨0.5min处理后成型并测定其基本性能，结果进行比较后以确定最好的常规制备工艺。

2.2.2　预水洗对磷石膏制备β型半水石膏性能的影响

将磷石膏与水按固液比1：2进行混合静置1h，在此期间每隔10min搅拌一次，搅拌过程中将上层泡沫除去，结束后用离心机将磷石膏水溶液进行过滤，记为1次水洗；重复上述步骤再洗2次，分别记为2次水洗和3次水洗。然后分别将不同水洗次数的磷石膏放入150℃鼓风干燥箱中煅烧4h，陈化17h后按2.2.1中最好的工艺制备β型半水石膏，并测定其基本性能。

2.2.3　石灰中和对磷石膏制备β型半水石膏性能的影响

将 $Ca(OH)_2$ 粉末按掺量分别为磷石膏的2%、4%、6%和8%与磷石膏原料充分混匀后，放入150℃鼓风干燥箱中煅烧4h，陈化17h后按2.2.1中最好的工艺制备β型半水石膏，并测定其基本性能。

2.2.4　原料预粉磨对水洗工艺制备β型半水石膏性能的影响

文献中记载，磷石膏原料中的有害杂质多数存在于粒径较大的颗粒当中，为了使水洗去除杂质的效率提升，将磷石膏原料预先放于50℃鼓风干燥箱中烘干后粉磨5min，然后重复2.2.2中的试验制备β型半水石膏，并测定其基本性能。

2.2.5　掺合料对磷石膏制备的β型半水石膏性能的影响

掺合料选用超细粉煤灰与 $Ca(OH)_2$ 粉末，将制备好的β型半水石膏粉与掺合料按不同配比充分混匀后成型并测定其基本性能，它们的配合比见表3。

表3　β型半水石膏与掺合料的配合比

序　号	β型半水石膏/%	粉煤灰/%	$Ca(OH)_2$/%
1	70	30	0
2	70	25	5
3	70	20	10
4	70	15	15

3 试验结果与分析

3.1 β型半水石膏常规制备工艺的探索

表4为不同处理方式下制备的β型半水石膏成型后基本性能的结果，可以看出，未处理时其标准稠度用水量较大，达到83.3%，凝结时间相对较慢，且强度很低，即2h抗折强度为1.9MPa，2h抗压强度为3.3MPa；当对制备的β型半水石膏粉料进行过0.075mm筛以去掉粒径较大颗粒处理时，其性能有所改善，标准稠度用水量降低至77.9%，2h抗折强度为2.3MPa，2h抗压强度为4.2MPa；当采用粉磨手段对制备的β型半水石膏进行改性处理，其成型时的标准稠度用水量为70.7%，强度明显提高，2h的抗折强度和抗压强度分别提高至2.7MPa和4.5MPa，凝结时间稍许快些，但也接近建筑石膏标准中的规定。

由此可见，采用球磨的方式对制备的β型半水石膏粉进行简单改性有助于提高其成型后的强度，但该强度并不高，只能满足建筑石膏标准中2.0的等级。

表4　不同处理方式下制备的β型半水石膏的基本性能

	标准稠度用水量/%	凝结时间/min		2h强度/MPa	
		初凝	终凝	抗折	抗压
未处理	83.3	9.5	28.0	1.9	3.3
过0.075mm筛	77.9	4.0	12.0	2.3	4.2
球磨0.5min	70.7	3.4	11.6	2.7	4.5

3.2 预水洗对磷石膏制备β型半水石膏性能的影响

表5为不同水洗次数下制备的β型半水石膏基本性能的结果，可以看出，水洗之后制备的β型半水石膏的各项基本性能与未水洗的相比并没有明显差异，根据水洗次数的不同，它们的标准稠度用水量分别为70.7%、69.0%、70.0%和69.1%，凝结时间均在标准范围之内，而2h抗折强度均在2.5MPa上下，2h抗压强度均在4.5MPa上下，其中水洗2次后的结果略有偏差，可能是试验误差所致。从煅烧后粉料的三相分析中也发现，半水石膏含量的差异不大，均接近90%。

表5　不同水洗次数下制备的β型半水石膏的基本性能

	半水相/%	标准稠度用水量/%	凝结时间/min		2h强度/MPa	
			初凝	终凝	抗折	抗压
未水洗	89.6	70.7	3.4	11.6	2.7	4.5
水洗1次	87.2	69.0	4.0	18.0	2.8	4.6
水洗2次	86.9	70.0	6.3	21.6	—	4.1
水洗3次	88.0	69.1	4.3	18.0	2.3	4.4

因此，对于瓮福公司的副产磷石膏来讲，水洗工艺对其制备β型半水石膏性能的提升并没有很好的效果，原因可能存在以下两方面：其一，磷石膏中的有害杂质成分含量并不多，对制备的β型半水石膏性能的影响甚微；其二，本工艺中的水洗试验对磷石膏中有害杂质的去除效率不高，水洗后大部分的杂质仍停留在石膏粉料当中。采用离心机进行固液分离时，可以很好地将可溶性磷和可溶性氟去除，然而从磷石膏的成分上看，P_2O_5的含量只有0.82%，即可溶性磷的含量更加微不足道，而F的含量已检测不出，说明微量

的可溶性磷和氟对磷石膏制备出 β 型半水石膏的性能影响并不大，水洗与否的结果相差不大。除了可溶性磷和氟，磷石膏中还存在一定量的有机物质，这些有机物吸附于石膏颗粒表面，影响半水石膏的水化。由于有机物质轻且吸附性较强，在没有很好的浮选设备条件下利用离心机设备难以将此类物质与石膏颗粒成功分离，因此本试验中经过多次水洗也无法大幅度降低石膏中有机物的含量，致使水洗前后制备出的 β 型半水石膏的性能差异甚小。

由此可见，本试验中的水洗工艺有待改进。常规的固液分离可以成功去除石膏中可溶性磷和氟，但无法直接除去石膏中的有机物质，必须配备浮选装置才能有效对此进行去除。然而，在利用水洗工艺去除磷石膏中可溶性磷、氟和有机物的同时，废水的处理必须值得考虑。由于经过对磷石膏的多次洗涤之后，水中存在一定量危害人体健康的磷、氟和有机物，为了节约水资源，有些水洗采用多次循环的工艺，这样导致水中磷、氟和有机物的浓度变得很高，因此这些水并不能直接排放至自然环境中，有必要对此进行适当处理。

本研究中提出一种清洗磷石膏后废水的处理工艺，如图 4 所示。该工艺由四部分组成，首先由废水经过浮选装置，将上层有机泡沫去除；再将下层清液送入装有活性炭的有机物吸附装置中，该装置主要是将清液中剩余的少量有机物利用活性炭吸附去除，而利用过的活性炭可以通过高温加热释放出有机物，以便再次回收利用；经活性炭处理后的清液可通过足量的石灰水与溶液中的磷、氟离子化学反应生成磷酸钙和氟化钙沉淀，再经过滤装置可除去可溶性磷和氟，沉淀可作为磷和氟的资源，水可以再次用于磷石膏的水洗，以达到水资源和磷、氟资源的循环利用。

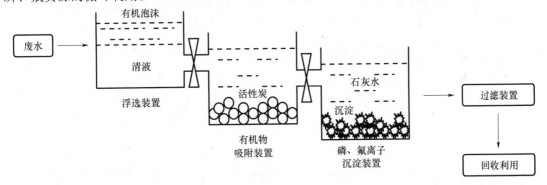

图 4　废水处理工艺图

3.3　石灰中和对磷石膏制备 β 型半水石膏性能的影响

表 6 为不同石灰掺量下制备的 β 型半水石膏基本性能的结果，可以看出，随着石灰掺量的增加，制备的 β 型半水石膏的标准稠度用水量增大，凝结时间延长，强度降低。未掺石灰的 β 型半水石膏的标准稠度用水量为 70.7%，初凝 3.4min，终凝 11.6min，2h 抗折强度和抗压强度分别为 2.7MPa 和 4.5MPa；当掺入 2% 石灰时，标准稠度用水量增加到 77.4%，初凝时间变为 5.3min，终凝时间延长至 27.9min，2h 抗折强度和抗压强度分别降至 1.8MPa 和 4.3MPa；当石灰掺入量升至 8% 时，标准稠度用水量达到 79.6%，凝结时间很长，已没有强度。从相分析的结果发现，它们的半水石膏含量均接近 90%，无明显差异。

表6 不同石灰掺量下制备的 β 型半水石膏的基本性能

	半水相/%	标准稠度用水量/%	凝结时间/min		2h 强度/MPa	
			初凝	终凝	抗折	抗压
未掺	89.6	70.7	3.4	11.6	2.7	4.5
掺 2%	89.2	77.4	5.3	27.9	1.8	4.3
掺 4%	87.6	78.3	5.7	29.8	1.2	3.2
掺 6%	89.9	77.9	9.9	40.8	0.6	1.5
掺 8%	88.4	79.6	18.6	72.8	—	—

该结果说明，石灰的掺入并没有达到提高磷石膏制备的 β 型半水石膏的性能的效果，相反却使石膏强度大大降低。从数据上看最主要的原因是，石灰的掺入使标准稠度用水量大幅度提高，由于石膏中磷、氟含量并不高，多数的石灰会存留于石膏中，在水化过程中影响石膏强度的发展。

3.4 原料预粉磨对水洗工艺制备 β 型半水石膏性能的影响

由于前面的水洗工艺对磷石膏制备的 β 型半水石膏的性能没有明显改善作用，通过原料粉磨可提高其比表面积，从而使水洗过程中暴露于水中的可溶性杂质含量增多，继而提高水洗的效率。表7为原料粉磨后在不同水洗次数下制备的 β 型半水石膏基本性能的结果，可以看出，不同水洗次数下制备的 β 型半水石膏的各项性能变化不大，标准稠度用水量均在70%上下，凝结时间均符合建筑石膏标准的规定，2h 抗折强度略高于 3MPa，2h 抗压强度在 7MPa 左右。但与未粉磨的相比，标准稠度用水量有所降低，强度也有一定的提高。与未进行水洗的结果对比，2h 抗折强度提高了 0.6MPa，2h 抗压强度提高了 2.9MPa。

表7 预粉磨后在不同水洗次数下制备的 β 型半水石膏的基本性能

	标准稠度用水量/%	凝结时间/min		2h 强度/MPa	
		初凝	终凝	抗折	抗压
未洗	67.8	4.0	14.0	3.3	7.4
洗 1 次	67.6	4.0	13.6	3.2	6.4
洗 2 次	67.9	5.9	18.1	3.3	6.5
洗 3 次	67.2	6.0	17.7	3.1	6.8

本试验中，原料粉磨的时间会以石膏颗粒粒径为基础，上述先煅烧后粉磨 0.5min 所制得的 β 型半水石膏中位径为 $21.89\mu m$，其粒径分布如图5（a）所示；由于原料不如 β 型半水石膏易磨，因此选择原料的粉磨时间为 5min，后煅烧制备的 β 型半水石膏中位径为 $23.35\mu m$，其粒径分布如图 5（b）所示。由此可见，在粒径分布相似的情况下，先煅烧后粉磨与先粉磨后煅烧这两种工艺下制备的 β 型半水石膏的性能具有一定差异，而后者的性能相对较好。

为了进一步证明上述结论，采用相同条件重新进行试验，详细结果见表8，与上述情况一致。可见，采用先粉磨后煅烧的工艺可以提高 β 型半水石膏的强度。图6为两种工艺下制备的 β 型半水石膏的晶体结构图，从图中并没有发现明显的差异。

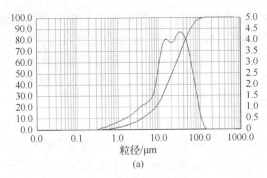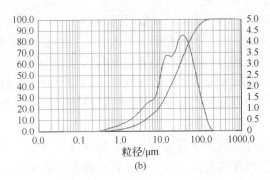

图 5　不同工艺下制备的 β 型半水石膏的粒径分布图

(a) 先煅烧后粉磨；(b) 先粉磨后煅烧

　　虽然多次试验证明了先粉磨后煅烧工艺下制备的 β 型半水石膏粉具有较高的强度，但究其原因，目前仍不明朗，可能是因为在采用先粉磨后煅烧工艺时并不会产生大量的新鲜表面，相对来说石膏粉的水化较为均匀，石膏浆体的致密程度要高，导致其强度会略高。但该解释并没有相关数据去证明，需大量试验进行验证，有待进一步研究。

表 8　两种工艺下制备的 β 型半水石膏的基本性能

	标准稠度用水量/%	凝结时间/min		2h 强度/MPa	
		初凝	终凝	抗折	抗压
先煅烧后粉磨	70.5	3.8	12.0	2.6	4.3
先粉磨后煅烧	67.6	4.0	12.6	3.2	6.9

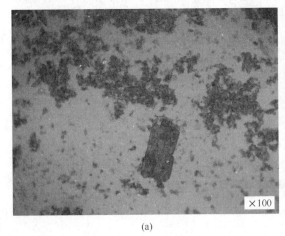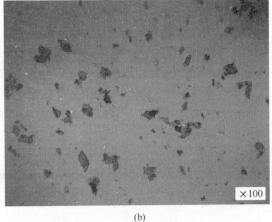

图 6　两种工艺下制备的 β 型半水石膏的晶体结构图

(a) 先煅烧后粉磨；(b) 先粉磨后煅烧

3.5　掺合料对磷石膏制备的 β 型半水石膏性能的影响

　　表 9 为采用先粉磨后煅烧工艺下制备的 β 型半水石膏按不同比例与粉煤灰、石灰粉混合后的基本性能结果，可以看出，当掺入 30% 超细粉煤灰时，石膏粉的标准稠度用水量降至 57.3%，但凝结时间延长较多，初凝时间为 36min，终凝时间为 135min，2h 强度为 0；当掺入 25% 粉煤灰和 5% 石灰粉时，标准稠度用水量为 64.7%，而凝结时间有所缩短，初凝

时间变为 12min，终凝时间为 103min，但 2h 时试件仍没有强度；当掺入石灰粉的量继续增加时，虽然初凝时间有所改善，但由于终凝时间仍然过长，2h 时试件也未出现强度。

由此可见，超细粉煤灰与石灰粉的掺入并没有达到提高 β 型半水石膏粉性能的要求，虽然标准稠度用水量有所降低，但凝结时间大幅度延长，早期强度很低，利用掺入粉煤灰与石灰粉对建筑石膏粉进行改性，难以满足施工需要。

我公司曾做过脱硫 β 型半水石膏粉中掺入超细粉煤灰的研究，却与本研究中的结果相差甚远，证明磷石膏自身具有特殊性。可能是由于磷石膏中有害杂质的存在导致其不能与粉煤灰发生很好的效应，亦或磷石膏中的有害杂质可能会优先与粉煤灰产生相互作用，并对石膏粉的水化产生了一定的抑制作用，从而导致水化速度较慢，凝结时间较长，早期强度很低。但对于其后期强度（如 28d 强度）是否会提高，需对其进行跟踪测定。粉煤灰对磷石膏制备的 β 型半水石膏的影响仍需进行大量研究。

表 9 β 型半水石膏按不同比例与粉煤灰、石灰粉混合后的基本性能

	标准稠度用水量/%	凝结时间/min		2h 强度/MPa	
		初凝	终凝	抗折	抗压
1	67.8	4	14	3.3	7.4
2	57.3	36	135	—	—
3	64.7	12	103	—	—
4	66.0	11	98	—	—
5	72.0	8	93	—	—

注：1—100%石膏粉；2—70%石膏粉＋30%粉煤灰；3—70%石膏粉＋25%粉煤灰＋5%石灰粉；4—70%石膏粉＋20%粉煤灰＋10%石灰粉；5—70%石膏粉＋15%粉煤灰＋15%石灰粉。

4 结论

本次课题研究通过多种工艺手段（包括水洗、石灰中和、原料预粉磨等）对磷石膏制备的 β 型半水石膏进行改性，得出如下结论：

（1）常规的水洗工艺对磷石膏制备的 β 型半水石膏的基本性能影响不大。

（2）超细粉煤灰、石灰的掺入不能提高磷石膏制备的 β 型半水石膏的强度，相反会使其降低。

（3）采用原料预粉磨的工艺能够有效提高磷石膏制备的 β 型半水石膏的强度，且基本性能可满足建筑石膏标准 3.0 的指标。

参考文献

[1] 孟凡涛，徐静，李家亮，等．用工矿废渣磷石膏生产纸面石膏板研究[J]．非金属矿，2006，29(6)：26-28.

[2] 孟凡涛，李家亮，胡环宗．磷石膏生产强力内墙石膏粉的研究[J]．现代技术陶瓷，2006，(4)：11-14.

[3] 桂苗苗，丛钢．利用磷石膏制造建筑石膏的研究[J]．重庆建筑大学学报，2000，22(4)：33-36.

[4] Nurhayat Degirmenci. Utilization of phosphogypsum as raw and calcined material in manufacturing of building products [J]. Constr. Build. Mater., 2008，22：1857-1862.

［5］ T. Kuryatnyk，C. Angulski da Luz，J. Ambroise，et al. Valorization of phosphogypsum as hudraulic binder ［J］. Journal of Hazardous Materials，2008，160：681-687.

［6］ 钟本和，张志业，等．化学法处理磷石膏的新途径［J］．无机盐工业，2011，43(9)：1.

［7］ 彭家惠，万体智，汤玲，等．磷石膏中的有机物、共晶磷及其对性能的影响［J］．建筑材料学报，2003，6(3)：221-226.

［8］ GB/T 9776—2008　建筑石膏［S］.

粉刷石膏综述

唐修仁　徐红英　刘丽娟　丁大武

0　概述

粉刷石膏是一种建筑内墙及顶板表面的抹灰材料，由石膏胶凝材料作基料配制而成。具体来讲，是由二水硫酸钙经脱水或无水硫酸钙经煅烧和/或激发，其生成物半水硫酸钙（$CaSO_4 \cdot 0.5H_2O$）和 II 型无水硫酸钙（II 型 $CaSO_4$）单独或两者混合后掺入外加剂，也可加入集料制成的抹灰材料。根据使用要求，可分为面层粉刷石膏：用于底层粉刷石膏或其他基层上的最后一层石膏抹灰材料，通常不含集料，具有较高的强度；底层粉刷石膏：用于基底找平的石膏抹灰材料，通常含有集料；保温粉刷石膏：一种含有轻集料，其硬化体体积密度不大于 $500kg/m^3$ 的石膏抹灰材料，具有较好的热绝缘性。

粉刷石膏作为一种新型的抹灰材料，具有轻质、防火、保温隔热、不收缩、不易开裂、与基层黏结牢固等优点，特别适用于蒸压加气混凝土墙面的抹灰。

在国外，粉刷石膏使用十分普遍，如德国 70% 以上的抹灰材料是粉刷石膏，英国粉刷石膏占石膏总量的 50%。

我国粉刷石膏的研究开发始于 20 世纪 80 年代初，通过 20 年的努力，现在已形成 4 大类 10 个品种，即半水相型粉刷石膏、II 型硬石膏型粉刷石膏、混合相型粉刷石膏，以及石膏、石灰混合型粉刷石膏。在前三种类型粉刷石膏中，又可分成面层、底层和保温层粉刷石膏，而石膏、石灰混合型粉刷石膏只适用于面层，共构成了 10 个品种的粉刷石膏。目前国内生产的粉刷石膏多数为单相型粉刷石膏，而混合型粉刷石膏在凝结时间、强度等性能方面较单相型粉刷石膏均有较大的优势，应大力发展。

1　粉刷石膏的材料组成

1.1　胶凝材料

（1）二水石膏

二水石膏（$CaSO_4 \cdot 2H_2O$）是一种天然的矿物，也是脱水石膏水化后的最终水化产物，性能稳定。天然的二水石膏又称生石膏或简称石膏。二水石膏除天然矿物外，还有各种工业副产石膏，也称化学石膏，是指工业生产中由化学反应生成以硫酸钙为主要成分的副产品或废渣，如磷素化学肥料和复合肥料生产的副产石膏称"磷石膏"；燃煤锅炉烟道气用石灰石法/石灰湿法脱硫工艺产出的石膏称"脱硫石膏"；发酵法制柠檬酸工业副产石膏称"柠檬石膏"等等。工业副产石膏是一种非常好的再生资源，综合利用工业副产石膏既有利于保护环境，又能节约能源和资源，符合我国可持续发展战略。

（2）半水石膏

半水石膏也称熟石膏，是由二水石膏加热脱水制成。半水石膏有 α 型和 β 型两个变体。

当二水石膏在饱和水蒸气条件下，或在酸、盐的水溶液中加热脱水时，则生成 α 型半水石膏，此时如生成短柱状粗大晶粒，则其水化硬化后的强度较高，人们通常称为"高强石膏"；如生成的晶体呈针状或纤维状，则其水化硬化后的强度较低或很低。如二水石膏的脱水过程是在干燥气体环境中进行，则生成 β 型半水石膏，人们通常称为"建筑石膏"，主要用来生产各种石膏制品。

（3）无水石膏

无水石膏又称为硬石膏，有天然的和人工制取的两种。天然硬石膏主要形成于内海及盐湖中，硬石膏矿层一般位于二水石膏矿层之下，在水的作用下会转变成二水石膏。

人工制取的硬石膏又分为Ⅲ型硬石膏（$CaSO_4$Ⅲ）、Ⅱ型硬石膏（$CaSO_4$Ⅱ）和Ⅰ型硬石膏（$CaSO_4$Ⅰ）三种。在工业生产上，当半水石膏（α 型和 β 型）加热到200℃以上，则脱去全部的结晶水而生成Ⅲ型硬石膏。这种无水石膏的水化速度很快，在潮湿空气中也能吸收水分生成半水石膏，所以也称为可溶性无水石膏。Ⅲ型硬石膏继续加热到360℃以上至1000℃时，则生成Ⅱ型硬石膏，继续加热，当温度超过1180℃时，则生成Ⅰ型硬石膏，低于此温度又转变成Ⅱ型硬石膏，人们称Ⅰ型硬石膏为高温石膏。

Ⅰ型和Ⅲ型硬石膏无应用价值。在360℃到1100℃温度区间形成的Ⅱ型硬石膏，根据其水化能力又分为硬石膏Ⅱs、硬石膏Ⅱu和硬石膏ⅡE三种形态。

1.2 外掺料和集料

作为建筑物内墙抹面砂浆，除要求有适中的力学性能外，更重要的是操作性能和成本。较好的操作性可以由掺合料和合理的粒度组成达到。

（1）活性掺合料

活性掺合料多为各种工业废渣，如粉磨矿渣、粉煤灰等，以及天然活性掺合料，如沸石粉、硅藻土等。掺入这种活性掺合料的同时，还应当加入碱性掺合料，如消石灰、硅酸盐水泥作为碱性激发剂。这种复合掺合料在有水的条件下，可以水化生成水化硅酸钙或水化铝酸钙等水硬性产物，既提高了粉刷石膏的后期强度，又适当提高了粉刷石膏硬化体的软化系数。

（2）非活性掺合料

非活性掺合料主要为调整粉刷石膏颗粒级配以改善和易性，常用的非活性掺合料，如不同细度的石灰石粉、细砂等。

（3）中细砂

作为底层粉刷石膏的填料，可提供必要的粒度组成，改善粉刷石膏的操作性能，并可降低成本。其主要技术要求：全部通过 2.36mm 方孔筛，细度模数 2.5～1.6；含泥量应小于3%；不允许有草根、树叶等杂物。

（4）轻集料

轻集料是配制保温粉刷石膏的主要材料之一。常用的轻集料有：普通膨胀珍珠岩、玻化微珠（表面经玻璃化的膨胀珍珠岩）和膨胀蛭石等。堆积密度 70～250kg/m³，粒度 2.5mm以下。

1.3 功能性外加剂

（1）缓凝剂

建筑石膏的凝结时间只有几分钟，作为粉刷石膏，有足够的操作时间是一个很重要的性能指标，所以要用适当的缓凝剂来调节粉刷石膏的凝结时间。常用的缓凝剂有碱性磷酸盐、有机酸及其盐类、骨胶和变质蛋白等。柠檬酸及其盐类的缓凝效果十分显著，但降低石膏硬化体的强度亦很明显。一般缓凝剂都会不同程度地降低石膏硬化体的强度，所以选择掺量少、缓凝效果好、对石膏硬化体强度影响又小的缓凝剂十分重要。

（2）保水剂

不同材质的墙体表面，其吸水率和吸水速率不相同。为了确保粉刷石膏的施工性能，纤维素醚成为粉刷石膏中不可或缺的重要添加剂。目前工业上使用的纤维素醚主要是甲基羟乙基纤维素醚（HEMC）和甲基羟丙基纤维素醚（HPMC），它们占市场份额的 90% 以上。

（3）引气剂

引气剂大部分是阴离子表面活性剂，能显著降低水的表面张力的界面能，是在砂浆搅拌过程中能引入大量分布均匀、稳定而封闭的微小气泡的添加剂。引气剂能减少砂浆拌合物的泌水、离析，提高施工性能。

2 半水相型粉刷石膏

半水相型粉刷石膏是以建筑石膏（或 α 型高强石膏）为主要基料，辅以一些掺合料，并掺入多种石膏外加剂而配制的一种粉刷石膏。其强度主要是半水石膏水化形成二水石膏获得，有些掺合料组分也可进行水化反应，生成水化硅酸盐产物而提高粉刷石膏强度和耐水性。表 1 是根据不同掺合料而配制的粉刷石膏配合比，其中基料加掺合料为 100%，其他外加剂为外掺百分数。

表 1　根据不同掺合料配制的粉刷石膏的配合比

编号	半水石膏/%	活性掺合料/%	非活性掺合料/%	外加剂/%				胶砂比
				保水剂	缓凝剂	引气剂	纤维	
1	50～70	—	30～50	0.1～2.0	0.01～1.5	0～0.5	0～5	1：0～2.0
2	70～100	0～30	—					

表 1 中所列配合比只是一个参考，实际应用要根据半水石膏性能和当地可用的工业废渣及一些可用的掺合料进行试配后再进行生产。

半水相型粉刷石膏的工艺流程如下：

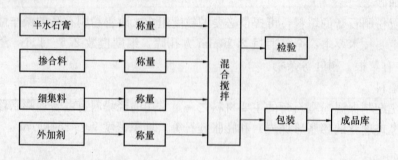

3　Ⅱ型硬石膏型粉刷石膏

Ⅱ型硬石膏的煅烧温度不同，其水化能力有较大差别，一般大多采用在 600～750℃ 区间煅烧的Ⅱᵤ型硬石膏配制粉刷石膏。硬石膏型粉刷石膏除掺入上述各种外加剂外，还必须掺入酸性激发剂（也可叫催化剂），如硫酸钾（钠）、明矾、明矾石等硫酸盐来提高硬石膏的水化速度，或酸性激发剂与碱性材料并用，如水泥、石灰和碱性矿渣等，这种粉刷石膏具有较高的后期强度和耐水性。表2是硬石膏型粉刷石膏的配合比，其中硬石膏激发剂和掺合料为100%，其他外加剂为外掺百分数。

表2　硬石膏型粉刷石膏的配合比　　　　　　　　　　　%

序号	硬石膏	矿　粉	水　泥	激发剂	保水剂	纤　维	胶砂比
1	95～99	—		1～5	0.2～0.3	0～5	1：0～2.5
2	55～65	25～35	5～7	1～5			

天然硬石膏属Ⅱ型硬石膏，也可配制硬石膏型粉刷石膏，但因其结构致密，在不掺激发剂的情况下几乎没有水化反应能力，即使掺入激发剂，其早期水化率也较低，所以对天然石膏配制硬石膏粉刷石膏，除要选择高效酸性激发剂外，还要提高硬石膏的粉磨细度，否则，早期水化率过低，大部分硬石膏没有水化，会给石膏制品的后期体积稳定性带来严重后患。另外，天然硬石膏的结构致密，密度较大，其标准稠度用水量远小于人工煅烧的Ⅱ型硬石膏，其结果是天然硬石膏的抗压强度大于煅烧的Ⅱ型硬石膏，这个结果往往会使人们忽视天然硬石膏早期水化率低的危害。

4　混合相型粉刷石膏

利用石膏不同脱水相水化速度不同的原理，将二水石膏煅烧成按一定比例要求的不同脱水相所组成的高低温混合相石膏，也可人工将不同脱水相的石膏按比例混合，并加入一定量的掺合料和外加剂，配制出在较长时间内能连续水化的一种室内墙面及顶板的抹面材料。

混合相型粉刷石膏煅烧温度的高低，实际上是由Ⅱ型硬石膏在不同煅烧温度下的水化特征和施工性能决定的。它的配制不仅反映在半水石膏和硬石膏之间的配合比上，而且和所用硬石膏的煅烧温度相关。例如，德国采用500℃左右煅烧的$AⅡ_s$，日本采用900～1000℃煅烧的$AⅡ_E$。而对于半水石膏和Ⅱ型硬石膏的比例，各国间区别也很大，即使在德国，其东、中、西部地区的粉刷石膏，两者比例也相差很多。

混合相型粉刷石膏中半水相和$AⅡ_s$相的比例波动在10%～70%。我国生产的混合相型粉刷石膏中$AⅡ_s$相的比例为15%～30%。

填料与石膏粉料的比例为（0～30）：（100～70）；

缓凝剂为半水石膏量的0.01%～0.2%；

保水剂为总粉料量的0.1%～2.0%；

引气剂为0～0.05%；

膨胀珍珠岩为0～3%；

纤维为0～5%。

混合相型粉刷石膏的生产工艺路线，决定于所选用的煅烧设备。当前国内外的煅烧设备多种多样，故工艺路线也有很多种。总的分类有两种：一种是一台煅烧设备同时煅烧出半水相和硬石膏相混合型石膏，如炉箅子烧结机、双筒回转窑和三筒回转窑；另一种是采用两台煅烧设备分别煅烧出半水石膏和Ⅱ型硬石膏，然后按比例混合。

混合相型粉刷石膏的生产工艺流程如下：

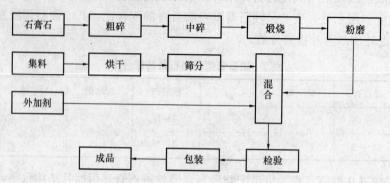

利用脱硫建筑石膏制备粉刷石膏的研究

万建东　刘丽娟

【摘　要】　为了解决环境污染问题和有效利用资源，本文研究利用发电公司烟气脱硫产生的工业副产品脱硫石膏生产的建筑石膏为原料配制成粉刷石膏砂浆，解决了脱硫石膏对环境构成的潜在污染。

【关键词】　脱硫建筑石膏；粉刷石膏；无机矿物料

1　前言

粉刷石膏是以石膏为基材，辅以优化抹灰性能的材料及多种外加剂和集料配制而成，属气硬性材料，是一种适用于室内新型墙体和顶棚抹灰的环保型抹灰材料。与传统粉刷材料相比，粉刷石膏具有施工性能好、黏结力强、具有微膨胀性、有利于环境等优点。

脱硫石膏又称排烟脱硫石膏、烟气脱硫石膏、硫石膏，简称 FGD，是燃煤或油的工业企业在治理烟气中的二氧化硫污染而得到的工业副产石膏，而石灰石/石膏湿法烟气脱硫工艺是目前世界上应用最广泛、技术最成熟的 SO_2 脱除技术，这种工艺会产生大量副产物脱硫石膏。排烟脱硫石膏在火热发电厂较集中，在未得到再加工之前只是一种含水量较高的半成品，基本没有商业利用价值，且容易造成二次污染，需占用大量的土地用以堆放，增加的脱硫成本得不到有效转化。在诸多化学石膏中，烟气脱硫石膏的排放量最大，其品位很高，一般二水硫酸钙含量达 90％以上。脱硫石膏和天然石膏经过煅烧后得到的石膏粉和石膏制品在水化动力学、凝结特性、物理性能上无显著的差别。因此脱硫石膏的深加工利用，既可解决环境污染又能得到宝贵资源。

2　胶结料的配制

配制粉刷石膏要使用陈化一段时间后的建筑石膏，因为刚生产出来的建筑石膏往往除半水石膏外，还会含有Ⅲ型无水石膏和二水石膏，在建筑石膏中存在二水石膏会导致凝结时间加快、配制出的粉刷石膏砂浆强度低等问题，所以生产粉刷石膏要求选用的建筑石膏一定要进行陈化。

脱硫石膏作为一种工业副产石膏，具有再生石膏的一些特性，和天然石膏有一定的差异，其细度一般集中在 $40\sim60\mu m$ 之间，粒度曲线窄而瘦，因此单独使用脱硫建筑石膏配制粉刷石膏砂浆时，会带来料浆和易性差、保水性能低、分层等问题。而脱硫石膏在生产建筑石膏的过程中，虽然可通过不同的工艺改变其颗粒级配，但只可以变得更细，而配制粉刷石膏所需要的建筑石膏并不是越细越好，脱硫建筑石膏的细度细、比表面积大，其标准稠度用水量就多，和易性、施工操作性也就随之变差，因此需采用粉磨、复配等手段对脱硫建筑石膏进行处理方可用来配制粉刷石膏砂浆。

根据研究，通过无机矿物材料，包括部分工业废渣，如粉煤灰、矿渣类物质的优化复合，可改变脱硫建筑石膏的某些性能方面的缺陷，使其扬长避短，成为更好的、更优质的胶凝材料。依据无机改性材料与石膏相互作用的改性原理，添加粉煤灰、矿渣、锂渣、硅灰、偏高岭土、沸石、膨润土、硅藻土、珍珠岩、碳酸钙、活性白土、稀土、双飞粉、硅灰石等许多物料与脱硫建筑石膏进行复合，通过辅助碱性激发材料的作用，在水化硬化过程中相互影响激发，都能得到极好的复配效果。生产的粉刷石膏强度高、黏结性好，其和易性、流挂性都有很大的改善，有的还可提高耐水性等物理性能，更重要的是可改变上述脱硫石膏由颗粒细度分布曲线窄而瘦所产生的一些不良现象[2]。本研究采取正交方案，通过加入矿粉等矿物掺合料来改善脱硫粉刷石膏的这些性能。

3 外加剂的选择

粉刷石膏抹灰的操作时间一般要求大于1h，而半水石膏因遇水后的凝结时间较短，可操作时间只有几分钟，不能满足粉刷的施工操作需要。因此，必须选择合适的缓凝剂来调节凝结时间，以满足施工工艺的要求。目前，缓凝剂种类分为无机类和有机类，有机类有：木质素磺酸盐及其衍生物、羟基羧酸及其盐（如酒石酸钾、酒石酸钠钾、柠檬酸等）、多元醇及其衍生物和糖类（糖钙、葡萄糖酸盐）等碳水化合物；无机类有：硼砂，氯化锌，碳酸锌，铁、铜、锌的硫酸盐、磷酸盐和偏磷酸盐等，但这些缓凝剂的加入在调节石膏凝结时间的同时又明显降低石膏硬化体的强度。因此，需找到一种既可有效调凝，又对强度影响较小的缓凝剂。

另外，为了确保粉刷石膏的保水率和防止因过快失水而开裂或粉化，必须加入一定量的保水剂。保水剂一般选择纤维素醚类材料，其保水效果较好，且目前市场上此类产品种类丰富，采购方便。

粉刷石膏中掺入保水剂后，在发挥其保水作用的同时也增加了粉刷石膏浆体的黏度，且脱硫建筑石膏配制的粉刷石膏砂浆本身也因为脱硫建筑石膏过细导致料浆较黏，施工时容易粘刀，尤其对于面层粉刷石膏而言，不易操作，可掺入分散剂来改善其施工性。

4 产品性能

根据前面所述一系列试验研究，现我公司生产的产品性能达到如下指标要求：

项目名称		指　标
凝结时间/h	初凝时间	＞1
	终凝时间	＜8
强度/MPa	抗折强度	≥2.0
	抗压强度	≥4.0
松散容重/（kg/m³）		≤1500
保水率/%		≥90
收缩率/%		≤0.2
导热系数/〔W/（m·K）〕		≤1.0
黏结强度/MPa		≥0.3

经在多个工程，如南京军区总院、万科光明城市、银城西堤国际等重要工程中大量使用情况来看，其黏结性能好，材料自身微膨胀，有效解决了墙体自身及抹灰层空鼓、开裂。此外，它还具有凝结硬化快，不需特殊条件养护，效率高，无毒、无污染、无放射性物质，绿色环保；具有防火、隔声、隔热功能，符合建筑节能要求；能够自动调节室内空气湿度，居住舒适；施工方便，损耗低，减少湿作业，施工现场清洁等特点。

5　施工应用要点

（1）施工工艺流程：施工前准备—基层处理—墙面贴饼充筋—配制料浆—底层料浆按厚度分层刮抹上墙—刮平压实—检查验收—饰面层施工—检查验收。

2）粉刷石膏砂浆搅拌后，必须在初凝前全部上墙，材料初凝后不得与新拌料浆混合使用。表面压光应在终凝前进行，用手指压表面不出现明显压痕时为宜，严禁以水润湿墙面进行操作。

3）粉刷石膏砂浆应随拌随用。抹灰过程中清理、修整、刮、搓下的未初凝料浆应及时回收上墙；如料浆已终凝，不得回收使用。

4）抹灰使用的工具和机械在每循环搅拌作业完成后应及时清洗干净。

5）粉刷石膏砂浆在施工过程中均需保持自然养护，确保墙面干燥，养护期间严禁水冲、撞击和振动。

6　结论

以烟气脱硫石膏为主要原料制取建筑石膏用干粉粉刷石膏，原材料易得，成本低廉，生产工艺和设备简单，产品的各项性能优异。粉刷石膏在生产和使用过程中不会对环境产生任何不良影响，加上综合利用了固体废弃物，具有良好的经济效益、社会效益和环境效益。

参考文献

[1] 夏鹰峰，滕华．利用脱硫石膏开发粉刷石膏砂浆产品[J]．粉煤灰，2005，(5)：40-41.

[2] 赵云龙．简述脱硫粉刷石膏的研制与应用[C]．亚洲粉煤灰及脱硫石膏综合利用技术国际交流大会．山西朔州，2013.

脱硫粉刷石膏的研制

刘丽娟

【摘　要】 为了解决环境污染问题和有效利用资源，本试验利用发电公司烟气脱硫产生的工业副产品脱硫石膏生产的建筑石膏为原料配制成粉刷石膏砂浆，解决了脱硫石膏对环境构成的潜在污染。

【关键词】 脱硫建筑石膏；粉刷石膏；无机矿物料

0　前言

粉刷石膏是以石膏为基材，辅以优化抹灰性能的材料及多种外加剂和集料配制而成，属气硬性材料，是一种适用于室内新型墙体和顶棚抹灰的环保型抹灰材料。与传统粉刷材料相比，粉刷石膏具有施工性能好、黏结力强、成本低、有利于环境等优点。

在诸多化学石膏中，烟气脱硫石膏排放量最大，是燃煤烟气进行脱硫净化处理而得到的工业副产石膏，品位很高，一般二水硫酸钙含量达 90％以上[1]，利用它制出的半水石膏性能优越，其制品强度可超过一般天然石膏。因此脱硫石膏的深加工利用，既可解决环境污染又能得到宝贵资源。

1　试验用原材料及试验方法

1.1　试验用原材料

（1）水泥：三龙 P·O 42.5 水泥；

（2）矿粉：S95 级矿粉；

（3）砂：中砂；

（4）脱硫石膏制备的 β 型建筑石膏，其主要指标为：凝结时间 5min，抗折强度 2.5MPa，抗压强度 6.5MPa，加水量 85％；

（5）各种外加剂。

1.2　试验方法

（1）强度性能测试

成型及强度测试参照 GB/T 17671—1999《水泥胶砂强度检验方法》，试件 24h 拆模后放入标准养护室养护 28d 后测其强度。

（2）养护方法

为了加快水化速度，采用蒸养进行养护，成型后带模蒸养 24h，然后拆模放入烘箱烘至恒重，测其强度，烘箱温度为（40±2）℃。

2 试验内容及数据分析

脱硫石膏是由磨细石灰或石灰石与烟气中二氧化硫发生反应生成颗粒细小、含水率高、比重较大的高含量二水硫酸钙；其细度一般集中在 $40\sim60\mu m$ 之间，粒度曲线窄而瘦，因此单独利用脱硫建筑石膏配制粉刷石膏时，会带来料浆和易性差，黏结性能不好，保水性能低，离析、分层现象严重等问题的产生。

本试验采取正交方案，通过加入矿粉等矿物掺合料来改善脱硫粉刷石膏的某些性能，采用蒸养加快矿渣水泥水化速度进行试验，初步确定粉刷石膏砂浆方案。因素水平表见表1。

表1 因素水平表

	A 灰砂比	B 水泥：矿粉	C 石膏：（矿粉＋水泥）
水平 1	1：2.5	50：50	70：30
水平 2	1：3	40：60	60：40
水平 3	1：3.5	30：70	50：50

注：辅以各种外加剂。

正交试验结果见表2。

表2 正交试验结果

试验号	A 灰砂比		B 水泥：矿粉		C 石膏：（矿粉＋水泥）		D	抗折强度/MPa	抗压强度/MPa
1	1	1：2.5	1	50：50	1	70：30	1	5.98	17.14
2	1	1：2.5	2	40：60	2	60：40	2	5.38	17.31
3	1	1：2.5	3	30：70	3	50：50	3	5.25	16.23
4	2	1：3	1	50：50	2	60：40	3	5.91	17.86
5	2	1：3	2	40：60	3	50：50	1	5.29	16.74
6	2	1：3	3	30：70	1	70：30	2	5.16	11.78
7	3	1：3.5	1	50：50	3	50：50	2	6.30	18.22
8	3	1：3.5	2	40：60	1	70：30	3	5.50	17.10
9	3	1：3.5	3	30：70	2	60：40	1	4.57	14.22

试验结果分析见表3。

表3 极差分析表

	抗折强度/MPa				抗压强度/MPa			
	A	B	C	D	A	B	C	D
K_1	16.4	18.2	16.2	15.5	50.6	53.2	46	48
K_2	15.7	15.6	15.9	16.6	46.4	51.1	49.4	47.3
K_3	16.2	14.5	16.2	16.2	49.5	42.2	51.1	51.2
极差	0.7	3.7	0.3	1.1	4.2	11	5.1	3.9

由表 3 可知，水泥：矿粉对抗折强度、抗压强度的极差分别为 3.7、11，均最大，故水泥与矿粉的比例对砂浆强度的影响最大，且随水泥量的增多，强度呈增长趋势。为使强度达到最大，故将水泥与矿粉比例定为 50：50。抗压强度最小值为 11.78MPa，富余很大，可将灰砂比调低，故灰砂比可定为 1：3.5 或 1：4，石膏：（矿粉＋水泥）定为 70：30 或 80：20。

通过无机矿物材料，包括部分工业废渣，如粉煤灰、矿渣类物质的优化复合，可改变脱硫建筑石膏的某些性能方面的缺陷，使其扬长避短，成为更好的、更优质的胶凝材料。依据无机改性材料与石膏相互作用的改性原理，添加粉煤灰、矿渣、锂渣、硅灰、偏高岭土、沸石、膨润土、硅藻土、珍珠岩、碳酸钙、活性白土、稀土、双飞粉、硅灰石等许多物料与脱硫建筑石膏进行复合，通过辅助碱性激发材料的作用，在水化硬化过程中相互影响激发，都能得到极好的复配效果。生产的粉刷石膏强度高、黏结性好，其和易性、流挂性都有很大的改善，有的还可提高耐水性等物理性能，更重要的是可改变上述脱硫石膏由颗粒细度分布曲线窄而瘦所产生的一些不良现象。对石膏资源比较缺少的地区，通过复合当地矿物材料和工业废渣生产粉刷石膏及其他石膏制品，都是提高产品质量、降低生产成本的最佳途径[2]。

3　结论

以烟气脱硫石膏为主要原料制取建筑石膏用干粉粉刷石膏，原材料易得，成本低廉，生产工艺和设备简单，产品的各项性能优异。粉刷石膏在生产和使用过程中不会对环境产生任何不良影响，加上综合利用了固体废弃物，具有良好的经济效益、社会效益和环境效益。

参考文献

[1] 夏鹰峰，滕华．利用脱硫石膏开发粉刷石膏砂浆产品[J]．粉煤灰，2005，(5)：40-41.

[2] 赵云龙．简述脱硫粉刷石膏的研制与应用[C]．亚洲粉煤灰及脱硫石膏综合利用技术国际交流大会．山西朔州，2013.

底层磷石膏粉刷石膏性能研究

何玉鑫　万建东　华苏东

【摘　要】　本文首先研究了磷石膏复合材料（PSC）的碳化性能，复配特种化纤改善PSC碳化后的体积安定性，系统地研究了PSC固化体和PSC粉刷石膏的力学性能、线膨胀率、水化产物和断面形貌，以期推广底层粉刷PSC石膏在建筑领域的利用。结果表明：PSC内层的AFt衍射峰随着养护龄期的延长而呈增加的趋势，即AFt含量增加；而PSC外层的AFt衍射峰随着养护龄期的延长而呈减少的趋势，表明AFt与空气中CO_2反应，生成$CaCO_3$；化纤质量掺量在0.3%时各项性能优异，365d抗压强度、抗折强度和抗冲击功（46.2MPa、6.4MPa和1211 J·m^{-2}）分别较28d减小了5.0%、15.6%和0.2%；PSC耐水性能优异，但容易受到潮湿空气中的CO_2的碳化腐蚀，使其力学性能有所降低，而底层PSC粉刷石膏很少接触到潮湿空气中的CO_2，具有较大的利用价值。

【关键词】　特种化纤；改善；磷石膏复合材料；体积安定性

Study on the performance of gypsum plaster of phosphogypsum for base coating

He Yuxin　Wan Jiandong　Hua Sudong

Abstract：This paper firstly studied carbonation of phosphogypsum-based cementitious material，improved volume stability after carbonation by adding the special chemical fiber，mechanical properties，lineal expansion ratio，hydration products and appearance of fractured samples of PSC hardened and PSC gypsum plaster for base coating were systematically researched. The results showed：AFt content of the sample layer increased with the increasing of curing period，AFt content of out of sample reduced with the increasing of curing period，indicated AFt react with CO_2 in the air to product $CaCO_3$；when the chemical fiber content was 0.3wt. %，the performance of PSC was outstanding，the 365-day compressive strength，flexural strength，impact work were decreased by 5.0%，15.6% and 0.2% comparing with the 28-day's；water resistance of PSC was good，but easy to carbonation in the wet air，caused the descend of mechanical properties，PSC gypsum plaster for base coating got in touch with less air in order to own more valuable.

Key words：the specialchemical fiber；improve；phosphogypsum-based cementitious material；volume stability

磷石膏胶凝材料（PSC）的强度主要依赖于大量絮状的 C-S-H 凝胶将 AFt（骨架结构）和二水石膏（填料）包覆形成致密的网状结构[1-3]。适量的 AFt 可以提高 PSC 的宏观力学性能，但过量的 Aft 会导致膨胀开裂[3-4]。控制 AFt 的含量一直是比较棘手的难题，一般纤维通过桥联作用可有效避免过量 AFt 导致膨胀的危害[5]。研究发现，Ca（OH）$_2$ 和结晶度差的 C-S-H 凝胶易发生碳化[6]，导致 PSC 的力学性能降低。目前，大多数焦点依旧关注 PSC 的早期水化产物，后期的各项性能（尤其是碳化性能）研究鲜有报道。本文首先研究了 PSC 固化体的碳化性能，复配特种化纤改善 PSC 碳化后的体积安定性，系统地研究了 PSC 固化体和 PSC 粉刷石膏的力学性能、线膨胀率、水化产物和断面形貌，以期推广底层粉刷 PSC 石膏在建筑领域的利用，实现磷石膏（PG）的资源化再利用。

1 原材料与试验方法

1.1 原材料

PG（四川绵阳），灰色粉末状，主要成分是 CaSO$_4$·2H$_2$O（图 1），粒径较粗（图 2）；矿渣（江苏南京），粉末状，比表面积为 410m^2/kg，化学组成见表 1；52.5 级普通硅酸盐水泥（江苏南京）；特种化纤，市售，基本参数见表 2；碱激发剂（硫酸盐和含钠的碱液），自制；保水剂（OP），市售。

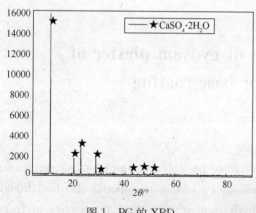

图 1　PG 的 XRD

图 2　PG 晶体的形貌

表 1　原材料的化学组成　　　　　　　　　　　　　　　　　/%

原材料	CaO	SO$_3$	SiO$_2$	Al$_2$O$_3$	P$_2$O$_5$	R$_2$O	TiO$_2$	MgO	MnO
PG	30.85	31.85	4.65	4.20	3.22	0.32	0.2	0.24	—
矿渣	31.75	—	36.86	19.84	—	0.90	1.13	8.54	0.24

注：R$_2$O 表示碱金属氧化物，PG 烧失量 22.91%。

表 2　纤维的基本参数

纤维	长度/mm	直径/μm	弹性模量/GPa	抗拉强度/MPa	极限延伸率/%
化纤	3～5	13	13	410	20

168

1.2　试验方法

按原状 PG（45℃烘干）：矿渣：水泥质量比为 50：40：10 混合，在保水剂（质量分数掺量为 0.05％，外加剂均外掺）、3‰碱激发剂和水固质量比 0.3 作用下制备 PGS 净浆固化体。将 PGS 粉料与细砂按质量比 1：3、水固比 0.55 作用下配制 PSC 粉刷石膏。将配好的浆体装入 160mm×160mm×40mm 长方体和 10mm×10mm×60mm 模具中成型，在 20℃（湿度大于 70％）下养护至规定龄期时，利用 WHY-5 型压力试验机测试硬化体不同龄期的抗压强度和抗折强度；浆体浇注在两端装有钉头的 10mm×10mm×60mm 长方体模具中成型，浆体 20℃室温下终凝 8h 后脱模，利用螺旋测微仪测试硬化体的初始长度（L_0），测完立即将其置于 20℃（湿度大于 70％）养护至规定龄期，测量实际长度（L_n）。线膨胀率 K 的计算公式为：$K = \dfrac{L_n - L_0}{55}$。利用 X-TRA 型 X 衍射仪和 JSM-5900 型扫描电子显微镜对硬化体的成分和微观形貌进行分析。

2　结果与讨论

2.1　PSC 碳化分析

PSC 固化体水硬性产物的成分主要是大量结晶度差的 C-S-H 凝胶和针状的 AFt，容易受到空气中 CO_2 的腐蚀。主要碳化（图 3）的反应如下（括号内为 25℃时的自由焓）：

$$Ca(OH)_2 + H_2O + CO_2 \longrightarrow CaCO_3 + 2H_2O (\Delta G^0_{298} = -74.75kJ/mol)$$

$$3CaO \cdot 2SiO_2 \cdot 3H_2O + 3H_2CO_3 \longrightarrow CaCO_3 + 2SiO_2 + 6H_2O (\Delta G^0_{298} = -74.7kJ/mol)$$

$$3CaO \cdot Al_2O_3 \cdot 3CaSO_4 \cdot 32H_2O + 3H_2CO_3 \longrightarrow CaCO_3 + 2Al(OH)_3 + 3CaSO_4 + 32H_2O$$

$$(\Delta G^0_{298} = -48.8kJ/mol)$$

从热力学角度可知，PSC 暴露于空气中的 $Ca(OH)_2$ 和 C-S-H 的自由焓最小；PSC 碳化过程（图 3）是空气中 CO_2 气体由表及里向 PSC 内部逐渐扩散、反应复杂的物理化学过程，导致后期 PSC 外层结构疏松。

(a)　　　　　　　　　　(b)　　　　　　　　　　(c)

图 3　不同龄期 PGS 的截面图

(a) 7d；(b) 160d；(c) 365d

2.2　PSC 水化产物分析

PSC 净浆浆体早期容易发生 $Ca(OH)_2$ 的碳化过程，养护 7d 和 28d 龄期 PSC 固化体 AFt 和 C-S-H 凝胶改善密实结构。在 160d 龄期之后可以很明显看到分层结构，PSC 各个龄期的水化产物如图4所示。

由图4可知，PSC内层的AFt衍射峰随着养护龄期的延长而呈增加的趋势，即AFt含量增加；而PSC外层的AFt衍射峰随着养护龄期的延长而呈减少的趋势，表明AFt与空气中的CO_2反应，生成$CaCO_3$（衍射峰增加）。由于无定形的C-S-H衍射峰被二水硫酸钙掩盖，难以辨别含量的多少，根据热力学知识，C-S-H发生碳化（比AFt更加容易碳化），外层絮状的C-S-H凝胶含量相对内层降低，密实度下降（图5）。

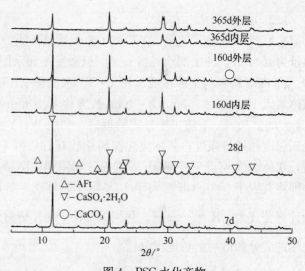

图4　PSC水化产物

(a)　　　　　　　　　　　(b)

图5　PGS固化体的断面形貌（160d）

(a) PGS固化体内层；(b) PGS固化体外层

2.3　不同化纤掺量时PSC的力学性能

早期PSC固化体中AFt和Ca（OH）$_2$含量逐渐水化增加和160d以后AFt含量因碳化减少，容易导致结构的破坏。将特种化纤掺入到PSC中，可起增韧、增强和阻裂的作用[7]。20℃（湿度大于70%）下PSC固化体不同龄期的基本性能见表3。

表3　PSC的基本性能

掺量/%	抗压强度/MPa				抗折强度/MPa				抗冲击功/J·m⁻²			
	7d	28d	160d	365d	7d	28d	160d	365d	7d	28d	160d	365d
0	28.5	41.9	37.8	35.6	5.1	7.1	6.6	5.5	350	367	356	353
0.1	29.4	42.6	41.3	42.1	5.3	7.3	6.9	6.1	450	467	475	483
0.3	29.3	48.1	46.5	46.2	5.1	7.4	7.2	6.4	1167	1213	1234	1211
0.5	27.8	39.6	37.6	37.1	4.8	6.4	5.9	5.3	1654	1675	1687	1642

由表3可知，PSC固化体的抗压强度、抗折强度和抗冲击功随着养护龄期的延长呈先增加后减少的趋势，随着化纤掺量的增加呈先增加后减少的趋势。PSC净浆固化体365d的

抗压强度、抗折强度和抗冲击功（35.6MPa、5.5MPa 和 353J·m^{-2}）分别较 28d（最大值）减小了 17.7%、29.1% 和 4.0%。化纤掺量在 0.3% 时各项性能优异，365d 的抗压强度、抗折强度和抗冲击功（46.2MPa、6.4MPa 和 1211J·m^{-2}）分别较 28d 减小了 5.0%、15.6% 和 0.2%。可见，PSC 固化体受空气中碳化反应的影响，导致强度降低，适量特种化纤的掺入可以明显降低力学性能的损失。这主要可能是水硬性产物（AFt 和 C-S-H）接触空气中的 CO_2 发生碳化反应，使水硬性产物减少，结构疏松收缩，适量的化纤通过桥联搭接作用，以断裂、拔出和延伸的形式（图 6）将部分载荷传递到其他基体上；过量的化纤占据基体位置和容易引入气体，导致强度降低。

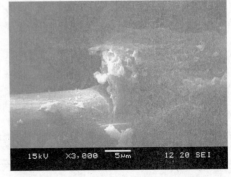

图 6　掺特种化纤的 PSC（28d）

2.4　PSC 固化体的线膨胀率

PSC 固化体早期水化反应生成膨胀性质的 AFt 和 Ca（OH）$_2$ 导致体系膨胀，后期 C-S-H 和 AFt 碳化减少导致结构收缩，不管是膨胀还是收缩，都容易产生应力集中，出现开裂现象。20℃（湿度大于 70%）下化纤掺量对 PSC 固化体线膨胀率的影响如图 7 所示。

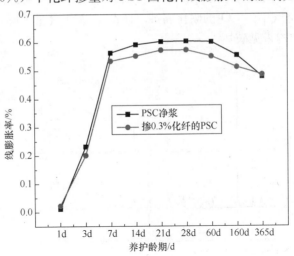

图 7　化纤掺量对 PSC 固化体线膨胀率的影响

由图 7 可知，PSC 固化体的线膨胀率随着养护龄期的增加呈先增加后减少的趋势，且养护 28d 的固化体线膨胀率最大；化纤的掺入可有效抑制 PSC 的膨胀收缩，掺化纤的 PSC 固化体 28d 线膨胀率较净浆固化体降低 5.4%，365d 的线膨胀率较净浆固化体增加了 1.4%。可见，特种化纤的掺入可以有效避免 PSC 固化体的结构破坏。

2.5　PSC 砂浆的力学性能

由上述讨论可知，PSC 具有优异的力学性能，但容易因膨胀收缩导致开裂，本文充分利用细集料在搅拌过程中混匀 PSC 粉料并有效抑制 PSC 固化体的膨胀收缩。将 PSC 粉料与细砂按质量 1∶3 配比、保水剂（外加剂均为外掺）0.05%、特种化纤 0.3%，制备 PSC 砂浆，其养护龄期对 PSC 砂浆力学性能的影响如图 8 所示。

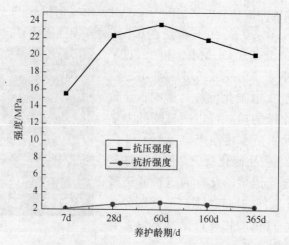

图 8　养护龄期对 PSC 砂浆力学性能的影响

由图 8 可知，PSC 砂浆的力学性能随着养护龄期的延长呈先增加后减少的趋势，60d 抗压强度和抗折强度（分别为 23.6 和 2.8MPa）最优，符合 JC/T 517—2004 底层粉刷石膏性能的要求。这主要是早期 PSC 砂浆不断水化生成更多的 C-S-H 凝胶和 AFt，结构更加致密，后期 PSC 砂浆受到空气中的 CO_2 的碳化腐蚀（图 9），AFt 含量下降，外层结构疏松，强度有所下降，但整体结构未见破坏。

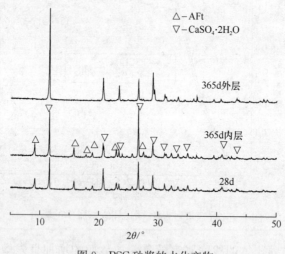

图 9　PSC 砂浆的水化产物

PSC 的耐水性性能优异，但容易受到潮湿空气中 CO_2 的碳化腐蚀，使其力学性能有所降低，而底层 PSC 粉刷石膏很少接触到潮湿空气中的 CO_2，具有较大的利用价值。养护 28d 底层 PSC 粉刷石膏基本的耐水性能见表 4。

表 4　底层 PSC 粉刷石膏基本的耐水性能（28d）

抗压强度软化系数	抗折强度软化系数	黏结强度/MPa	吸水率/%	保水率/%
0.85	0.82	0.36	9.6	85

3 结论

(1) PSC 内层的 AFt 衍射峰随着养护龄期的延长而呈增加的趋势，即 AFt 含量增加；而 PSC 外层的 AFt 衍射峰随着养护龄期的延长而呈减少的趋势，表明 AFt 与空气中的 CO_2 反应，生成 $CaCO_3$。

(2) 化纤掺量在 0.3% 时各项性能优异，365d 抗压强度、抗折强度和抗冲击功（46.2MPa、6.4MPa 和 1211J·m^{-2}）分别较 28d 减小了 5.0%、15.6% 和 0.2%。

(3) PSC 的耐水性性能优异，但容易受到潮湿空气中的 CO_2 的碳化腐蚀，使其力学性能有所降低，而底层 PSC 粉刷石膏很少接触到潮湿空气中的 CO_2，具有较大的利用价值。

参考文献

[1] 应俊，石宗利，高章韵. 新型石膏基复合胶凝材料的性能和结构[J]. 新型建筑材料，2010，(7)：7-9.

[2] 黎良元，石宗利，艾永平. 石膏-矿渣胶凝材料的碱性激发作用[J]. 硅酸盐学报，2008，36(3)：405-410.

[3] 何玉鑫，华苏东，姚晓，等. 磷石膏-矿渣基胶凝材料的制备及其性能研究[J]. 无机盐工业，2012，44(10)：21-23.

[4] 石宗利，应俊，高章韵. 添加剂对石膏基复合胶凝材料的作用[J]. 湖南大学学报，2010，37(7)：56-60.

[5] 何玉鑫，华苏东，姚晓，等. 纤维增韧补强磷石膏基胶凝材料[J]. 非金属矿，2012，35(1)：47-50.

[6] 何娟，杨长辉. 硅酸盐水泥混凝土的碳化分析[J]. 硅酸盐通报，2009，28(6)：1225-1229.

[7] Zhang Z H，Yao X，ZHU H J，et al. Preparation and mechanical properties of polypropylene fiber reinforced calcined kaolin-fly ash based geopolymer [J]. Journal Central South University of Technology，2009，16(1)：49-52.

含磷粉刷石膏的制备与性能研究

何玉鑫 万建东 华苏东 姚 晓 刘小全

【摘 要】 本文以含磷建筑石膏基材，复配矿渣粉进行改性，加入特种钙材料、缓凝剂、水玻璃和保水剂等化学添加剂，研制出墙体抹灰用的含磷粉刷石膏。结果表明：含磷建筑石膏：特种钙材料：矿渣的最佳质量比为 78：2：20，缓凝剂掺量 0.2%，水玻璃掺量 3%，保水剂掺量 0.2%，含磷粉刷石膏 28d 的抗压强度、抗折强度和黏结强度分别为 25.1MPa、5.8MPa 和 1.4MPa；AFt 晶体与其他物质相互搭接，大量絮状的 C-S-H 凝胶将各个组分包覆成致密的网状结构，从而提高了含磷粉刷石膏的强度。

【关键词】 含磷建筑石膏；矿渣；AFt；C-S-H 凝胶

Prepartion and performance study on gypsum containing phosphorus

He Yuxin Wan Jiandong Hua Sudong Yao Xiao Liu Xiaoquan

Abstract： In this paper plastering gypsum was prepared by taking gypsum containing phosphorus as major raw material, combining with slag for modification, and adding retarder, water glass and water-retention agent. The results showed：the best ratio of gypsum containing phosphorus and special calcification and slag was 78：2：20, the optimal retarder, water glass and water-retention content were 0.2%, 3% and 0.2%, respectively. The 28-day compressive strength, flexural strength and bond strength were 25.1MPa, 5.8MPa and 1.4MPa, respectively; AFt crystals lapped over other materials each other, many C-S-H gels packed each components to form dense network structure in order to improve strength.

Key words： gypsum containing phosphorus; slag; AFt; C-S-H gels

　　粉刷石膏是一种绿色环保型抹灰材料，具有防火、保温隔热、吸声、调节室内湿度等特点，可解决传统水泥砂浆黏结性差、易空鼓和干缩开裂等问题[1-3]，在欧、美、日等发达国家早已普遍使用，也备受国内建筑业的青睐[4]。由于粉刷石膏的成本高、性能不稳定等缺陷，很大程度上制约了其推广使用[5-6]。为此，本文选用工业生成磷肥的副产物磷石膏，复配适量的矿渣粉，在碱激发剂、保水剂、缓凝剂的作用下制备成本低、力学性能稳定的粉刷石膏，以期实现磷石膏资源再利用和为制备粉刷石膏提供技术的支持。

1 试验部分

1.1 试验原料

磷石膏（四川），灰色粉末状，过 120 目筛，主要成分是 $CaSO_4 \cdot 2H_2O$（图 1），粒径较粗（图 2）；矿渣（江苏南京），粉末状，比表面积为 $410m^2/kg$，两种原材料的化学组成见表 1；特种钙材料（市售）；碱激发剂（自制），水玻璃和氢氧化钠溶液；缓凝剂，SC 动物蛋白类五钠盐。

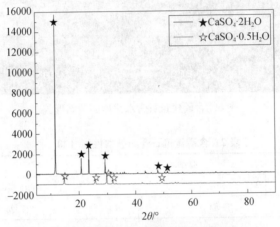

图 1 磷石膏和含磷建筑石膏的 XRD

图 2 磷石膏晶体的形貌

表 1 原材料的化学组成 %

原材料	CaO	SO_3	SiO_2	Al_2O_3	P_2O_5	R_2O	TiO_2	MgO	MnO
磷石膏	30.85	31.85	4.65	4.20	3.22	0.32	0.2	0.24	—
矿渣	31.75	—	36.86	19.84		0.90	1.13	8.54	0.24

注：R_2O 表示碱金属氧化物，磷石膏烧失量 22.91%。

将磷石膏在 140℃条件下热活化 4h 后，制备含磷建筑石膏，主要成分为 $CaSO_4 \cdot 0.5H_2O$（图 1），性能指标达到国家标准优等品要求（表 2），柱状的 $CaSO_4 \cdot 2H_2O$ 晶体相互交叉，搭接密实低，空隙较大（图 3）。

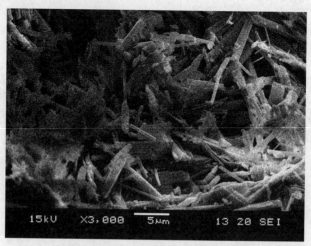

图3　含磷建筑石膏水化后的断面形貌

表2　含磷建筑石膏的基本性能（20℃）

标准稠度用水量/%	凝结时间/min		2h 强度/MPa	
	初凝	终凝	抗压强度	抗折强度
0.66	6	9	7.2	3.1

1.2　试验方法

内掺2％特种钙材料和复配适量的矿渣（内掺）进行改性，在标准稠度用水量和外加剂（外掺）的作用下，制备粉刷石膏。试样在室温下养护至规定龄期时，利用 WHY-5 型压力试验机和 KZY-30 电动抗折仪测试硬化体不同龄期的抗压强度和抗折强度，并利用 JSM-5900 型扫描电子显微镜对试块的断面形貌进行分析。

2　结果与讨论

2.1　缓凝剂掺量对含磷粉刷石膏性能的影响

含磷建筑石膏的凝结时间在 7～9min，按照《粉刷石膏》（JC/T 517—2004）的要求，粉刷石膏的初凝时间应大于1h，终凝时间大于8h，因此可添加适当的缓凝剂控制凝结时间。不同缓凝剂掺量时粉刷石膏的性能见表3。

表3　不同缓凝剂掺量时粉刷石膏的性能

掺量/%	抗压强度/MPa	抗折强度/MPa	凝结时间/min	
			初凝	终凝
0	12.2	3.5	8	14
0.1	11.8	3.2	56	69
0.2	11.3	3.1	108	129
0.3	10.7	2.8	145	167

由表3可知，含磷粉刷石膏的力学性能随着缓凝剂掺量的增加呈降低的趋势，凝结时间随着缓凝剂掺量的增加呈延长的趋势。当缓凝剂 SC 掺量在 0.2％时，初凝时间和终凝时间（分别为 108min 和 129min）满足要求，抗压强度和抗折强度分别为 11.3MPa 和 3.1MPa。

2.2 矿渣掺量对含磷粉刷石膏性能的影响

矿渣含有大量的活性物质 SiO_2 和 Al_2O_3，将其掺入含磷粉刷石膏中，OH^-（特种钙化物水化提供）激发矿渣可水化生成水硬性产物（C-S-H 和少量的 AFt），可解决石膏耐水差、力学性能低等缺点。不同矿渣掺量时含磷粉刷石膏的性能见表 4。

表 4　不同矿渣掺量时含磷粉刷石膏的性能

掺量/%	抗压强度/MPa			抗折强度/MPa		
	3d	7d	28d	3d	7d	28d
0	12.2	12.3	12.2	3.1	3.2	3.4
10	12.8	14.1	14.5	3.3	3.7	3.8
20	11.5	15.3	18.9	3.9	4.2	4.5
30	10.7	14.6	15.1	3.9	4.0	3.9

由表 4 可知，含磷粉刷石膏的力学性能随着矿渣掺量的增加呈先增加后减小的趋势。在矿渣掺量为 20% 时，含磷粉刷石膏的力学性能最大，28d 抗压强度和抗折强度（为18.9MPa 和 4.5MPa）分别较未掺矿渣的提高了 35.4% 和 24.4%。这是因为矿渣具有较好的水化活性，生成水硬性产物 C-S-H 和少量的 AFt。在 AFt 适量时，C-S-H 凝胶包覆各个组分形成网状的致密结构，可提高含磷粉刷石膏的力学性能；在 AFt 过量时，局部膨胀而导致应力集中产生微裂纹，强度反而会降低[7-8]。

2.3 水玻璃掺量对粉刷石膏性能的影响

水玻璃可为含磷粉刷石膏提供足够的 OH^-，进一步激发矿渣的潜在活性，生成水硬性产物（C-S-H 和少量的 AFt）[9]，从而提高含磷粉刷石膏的力学性能。不同水玻璃掺量时含磷粉刷石膏的性能见表 5。

表 5　不同水玻璃掺量时含磷粉刷石膏的性能

掺量/%	抗压强度/MPa			抗折强度/MPa		
	3d	7d	28d	3d	7d	28d
0	11.5	15.3	18.9	3.9	4.2	4.5
1	12.1	16.9	20.3	4.2	4.3	4.6
3	13.2	17.6	20.6	4.4	4.5	4.7
5	13.6	17.9	19.9	4.5	4.3	4.2

由表 5 可知，含磷粉刷石膏的力学性能随着水玻璃掺量的增加呈先增加后减小的趋势，且在水玻璃掺量在 3% 时，含磷粉刷石膏 28d 的抗压强度和抗折强度（为 20.6MPa 和 4.7MPa）分别较未掺水玻璃的提高了 8.3% 和 4.3%。这是因为水玻璃激发矿渣水化，生成更多的C-S-H凝胶，可提高含磷粉刷石膏的力学性能，但其力学性能也会随着 AFt 含量过多而降低。

2.4 保水剂掺量对粉刷石膏性能的影响

保水剂可以保证含磷粉刷石膏充分的水分，使其具有较好的流变性，提高其施工性能。同时可避免料浆中的水分被吸水性较好的基体材料吸收，使其强度降低，出现空鼓、开裂等问题。不同保水剂掺量对含磷粉刷石膏性能的影响见表6。

表6 不同保水剂掺量对含磷粉刷石膏性能的影响

掺量/%	抗压强度/MPa			抗折强度/MPa			28d 黏结强度/MPa	保水率/%
	3d	7d	28d	3d	7d	28d		
0	13.2	17.6	20.6	4.4	4.5	4.7	0.8	0.81
0.1	13.3	17.7	22.4	4.6	4.7	5.1	1.2	0.93
0.2	13.2	18.2	25.1	4.7	4.8	5.8	1.4	0.97
0.3	13.3	17.8	23.8	4.5	4.6	5.2	1.5	0.99

由表6可知，含磷粉刷石膏的抗压强度和抗折强度随着保水剂掺量的增加呈先增加后减小的趋势，黏结强度和保水率随着保水剂掺量的增加呈增加的趋势。保水剂掺量在0.2%时，含磷粉刷石膏28d的抗压强度和抗折强度（分别为25.1MPa和5.8MPa）较未掺保水剂的提高了17.9%和19.0%，黏结强度（1.4MPa）较未掺保水剂的提高了42.9%（图5），此时保水率为0.97%。

3 微观结构

含磷粉刷石膏的水化产物主要为$CaSO_4 \cdot 2H_2O$晶体，以及少量针状AFt晶体（图6）。有关文献[10]指出，由于水化硅酸钙C-S-H结晶形态差，大部分以无定形态凝胶的形式存在，一些弥散的衍射峰被$CaSO_4 \cdot 2H_2O$晶体的衍射峰覆盖，因此难以看出水化过程中C-S-H的存在。

图5 水泥与石膏的黏结

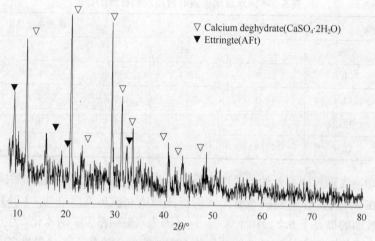

▽ Calcium deghydrate($CaSO_4 \cdot 2H_2O$)
▼ Ettringte(AFt)

图6 含磷粉刷石膏的XRD图谱

图7为在室温养护下含磷粉刷石膏的断面形貌图，其中（a）为含磷粉刷石膏水化7d的断面形貌，（b）为含磷粉刷石膏水化28d的断面形貌。

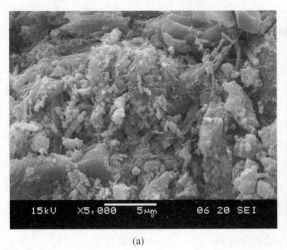

(a)   (b)

图 7　含磷粉刷石膏的断面形貌图
（a）水化 7d；（b）水化 28d

由图 7 可知，养护 7d 龄期的含磷粉刷石膏的主晶相为 $CaSO_4 \cdot 2H_2O$ 晶体，以及含有少量针状的 AFt 晶体和絮状的 C-S-H 凝胶。二水石膏晶体和 AFt 构成基本骨架，絮状的 C-S-H 凝胶分布较均匀，将各组分黏结在一起，大量未水化的矿渣填充在空隙中。根据 Eainger 理论可知，碱激发提高了体系的碱度，养护 28d 的 $CaSO_4 \cdot 2H_2O$ 晶体尺寸减小，且 AFt 晶体含量有所增加，与其他物质相互搭接，大量絮状的 C-S-H 凝胶将各个组分包覆成致密的网状结构，使硬化体结构更加密实，从而提高了含磷粉刷石膏的强度。

4　结论

（1）当缓凝剂 NM 掺量在 0.2% 时，初凝时间和终凝时间（分别为 108min 和 129min）满足要求，抗压强度和抗折强度分别为 11.3MPa 和 3.1MPa。

（2）含磷粉刷石膏的力学性能随着矿渣掺量的增加呈先增加后减小的趋势。在矿渣掺量为 20% 时，含磷粉刷石膏 28d 抗压强度和抗折强度（为 18.9MPa 和 4.5MPa）分别较未掺矿渣的提高了 35.4% 和 24.4%。

（3）含磷粉刷石膏的力学性能随着水玻璃掺量的增加呈先增加后减小的趋势。水玻璃掺量在 3% 时，含磷粉刷石膏 28d 的抗压强度和抗折强度（为 20.6MPa 和 4.7MPa）分别较未掺水玻璃的提高了 8.3% 和 4.3%。

（4）含磷粉刷石膏的抗压强度和抗折强度随着保水剂掺量的增加呈先增加后减小的趋势，黏结强度和保水率随着保水剂掺量的增加呈增加的趋势。保水剂掺量在 0.2% 时，含磷粉刷石膏 28d 的抗压强度、抗折强度和黏结强度（为 25.1MPa、5.8MPa 和 1.4MPa）分别较未掺保水剂的提高了 17.9%、19.0% 和 42.9%，此时保水率为 0.97%。

（5）养护 28d 的含磷粉刷石膏中 AFt 晶体量有所增加，与其他物质相互搭接，大量絮状的 C-S-H 凝胶将各个组分包覆成致密的网状结构，使硬化体结构更加密实，从而提高了含磷粉刷石膏的强度。

参考文献

[1] 王锦华，吕冰峰，杨新亚，等．氟石膏基粉刷石膏的应用研究[J]．硅酸盐通报，2011，30(3)：699-704.

[2] 杨新亚，王锦华，李祥飞．硬石膏基粉刷石膏应用研究[J]．非金属矿，2006，29(2)：18-20.

[3] 王波．磷石膏基粉刷石膏的绿色工艺设计[J]．新型建筑材料，2005，(10)：22-24.

[4] 李汝奕，俞然刚，陈金平．天然硬石膏基粉刷石膏的研制[J]．新型建筑材料，2007，(2)：12-14.

[5] 陈苗苗，冯春花，张超，等．脱硫粉刷石膏的制备和性能研究[J]．非金属矿，2011，34(2)：35-37.

[6] 钱江萍，张朝辉．脱硫粉刷石膏配制技术及应用研究[J]．新型建筑材料，2010，(2)：9-11.

[7] 黎良元，石宗利，艾永平．石膏-矿渣胶凝材料的碱性激发作用[J]．硅酸盐学报，2008，36(3)：405-410.

[8] 石宗利，应俊，高章韵．添加剂对石膏基复合胶凝材料的作用[J]．湖南大学学报，2010，37(7)：56-60.

[9] 吴其胜，刘学军，黎水平．脱硫石膏-矿渣微粉复合胶凝材料的研究[J]．硅酸盐通报，2011，30(6)：1454～1458.

[10] Fraire-Luna P E, Escalante-Garcia J I, Gorokhovsky A. Composite systems fluorgypsum-blastfurnance slag-metakaolin, strength and microstructures[J]. Cement and Concrete Research, 2006, 36(6): 1048-1055.

硬石膏基粉刷砂浆的研制

刘丽娟　张秋霞

【摘　要】　本文研究了硬石膏活性的激发，确定了硬石膏胶结材适宜的原材料配合比，并研制了硬石膏基粉刷砂浆，测定其各项性能指标。

【关键词】　硬石膏；粉刷石膏；活性激发；应用

Study on Anhydrite-base Painting Mortar

Liu Lijuan　Zhang Qiuxia

Abstract：How to stimulate the activity of anhydrite was studied in this paper. The appropriate raw materials ratio of anhydrite cementation material was determined. The aim of this paper is to develop the paint-mortar anhydrite，and its performance indicators have been tested.

Keywords：anhydrite；wall plaster；activity stimulated；application

0　引言

硬石膏资源丰富，但由于其活性差、凝结硬化慢、强度低，国内外均未大量利用。在我国，其研究应用更少，只约占石膏生产总量的十分之一，主要被一些水泥厂用作水泥缓凝剂，这种状况与我国丰富的硬石膏资源地位极不相称。开发利用大量闲置的硬石膏资源来制作石膏砌块、石膏板材、石膏砂浆，不仅具有很大的经济效益，而且对环境保护也有指导意义。

粉刷工程是建筑工程中的重要组成部分，据统计，在一般民用建筑中，其造价约占建筑物总造价的 10%～15%，工期约占建筑总工期的 30%～40%，劳动量约占总劳动量的 25%～30%[1]。本文以天然硬石膏为研究对象，通过添加增强材料与活性激发剂等手段来激发硬石膏的活性，配制出性能优良的粉刷石膏。

1　试验用原材料及试验方法

1.1　试验用原材料

（1）硬石膏粉：南京特种建筑材料股份有限公司提供，检验项目见表 1；

表 1　检验项目　　　　　　　　　　　　　　　　　　　%

检验项目	检验结果
细度（0.08mm 方孔筛筛余量）	6.68
H_2O	0.32
SO_3	48.35
CaO	39.42
MgO	1.20
$CaSO_4$	82.21

（2）矿粉：S95 级矿粉；

（3）水泥：三龙 P·O 42.5 水泥；

（4）生石灰：上海久亿化学试剂有限公司提供；

（5）明矾石：庐江县远达非金属矿石经营部提供。

1.2　试验方法

（1）强度性能测试

成型及强度测试参照 GB/T 17671—1999《水泥胶砂强度检验方法（ISO 法）》，试件 24h 拆模后放入标准养护室养护 3d，然后进（42±1）℃烘箱烘至恒重，测其强度。

（2）标准稠度用水量、凝结时间及砂浆流动度的测定

标准稠度用水量及凝结时间的测定参照行业标准 JC/T 517—2004《粉刷石膏》。

砂浆流动度的测定参照 GB/T 2419—2005《水泥胶砂流动度测定方法》。

2　试验内容及数据分析

2.1　硬石膏胶结材的研制

天然硬石膏具有潜在的水化活性，不需煅烧，矿石直接粉磨后，掺入不同的盐类化学物质或碱性材料作为激发剂来激发硬石膏的活性，与水混合后即可产生较好的胶凝特性。由前期探索性试验发现：若以 $Al_2(SO_4)_3$ 和明矾为激发剂，成型过程中会有大量气泡产生，这是由于天然硬石膏中一般含有部分碳酸盐矿物，如果所使用的激发剂水解后酸性较强，生成的 H^+ 将与 CO_3^{2-} 作用产生 CO_2 气体，料浆有明显的发泡现象；而以 Na_2SO_4 为激发剂成型后的试块上有明显返霜现象，故选择 K_2SO_4、明矾石作为激发剂较合适。现有研究表明，酸、碱激发剂复掺效果比较显著，因此在使用酸性激发剂的基础上，考虑用矿粉代替部分硬石膏，并掺入水泥进行复合激发。为了提高水化率，掺入适量的半水石膏作为增强材料[2]。下面以硬石膏与矿粉比例、明矾石掺量和半水石膏掺量为因素做正交试验，以硬石膏胶结材 7d 抗压强度为考核指标，因素水平见表 2。

表 2　因素水平表

水平	因素		
	硬石膏与矿粉比例（A）	明矾石掺量（B）	半水石膏掺量（C）
1	90：10	2%	0
2	80：20	4%	3%
3	70：30	6%	5%

试验结果见表3。

表3 正交试验结果

试验号	A（硬石膏：矿粉）		B（明矾石掺量）		C（半水石膏掺量）			抗压强度/MPa
1	1	90：10	1	2％	1	0	1	12.23
2	1	90：10	2	4％	2	3％	2	12.04
3	1	90：10	3	6％	3	5％	3	11.76
4	2	80：20	1	2％	2	3％	3	15.27
5	2	80：20	2	4％	3	5％	1	16.36
6	2	80：20	3	6％	1	0	2	16.29
7	3	70：30	1	2％	3	5％	2	22.9
8	3	70：30	2	4％	1	0	3	23.2
9	3	70：30	3	6％	2	3％	1	23.64
K1	36.03		50.4		51.72		52.23	
K2	47.92		51.6		50.95		51.23	
K3	69.74		51.69		51.02		50.23	
k1	12.01		16.8		17.24		17.41	
k2	15.97		17.2		16.98		17.08	
k3	23.25		17.23		17		16.74	
极差	11.24		0.43		0.26		0.67	

由表2可知，B列和C列的极差均小于空列，说明这两列对抗压强度的影响极小，则可认为该明矾石对硬石膏的激发作用不理想，明矾石掺量的增加对抗压强度的提高效果甚微，这可能是由于该明矾石的溶解度过低，从而造成了激发效果不显著。故考虑采用 K_2SO_4 作为酸性激发剂，测出的试验结果如下：

（1）单掺4％分析纯 K_2SO_4，初凝时间为60min，7d抗压强度为11.25MPa。

（2）单掺3％工业级 K_2SO_4，初凝时间为50min；单掺2.5％工业级 K_2SO_4，初凝时间为165min，7d抗压强度为10.9MPa。

（3）硬石膏：矿粉＝90：10，2.5％工业级 K_2SO_4，外掺5％水泥，初凝时间为65min，7d抗压强度为23.53MPa。

（4）硬石膏：矿粉＝90：10，2.5％工业级 K_2SO_4，外掺5％水泥、5％半水石膏，初凝时间为60min，7d抗压强度为18.1MPa。

2.2 硬石膏粉刷砂浆的研制

硬石膏基底层粉刷石膏是在硬石膏胶结材中掺入一定的建筑砂，配成干混砂浆，由于硬石膏水化胶凝性的发挥比半水石膏慢得多，掺砂量对粉刷石膏性能影响较大，因此在掺砂量上需严格控制。试验结果见表4。

表 4 硬石膏粉刷砂浆试验结果

序号	硬石膏/g	矿粉/g	水泥/g	CaO/g	半水石膏/g	砂子/g	保水剂/g	K₂SO₄/g	加水率/%	初凝时间	抗折强度/MPa	抗压强度/MPa
1	80	20	10	—	5	330	0.22	—	14	8h	1.27	4.46
2	80	20	10	—	5	440	0.22	—	15.3	14h	0.95	3.44
3	70	30	15	—	5	345	0.23	—	15	10h	1.73	6
4	70	30	15	—	5	460	0.23	—	15	13.5h	1.09	3.58
5	80	20	10	—	5	440	0.22	1	15	8h	0.78	2.19
6	80	20	10	—	5	330	0.22	4	15	4.5h	1.54	4.39
7	80	20	—	1	5	404	0.202	—	14.2	—	0.75	2.46
8	80	20	—	1	5	404	0.202	1	15.2	—	0.54	1.65

由表 4 可知:

(1) 砂子的掺量越高,强度越低,即 1:3 的强度比 1:4 的高,砂的掺入量增加,凝结时间明显延长,强度下降幅度较大,因此在建筑中应根据工程实际情况控制胶砂比。

(2) 1 组与 3 组比较,2 组与 4 组比较,得出:矿粉的掺量对硬石膏砂浆的强度亦有很大的影响,掺量越高,强度越高。

(3) 1 组与 6 组比较,得出:K₂SO₄ 的掺入可以缩短砂浆的凝结时间,对强度没有明显的影响。

(4) 水泥与 CaO 的掺入,为料浆提供碱性环境,可以激发硬石膏,从 1 组与 7 组可以看出,水泥的效果比 CaO 好。

(5) 硬石膏基粉刷石膏配合比为:硬石膏:矿粉=80:20,水泥为矿粉的 10%,外掺 5% 半水石膏,胶砂比为 1:3,保水剂为 2‰。

3 结论

(1) 以天然硬石膏为主要原料制备的硬石膏基粉刷石膏,是一种节能环保的新型墙体抹灰材料,原料资源丰富,生产工艺简单。

(2) 可操作时间优于半水石膏基粉刷石膏,可采用强制搅拌机拌合,使浆料更均匀,和易性更好,达到最好的施工效果。

(3) 由于硬石膏早期强度不如半水石膏,且其性能对水量敏感,需严格控制水量,施工前应进行需水量测定。

(4) 由于硬石膏水化胶凝性的发挥比半水石膏慢得多,掺砂量对粉刷石膏性能影响较大,因此在掺砂量上需严格控制。

参考文献

[1] 杨新亚,王锦华,李祥飞. 硬石膏基粉刷石膏应用研究[J]. 非金属矿,2006,(3):18-20.
[2] 唐修仁. 硬石膏胶结料耐久性研究[J]. 新型建筑材料,1993,(6).

脱硫石膏保温砂浆研究

吴　伟　陆赛杰　唐修仁

【摘　要】　本文以脱硫石膏和耐水增强剂 YF-V 为胶结料，玻化微珠珍珠岩为轻集料，辅以化学外加剂等研制成保温砂浆；并分析了主要影响因素和建立了回归方程。

【关键词】　脱硫石膏；保温砂浆；密度；玻化微珠

1　概述

能源是现代人类赖以生存的必要条件之一，节约能源是造福人类、造福子孙后代的重要系统工程，建筑节能已引起全世界的重视。以德国为例，对建筑物外墙传热系数 K 值的要求越来越低，1970 年、1982 年和 1986 年分别为 $1.3\mathrm{W/(m^2 \cdot K)}$、$0.8\mathrm{W/(m^2 \cdot K)}$ 和 $0.5\mathrm{W/(m^2 \cdot K)}$；瑞典的要求更低，为 $0.3\mathrm{W/(m^2 \cdot K)}$；而我国北京的外墙传热系数设计标准为 $1.16\sim0.82\mathrm{W/(m^2 \cdot K)}$，与国外先进水平的差距很大。

墙体传热系数 K 值的降低主要靠墙体主材的本身，但用保温砂浆也是一种重要的辅助手段，它可以用在外墙的内部也可以用在外墙的外部，具有较大的灵活性。这里，就脱硫石膏为胶凝材料，球形闭孔膨胀珍珠岩（简称玻化微珠）作为轻集料而研制的干拌保温砂浆做简要介绍。粉刷石膏是一种适合内墙及顶板表面的抹面材料，是传统水泥砂浆的换代产品，由于石膏的特点，得到很快的推广应用。石膏与基层的黏结强度高，凝结时间快，有保温和呼吸功能，特别是在凝结硬化过程中有微膨胀，粉刷墙面不会有开裂、空鼓现象。石膏和表面玻化的膨胀珍珠岩（玻化微珠）复合成新型的保温砂浆，使两者的优点得到充分的发挥，成为建筑节能措施的最佳材料。

2　原材料及试验

2.1　原材料

（1）玻化微珠珍珠岩

玻化微珠（Vitrified Micro Bubbles，VMB）是一种无机的，表面玻璃质化、内部多孔的呈不规则球珠状颗粒。它在传统膨胀珍珠岩颗粒的基础上，通过特殊的工艺流程，使膨胀珍珠岩表面生成一层致密的玻璃质的外壳，封闭了膨胀珍珠颗粒表面大部分的开口孔，而内部仍呈蜂窝状结构，因而松散密度有所提高，吸水率降低。现有玻化微珠的物理性能为：

粒度（mm）：$0.5\sim1.5$；

密度（$\mathrm{kg/m^3}$）：$100\sim200$；

导热系数 $[\mathrm{W/(m \cdot K)}]$：$0.047\sim0.054$。

（2）脱硫石膏胶结料

以 β 型半水脱硫石膏为主，掺入 30% 的石膏专用耐水增强剂 YF-V 组成胶结料。其干抗压强度由原建筑石膏的 12.2MPa 增加到 21.4MPa；软化系数由原来的 0.30 增加到 0.66。

（3）功能性外加剂

① 凝结时间调节剂，YF-Ⅰ（自配）；

② 保水剂，HPMC 45000mPa·s；

③ 增稠剂，PVC 17～88P。

2.2 保水剂的作用

由于玻化微珠的吸水量较大，体积比又较高，如没有保水剂，则砂浆的工作性能差，泌水严重，无法施工，所以保水剂的掺量和好坏，严重影响保温砂浆的施工性能。我们首先对保水剂做了单项研究，将测试结果绘于图 1 中。施工中要求保水率在 92% 以上，但在试验室中要控制在 94%～95%，才能满足生产上的波动要求。

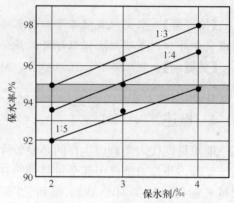

图 1　脱硫石膏保温砂浆中保水剂掺量曲线

从图 1 中可以得知，对体积比为 1：3 的保温砂浆，保水剂掺量在 1.5‰～2.0‰；1：4 的保温砂浆，保水剂掺量在 2.5‰～3.0‰；1：5 的保温砂浆，保水剂掺量在 3.5‰～4‰。

2.3 脱硫石膏保温砂浆配合比正交试验设计

保温砂浆配合比中，除保水剂和缓凝剂主要对工作性能影响较大，石膏和玻化微珠的体积比、玻化微珠的密度和增稠剂对保温砂浆干体的密度和抗压强度影响也较大。现选择体积比三水平是 1：3、1：4 和 1：5，玻珠密度有 110kg/m³、135kg/m³ 和 160kg/m³，增稠剂掺量有 0、2‰、4‰三水平，组成一个三因素三水平的正交试验，因三因素之间无交互作用，故选表头 $L_9(3^4)$。其他：缓凝剂，固定为 0.1%；保水剂，石膏胶结料和玻化微珠体积比为 1：3 时固定为 2‰，1：4 时固定为 3‰，1：5 时固定为 4‰。测试结果及统计分析结果均列于表 1 中。从极差 R 值的大小初步判断，体积比和玻珠密度都对干体密度有影响，进一步方差分析结果列于表 2。

表 1　$L_9(3^4)$ 脱硫石膏保温砂浆正交试验测试结果

列序	体积比	玻珠密度/（kg/m³）	PVA/‰	空	干体密度/（kg/m³）	干体密度（−400kg/m³）	抗压强度/MPa
1	1：3	110	0	1	470	70	2.17
2	1：3	135	2	2	498	98	2.90
3	1：3	160	4	3	516	116	3.75
4	1：4	110	2	3	434	34	1.16
5	1：4	135	4	1	456	56	1.27
6	1：4	160	0	2	482	82	1.67
7	1：5	110	4	2	395	−5	0.75
8	1：5	135	0	3	441	41	0.82
9	1：5	160	2	1	458	58	0.95

列 序	体积比	玻珠密度/ （kg/m³）	PVA/ ‰	空	干体密度/ （kg/m³）	干体密度 （－400kg/m³）	抗压强度/ MPa
Ⅰⱼ	284	99	193	184			
Ⅱⱼ	172	195	190	175	$T=550$		$T=15.44$
Ⅲⱼ	94	256	167	191	$T^2/9=33611.1$		$T^2/9=26.488$
R	190	157	26	16			
SSᵢ	6080.8	4176.2	134.889	42.889			

表 2 脱硫保温砂浆干体密度方差分析表

方差来源	平方和	自由度	均方和	F 值	显著性
A 体积比	6080.889	2	3040.4445	141.78	★★
B 玻珠密度	4176.222	2	2088.111	97.37	★
C PVA	134.889	2	67.4445	3.15	
误差	42.889	2	21.4445		

由于 $F_{0.01}(2，2)=99.0<141.78=F_A$，$F_{0.01}(2，2)=99.0>F_B=97.37>F_{0.05}(2，2)=$ 19.0，$F_{0.10}(2，2)=9.00$，所以体积比对砂浆干体密度有非常显著性，玻珠密度也有显著性，而 PVA 则没有显著性。

表 1 中的抗压强度方差分析结果列于表 3 中。

表 3 脱硫保温砂浆抗压强度方差分析表

方差来源	平方和	自由度	均方和	F 值	显著性
A 体积比	7.1628	2	3.5814	27.07	★★
B 玻珠密度	0.8863	2	0.44315	3.35	
C PVA	0.2149	2			
误差	0.3143	2			
总误差	0.5292	4	0.1323		

由于 $F_{0.01}(2，4)=18.00<F_A=27.07$，$F_{0.10}(2，4)=4.32$，因此体积比对砂浆抗压强度有明显的显著性，其他两因素均没有显著性。

2.4 脱硫石膏保温砂浆的体积比和干体密度回归分析

将表 1 中的数据和补充试验结果列于表 4 中。

表 4 脱硫保温砂浆体积比和干体密度的关系

体积比（y_i）		体积密度实测值/（kg/m³）	平均值/（kg/m³）	－400kg/m³（x_i）
1∶3	3	470，498，516	495	95
1∶4	4	434，456，482	457	57
1∶5	5	395，441，458	431	31
1∶6	6	410，387，409	402	2

设性能指标：干体密度为自变量 x，体积比为随机变量 y，根据上列数据规律分析，是一个典型的一元线性回归方程 $y = A + Bx$。现只要根据回归分析原理求出回归常数 A 和 B 即可。经计算得：

$$\sum x_i = 185, \sum x_i^2 = 13239, \overline{x} = 46.25,$$

$$\sum y_i = 18, \sum y_i^2 = 86, \overline{y} = 4.5,$$

$$\sum x_i y_i = 680, n = 4$$

离差平方和和离差乘积和：

$$l_{xx} = \sum x_i^2 - (\sum x_i)^2/n = 13239 - (185)^2 \times 1/4 = 4682.75$$

$$l_{xy} = \sum x_i y_i - (\sum x_i)(\sum y_i)/n = 680 - 185 \times 18 \times 1/4 = -152.5$$

$$l_{yy} = \sum y_i^2 - (\sum y_i)^2/n = 86 - (18)^2 \times 1/4 = 5$$

回归常数：

$$B = l_{xy}/l_{xx} = -152.5/4682.75 = -0.03257$$

$$A = \overline{y} - B\overline{x} = 4.5 + 0.03257 \times 46.25 = 6.00636$$

故所求经验回归方程为：

$$y = 6.006 - 0.0326x$$

回归效果的显著性检验（显著水平 $\alpha = 0.01$）：

① F 检验法

已知 $l_{xx} = 4682.75$，$S_T = l_{yy} = 5$，$B = -0.03257$

$$S_R = B^2 l_{xx} = (-0.0325)^2 \times 4682.75 = 4.9675$$

$$S_e = S_T - S_R = 5 - 4.9675 = 0.0325$$

$$F = S_R/S_e(n-2) = 4.9675/0.0325 \times 2 = 305.5433$$

查得 $F_{1-\alpha}(1, n-2) = F_{0.99}(1, 2) = 98.5 < 305.54 = F$。

线性回归效果非常显著。

② t 检验法

由 $S = S_e/(n-2) = 0.0325/(4-2) = 0.12748$

$$t = Bl_{xx}/S = 0.03257 \times 4682.75/0.12748 = 17.4834$$

查得 $t_{1-\alpha/2}(n-2) = t_{0.995}(2) = 9.925 < 17.4834 = t$。

线性回归效果非常显著。

生产实践中，根据导热系数对保温砂浆的干体密度经常提出要求范围，根据这一要求和玻化微珠的密度，就可用上述求得的经验公式估算出石膏胶结料和轻集料的比例关系。

3 结束语

脱硫石膏胶结料生产保温砂浆是可行的，石膏轻集料保温砂浆的性能除和体积比、轻集料密度、保水剂等因素有关外，还受搅拌工艺较大的影响。搅拌速度快、时间长，则保温砂浆干体密度加大，加水量减少，抗压强度提高。

脱硫硬石膏水泥砂浆的性能研究

刘丽娟　王彦梅　万建东

【摘　要】　本文研究了脱硫硬石膏活性的激发，确定了硬石膏胶结材适宜的原材料配合比，并研究了硬石膏胶结材的体积稳定性，在硬石膏砂浆中掺入内养护剂使硬石膏早期得到充分水化，保证后期的体积稳定。

【关键词】　脱硫石膏；硬石膏；活性激发；体积稳定性；内养护剂

Research on the performance of cement mortar by FGD anhydrite

Liu Lijuan　Wang Yanmei　Wan Jiandong

Abstract：This paper studies the FGD anhydrite activity of excitation，and the mixture ratio of anhydrite binder raw material is defined. Meanwhile，the volume stability of anhydrite binder is studied. The incorporation of self-curing agent makes anhydrite fully hydrated to ensure the stability of the volume in the late.

Key words：FGD gypsum；plastering gypsum；activity of excitation；volume stability；self-curing agent

0　前言

脱硫石膏又称排烟脱硫石膏、烟气脱硫石膏、硫石膏，简称 FGD，是燃煤或油的工业企业在治理烟气中的二氧化硫污染而得到的工业副产石膏。而石灰石/石膏湿法烟气脱硫工艺是目前世界上应用最广泛、技术最成熟的 SO_2 脱除技术，这种工艺会产生大量副产物脱硫石膏，2010 年我国脱硫石膏排放量已达到 300 万吨以上。排烟脱硫石膏在火热发电厂较集中，在未得到再加工之前只是一种含水量较高的半成品，基本没有商业利用价值，且容易造成二次污染，需占用大量的土地用以堆放，增加的脱硫成本得不到有效转化。在诸多化学石膏中，烟气脱硫石膏排放量最大，其品位很高，一般二水硫酸钙含量达 90％以上。因此脱硫石膏的深加工利用，既可解决环境污染又能得到宝贵资源。

脱硫石膏中的硫酸钙基本以二水硫酸钙的形式存在。首先，须将其煅烧转化成Ⅱ型无水石膏，使之成为不溶性或微溶性硬石膏，此类硬石膏强度虽高，但与水反应的速度极慢，需加入一定量的活化剂予以激发，因此，二水石膏的煅烧温度以及活化剂的选择就成为关键因素。

本文旨在通过试验研究确定脱硫硬石膏的最佳煅烧温度和相适宜的复合激发体系，并以此为胶结料掺入内养护剂，使硬石膏早期得到充分水化，保证后期的体积稳定。

1 试验用原材料及试验方法

1.1 试验用原材料

（1）脱硫石膏：华润电厂，含水率为 11.3％，二水硫酸钙含量为 91.1％；

（2）水泥：海螺 P·O 42.5 水泥，性能指标见表 1；

表 1 水泥的性能

烧失量/%	三氧化硫/%	比表面积/(m²/kg)	初凝时间/min	终凝时间/min	28d 抗折强度/MPa	28d 抗压强度/MPa
4.23	2.03	345.2	238	294	8.2	51.3

（3）矿粉：S95 级矿粉，比表面积为 410m²/kg，化学组成见表 2；

表 2 矿粉的化学成分 　　　　　　　　　　　　　　　％

原材料	CaO	SiO₂	Al₂O₃	R₂O	TiO₂	MgO	MnO
矿渣	31.75	36.86	19.84	0.90	1.13	8.54	0.24

（4）闭孔珍珠岩：河南信阳，容重 160kg/m³；

（5）明矾石粉：安徽矾矿产熟明矾石粉；

（6）各种化学试剂：Na_2SO_4、K_2SO_4、NH_4Cl、$NaCl$ 等，均市购；

（7）保水剂：德国拜耳。

1.2 试验方法

（1）强度性能测试

成型及强度测试参照 GB/T 17671—1999《水泥胶砂强度检验方法》，试件 24h 拆模后自然养护 7d、28d，然后进（42±1）℃烘箱烘至恒重，测其强度。

（2）水化率测试

硬石膏的水化率，即水化程度，一般是以硬石膏在水化过程中生成的二水石膏的百分含量来表示，其测定是将水化产物的结晶水换算成二水石膏含量而得。

（3）凝结时间测试

凝结时间的测定参照行业标准 JC/T 517—2004《粉刷石膏》。

2 结果与分析

2.1 脱硫石膏制硬石膏的煅烧温度试验

为了考察煅烧温度对硬石膏凝结时间及水化率的影响[1,3]，分别用 550℃、650℃、700℃、750℃、800℃进行煅烧并测凝结时间和水化率，结果见表 3。

表 3 硬石膏的煅烧温度和凝结时间及水化率的关系

煅烧温度	550℃	650℃	700℃	750℃	800℃
凝结时间	3min	40min	110min	145min	5h
水化率/%	—	61.35	40.44	41.64	13.94

注：以上均掺 2%硫酸钾。

由表 3 试验结果可知：综合时间和水化率两方面考虑，温度低于 650℃时凝结时间过快，不适合做粉刷砂浆，而高于 800℃时水化率太低，对后期体积稳定性有负面影响，故煅烧温度在 650～750℃比较合适。

2.2　催化剂的选择试验

硬石膏水化活性低，即水化硬化速度较慢，正常无工程应用价值，所以在硬石膏中一定要掺入硫酸盐和其他无机盐催化剂来提高水化反应速度或掺入碱性类物质激发其水化能力[2]。现对几种常用的盐类进行组合试验，结果见表 4（650～750℃煅烧的硬石膏）。

表 4　不同催化剂的组合对硬石膏凝结时间的影响

	1	2	3	4	5	6	7	8	9	10	11	12
Na_2SO_4	2%	4%	—	2%	—	1%	2%	2%	2%	1%	2%	2%
明矾	2%	—	4%	—	—	—	—	—	1%	2%	—	—
K_2SO_4	—	—	—	2%	—	—	—	—	—	—	—	—
NH_4Cl	—	—	—	—	2%	1%	0.5%	0.3%	—	—	2%	—
NaCl	—	—	—	—	—	—	—	—	—	—	—	2%
初凝时间/min	45	90	60	50	220	60	60	60	60	60	25	60

由表 4 试验结果可以看出：单种催化剂催化效果不如复掺效果好，综合考虑价格、凝结时间等因素，选择 Na_2SO_4、NaCl 及明矾石复掺作为催化剂较合适。现有研究表明，酸、碱激发剂复掺效果比较显著，因此在使用酸性激发剂的基础上，考虑用矿粉或粉煤灰代替部分硬石膏，并掺入水泥进行复合激发。

2.3　硬石膏水泥砂浆的研制

为了确定较佳的硬石膏水泥砂浆配合比[4]，分别以矿粉和粉煤灰为活性材做两组正交试验。首先是矿粉型胶结料，以煅烧温度、催化剂掺量、胶砂比为因素做正交试验，以 28d 抗压强度为考核指标，因素水平见表 5。

表 5　因素水平表

水平 \ 因素	煅烧温度（A）	催化剂掺量（B）	胶砂比（C）
1	750	1.5%	1.5
2	650	2.5%	2.25
3	550	3.5%	3.0

试验结果见表6。

表6 L₉(3⁴) 硬石膏水泥（矿粉）砂浆 28d 抗压强度

序号	A 煅烧温度	B 催化剂	C 灰砂比	空	抗压强度/MPa	−20MPa
1	750	1.5	1.5	1	25.9	5.9
2	750	2.5	2.25	2	22.6	2.6
3	750	3.5	3	3	18	−2
4	650	1.5	2.25	3	21.6	1.6
5	650	2.5	3	1	17	−3
6	650	3.5	1.5	2	20.8	0.8
7	550	1.5	3	2	18.8	−1.2
8	550	2.5	1.5	3	21.5	1.5
9	550	3.5	2.25	1	19.2	−0.8
Ⅰ$_j$	6.5	6.3	8.2	2.1		
Ⅱ$_j$	−0.6	1.1	3.4	2.2	$T=5.4$	
Ⅲ$_j$	−0.5	−2.0	−6.2	1.1	$T^2/9=3.24$	
R	7.0	8.3	14.4	1.1		

从表6的极差分析可定性地看出：灰砂比对砂浆的强度有很显著的影响，这是符合砂浆的正常规律的，煅烧温度和催化剂的掺量对砂浆强度也有明显的影响。

28d 抗压强度的方差分析结果列于表7中。

表7 砂浆 28d 抗压强度方差分析表

方差来源	平方和 SS_j	自由度 f_j	均方和 MS_j	F 值	显著性
A 煅烧温度	11.047	2	5.523	44.78	★★
B 催化剂掺量	11.727	2	5.863	47.54	★★
C 灰砂比	35.84	2	17.92	145.3	★★★
D 误差 e	0.247	2	0.123		

注：诸因子平方和 $SS_j=(Ⅰ_j^2+Ⅱ_j^2+Ⅲ_j^2)/3−T^2/9$；均方和 $MS_j=SS_j/f_j$；$F=MS_j/MS_e$。

$$F_c=145.3>F_{0.01}(2,2)=99.0$$
$$F_{0.01}(2,2)=99.0>F_A=44.78>F_{0.05}(2,2)=19.0$$
$$F_{0.01}(2,2)=99.0>F_B=47.54>F_{0.05}(2,2)=19.0$$

从方差分析中可以定量地知道，灰砂比在显著性 $\alpha=0.01$ 时具特别显著性，而催化剂和煅烧温度在显著性 $\alpha=0.05$ 时具有显著性。

根据试验，煅烧温度在 600℃ 以下时，凝结时间较快，800℃ 以上时其凝结时间又过长，再结合砂浆的抗压强度，煅烧温度确定为 650~750℃。催化剂用量和凝结时间有关，3.5% 以上时凝结较快，而 1% 以下时凝结时间较慢，结合砂浆抗压强度测试结果，催化剂用量确定在 1%~2% 较好。

根据正交试验结果，胶结料配比确定为：硬石膏 60%、矿粉 30%、水泥 7%、明矾石 3%、催化剂 1%~2%。

2.4 后期体积稳定性

硬石膏的黏结力和强度均很好，干缩变形小，非常适合作抹面材料。但是，硬石膏的水化速度较慢，特别是天然硬石膏胶凝材料，一般 7d 水化率只有 $30\%\sim50\%$，还有大量硬石膏没有水化，如遇到水分又继续水化，产生体积膨胀，结果是开裂、起鼓、脱落。脱硫石膏煅烧的硬石膏和天然硬石膏不完全一样，天然硬石膏在高温高压下生成，结构致密，而脱硫石膏煅烧温度较低，失水后结构较疏松，相对水化活性较大。作为抹灰材料，上墙后砂浆失水较快，因此我们用 $3\sim7d$ 的水化率作为十分关键的参数来进行考察。

因为提高硬石膏胶凝材料的早期水化率是解决硬石膏体积稳定性的关键问题，目前的方法是提高硬石膏的细度和较多的激发剂，但仍不能够彻底解决问题，因此我们掺入了内养护剂，它可以提供硬石膏早期水化所需要的水分，保证硬石膏早期能够尽量多的完成水化反应。

为了试验内养护剂的应用效果，用 X 射线物相分析方法，硬石膏水泥（硬石膏、明矾石、矿粉、水泥和催化剂）水化产物 X 射线衍射图谱如图 1、图 2 所示。从图中可知硬石膏水泥水化产物是二水石膏、未水化的硬石膏和少量钙矾石晶，还会有水化硅酸钙凝胶体。掺有内养护剂的图 1 中，二水石膏的最强峰远大于硬石膏最强峰，而没有内养护剂的图 2 中则相反。说明内养护剂对硬石膏水化有效果。

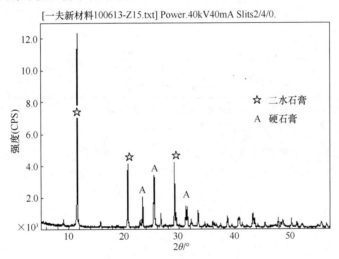

图 1　内掺 0.3% SAP 的硬石膏胶结料水化 15d 的 XRD 图

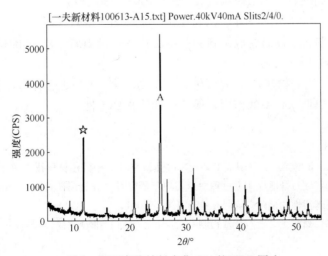

图 2　硬石膏胶结料水化 15d 的 XRD 图

根据 XRD 图，无内养护剂水化 3d 为 0.61，有内养护剂水化 3d 为 0.65；无内养护剂水化 15d 为 0.92，有内养护剂水化 15d 为 2.18。说明水化 3d 时，有无内养护剂之间的差别不大，3d 样品内的水分还能保证硬石膏的水化；但 15d 时，有无内养护剂之间的差别明显，无内养护剂的比值比 3d 有提高，说明还在水化，但样品由于失水过多，已不能保证硬石膏的充分水化，而有内养护剂时，硬石膏还能继续充分水化。

为了定量地说明内养护剂对硬石膏胶结料的水化效果，使用 Na_2SO_4 为催化剂，掺入 0.2% 内养护剂。到水化龄期后，45℃烘干，测定样品中二水石膏的结晶水含量，计算出硬石膏的水化率。样品中经 700℃ 煅烧的硬石膏为 60%，有效含量为 52.8%。现将试验结果列于表 8 中。

表 8　硬石膏胶结料的水化率测定结果

编号	水化时间/d	内养护剂/%	结晶水/%	二水石膏/%	硬石膏水化率/%	样品中剩余硬石膏量/%
A1	1	0	3.68	17.6	27.3	37.0
A3	3	0	7.36	35.2	57.0	21.0
Z3	3	0.2	7.50	35.9	58.2	20.4
A7	7	0	7.89	37.8	61.5	18.7
Z7	7	0.2	8.75	41.9	68.7	15.1
B7	7	0	9.23	44.2	72.9	13.0

注：1. A1、A3、A7、Z3、Z7 硬石膏胶结料样品在室内自然条件下水化。
　　2. B7 在（20±2）℃、湿度 95% 以上条件下水化。

试验结果和 X 射线分析的结论是一致的，有无内养护剂之间，3d 的水化效果差别不大，但 7d 已有明显差别，说明内养护剂起到提高硬石膏早期水化率的作用，但和完全在标准条件下养护还有差别。我们做了大量研究工作，发现只要早期水化率大于 70% 就能避免后期体积稳定性这个隐患。

3　结论

（1）脱硫石膏制硬石膏的煅烧温度在 650～750℃ 比较合适。

（2）对于硬石膏胶结材，单种催化剂催化效果不如复掺效果好。

（3）通过本试验得出硬石膏胶结料的基本配比为：硬石膏 60%、矿粉 30%、水泥 7%、明矾石 3%、催化剂 1%～2%。

（4）掺入 0.2% 内养护剂，3d 的水化效果差别不大，但 7d 已有明显差别，说明内养护剂起到提高硬石膏早期水化率的作用，保证后期体积稳定性。

参考文献

[1] 彭家惠，林芳辉. Ⅱ型无水石膏煅烧工艺及其改性研究[J]. 中国建材科技，1998，(6)：33-36.

[2] 杨新亚，牟善彬. 硬石膏活性激发过程中返霜现象研究[J]. 非金属矿，2003，(4)：4-6.

[3] 潘群雄. 煅烧石膏活性的试验研究[J]. 水泥工程，2001，(1)：12-14.

[4] 杨新亚，王锦华，李祥飞. 硬石膏基粉刷石膏应用研究[J]. 非金属矿，2006，(3)：18-20.

第四章　砌块、砖

脱硫石膏空心砌块复合自保温墙体研究

刘丽娟　徐红英　陆赛杰　丁大武　唐修仁

【摘　要】　以脱硫石膏为主要原料，生产耐水性企口型无砂浆砌筑的空心砌块，作为复合墙体外层；内层为普通不耐水的企口型无砂浆空心砌块；中间浇灌石膏保温砂浆，使内外砌块连成复合墙体。施工方便，抗震性好，总传热阻大于 $1.5m^2 \cdot K/W$。

【关键词】　脱硫石膏；石膏空心砌块；复合自保温墙体；传热阻

1　概述

我国经济高速发展，能源面临长期紧张的形势，而建筑用能又是消耗量大、增长快、能源浪费最严重的部分。我国建筑围护结构的保温性能很差，单位面积采暖能耗是气候条件接近的发达国家的 3 倍。原因是我国在建筑节能设计标准上与国外先进水平的差距太大（表 1），而大多数工程选择了满足现有标准要求即可。所以要提高建筑节能水平，首先应从提高设计标准入手，其次要大力研究开发价格便宜、热工性能好的墙体材料。

表 1　住宅建筑围护结构传热阻和传热系数设计标准对比

地区	外墙		外窗		屋面	
	传热阻/$(m^2 \cdot K/W)$	传热系数/$[W/(m^2 \cdot K)]$	传热阻/$(m^2 \cdot K/W)$	传热系数/$[W/(m^2 \cdot K)]$	传热阻/$(m^2 \cdot K/W)$	传热系数/$[W/(m^2 \cdot K)]$
中国北京	0.86～1.22	1.16～0.82	0.29	3.5	1.25～1.67	0.80～0.60
瑞典南部	5.88	0.17	0.4	2.5	8.33	0.12
德国柏林	2.0	0.5	0.67	1.5	4.55	0.22
美国	3.13～2.22	0.32～0.45	0.49	2.04	5.26	0.19
加拿大	2.78	0.36	0.35	2.86	4.35～2.5	0.23～0.4
日本北海道	2.38	0.42	0.43	2.33	4.35	0.23
俄罗斯	1.3～2.27	0.77～0.44	0.36	2.75	1.75～3.03	0.57～0.33

在当前和今后相当长的一段时期，正是建筑节能大发展的时期，也是外墙保温隔热大发展的时期，应抓住这个机遇，发展我们的墙体保温材料和保温技术。外墙保温分内保温和外保温，而外保温比内保温有较大优势，近来得到很快的发展。内保温存在对冷热桥不好解决，给室内装修带来一定难度，并会占用一定的使用面积等缺点。外保温虽有不少优点，但保温材料多为有机材料又在外层，易受环境影响而遭到一定的损坏，防火性不高，耐久性较差，使用寿命在 15～25 年，带来两次或三次施工问题。夹芯自保温砌块墙体则消除了上述

两方面的缺点，并且施工方便，具备很多优点，砌块内插保温层就属于夹芯自保温的一种。我们对复合保温砌块做了一定的研究工作，外层由以水泥基为基础的耐水、耐久性均好的材料组成，内层是以石膏为基础的轻质材料，中间是石膏保温砂浆。厚度200mm的砌块，其传热阻达到 $1.6m^2 \cdot K/W$ 以上，传热系数达到 $0.6W/(m^2 \cdot K)$，耐久性可达50～100年，能满足建筑节能65%标准的要求。

上述复合保温砌块的热工性能虽好，但在试生产中发现生产工艺复杂，生产成本较高，不利于推广应用。但这种夹芯式的复合保温原理是合理的。所以我们改变了一种方法，同样可以实现夹芯式的复合保温原理，即企口型无浆空心砌块复合自保温墙体。它是这样来实现的：外层用耐水、耐久性较高的企口型不用砂浆砌筑的空心砌块，厚度在60～80mm；内层用石膏基轻质企口型不用砂浆砌筑的空心砌块，厚度在60～80mm；中间则现场灌入40～80mm厚度石膏保温砂浆，将内外层企口型空心砌块粘在一起，砌块和砌块之间除企口连接外，还留有10mm×10mm勾缝槽，可用高强勾缝砂浆，使整体强度更高。而且墙体砌筑时，可向外凸出30～40mm，在梁柱外侧用30～40mm保温砂浆抹平，防止热桥。复合自保温墙体的断面形状如图1所示。这样，就把复合砌块的生产改变为生产两种不同材质的空心砌块。耐水性石膏轻集料空心砌块，可以用水泥混凝土小型空心砌块成型机，机械设备较多，也比较成熟，自动化程度高，只是模具不同而已。石膏空心砌块也有成套的生产设备，一切都变得简单了。但是，企口型无砂浆空心砌块的形式和普通混凝土砌块有所不同，标准混凝土小型空心砌块墙体存在的最大问题是墙体90%以上开裂、渗水、竖缝砂浆不饱满，抗震性能差。而企口型无砂浆空心砌块，是用企口咬合，不用砂浆而干砌。如单一墙体，则两边用高强度、高黏结性能的砂浆勾缝，必要时，竖向孔中可以灌填砂浆，亦可加筋生成构造柱，水平亦可填砂浆和加筋，抗震性能很好。对复合自保温墙体，中间灌入保温砂浆，内外均可勾缝，墙体的整体性能很好。砌块中间可以分布电线管道等。企口型无砂浆空心砌块的型式如图2所示，厚（宽）度60～240mm。

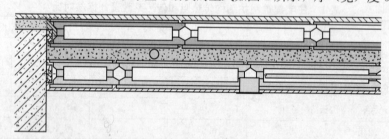

图1 脱硫石膏企口型无浆空心砌块复合自保温墙体

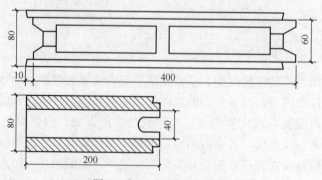

图2 企口型无浆空心砌块

2 耐水脱硫石膏混凝土空心砌块的研制

耐水石膏混凝土是脱硫石膏、耐水增强剂、轻集料、植物纤维和外加剂配制而成。β型半水石膏的耐水性能和强度均不高。为了提高石膏空心砌块的抗压强度和耐水性能，专门研制了石膏的耐水增强剂 YF-V，使脱硫石膏胶结料的性能有较大的提高。现将脱硫石膏胶结料的砂浆性能测试结果列于表 2 中。

表 2　脱硫石膏砂浆抗压强度和软化系数测试结果（1：2.5 砂率）

序号	YF-V /%	湿强度/MPa	干强度/MPa	软化系数	湿强度提高/%	干强度提高/%	吸水率/%
1	0	5.5	15.9	0.35	100	100	19
2	25	12.7	17.5	0.73	231	110	5.9
3	30	15.0	19.0	0.79	273	119	4.9
4	35	16.4	20.3	0.81	298	128	4.7
5	40	18.0	20.8	0.86	327	131	3.4

石膏陶粒轻混凝土小型空心砌块，是以 β 型脱硫石膏中掺有 30% 耐水增强剂 YF-V 为胶结料，混凝土用量为 $430\sim480kg/m^3$，陶粒为粗集料，陶砂为细集料，砂率为 35%，水料比 0.40 左右，配制成的混凝土性能见表 3。

表 3　陶粒混凝土的性能

序号	胶结料/(kg/m³)	陶粒/(kg/m³)	砂/(kg/m³)	水料比	干密度/(kg/m³)	干抗压强度/MPa	湿抗压强度/MPa	软化系数
1	480	800	330	0.4	1480	23.4	18.2	0.78
2	430	850	330	0.42	1450	21.4	15.2	0.71

用 1 号配合比的石膏陶粒混凝土，经模压成型的小型空心砌块的性能测试结果列于表 4 中。

表 4　石膏陶粒混凝土小型空心砌块的性能

砌块尺寸/mm	砌块容重/（kg/m³）	干抗压强度/MPa
400×80×200	850	9.2
400×200×200	810	7.6

用陶砂、玻珠和麦秸秆复合集料生产的耐水石膏空心砌块的性能测试结果列于表 5 中。

表 5　石膏复合集料混凝土小型空心砌块的性能

砌块尺寸/mm	砌块容重/（kg/m³）	干抗压强度/MPa
400×80×200	760	5.6
400×200×200	710	5.0

3 脱硫石膏轻集料空心砌块的研制

脱硫石膏轻集料空心砌块，由纯脱硫石膏和闭孔珍珠岩按体积比 1：1，用浇注法成型，其性能测试结果列于表 6 中。

表6　石膏轻集料混凝土小型空心砌块的性能

砌块尺寸/mm	砌块容重/（kg/m³）	干抗压强度/MPa
400×80×200	660	4.3
400×200×200	610	4.0

4　脱硫石膏保温砂浆的研制

脱硫石膏保温砂浆是由纯脱硫石膏和聚苯颗粒或膨胀珍珠岩按一定体积比配制而成，其测试结果列于表7中。

表7　脱硫石膏保温砂浆的性能

轻集料（1m³）	脱硫石膏/kg	保水剂/‰	干体密度/（kg/m³）	抗压强度/MPa	导热系数/[W/（m·K）]
聚苯颗粒	150	6	200	0.6	0.062
膨胀珍珠岩	150	5	330	1.2	0.087

5　企口型无浆空心砌块复合自保温墙体保温性能评价指标计算

空心砌块可以看作是由砌块材料和空气两种材料组成的两向非均质砌块，无论是在平行热流方向，还是在垂直热流方向上都不是由单一材料构成，其导热过程比较复杂，对整个墙体，可近似看作温度仅沿垂直壁面方向变化而不随时间改变的一维稳定导热过程来计算。

空心砌块复合自保温墙体的简化几何尺寸如图3所示。空心砌块复合自保温墙体的热阻按层分别计算如下。

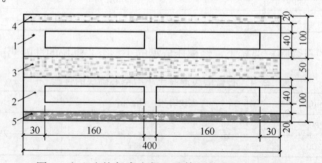

图3　空心砌块复合自保温墙体的简化几何尺寸图

1—外层80mm耐水混凝土砌块，混凝土的导热系数为0.50W/（m·K）；

2—中间50mm保温石膏砂浆或泡沫石膏，导热系数为0.09W/（m·K）；

3—内层80mm石膏轻集料砌块，导热系数为0.15W/（m·K）；

4—外抹20mm防渗抗裂砂浆，导热系数为0.93W/（m·K）；

5—内抹20mm粉刷石膏，导热系数为0.25W/（m·K）

（1）外层80mm耐水混凝土砌块的热阻

根据《民用建筑热工设计规范》（GB 50176），空心砌块的热阻为：

$$R = \frac{A \times \varphi}{\dfrac{Ai}{Ri} + \dfrac{Aj}{Rj}}$$

式中　R——空心砌块的平均热阻，$m^2 \cdot K/W$；

　　A——与热流方向垂直的总传热面积，$0.4m \times 1m = 0.4m^2$；

　　A_i——按平行热流划分的砌块材料部分的传热面积，$0.08m \times 1m = 0.08m^2$；

　　A_j——按平行热流划分的空气部分的传热面积，$0.32m \times 1m = 0.32m^2$；

　　R_i——对应于砌块材料传热面积 A_i 的热阻，$\dfrac{\delta_i}{\lambda_i} = \dfrac{0.08}{0.50} = 0.16$（$m^2 \cdot K/W$）；

　　R_j——对应于空气传热面积 A_j 的热阻 [空气导热系数一般取 $0.16 \sim 0.20W/(m \cdot K)$]，

　　$\dfrac{\delta_1}{\lambda_i} + \dfrac{\delta_2}{\lambda_j} = \dfrac{0.04}{0.50} + \dfrac{0.04}{0.20} = 0.28$（$m^2 \cdot K/W$）；

　　φ——平均热阻修正系数，根据《民用建筑热工设计规范》（GB 50176）附表2.1，

　　$\dfrac{\lambda_j}{\lambda_i} = \dfrac{0.20}{0.50} = 0.40$，查得修正系数 φ 为 0.96。

耐水混凝土砌块的平均热阻为：

$$R_1 = \frac{0.4 \times 0.96}{\dfrac{0.08}{0.16} + \dfrac{0.32}{0.28}} = 0.234(m^2 \cdot K/W)$$

（2）内层 80mm 石膏轻集料砌块的热阻

$$R_i = \frac{\delta_i}{\lambda_i} = \frac{0.08}{0.15} = 0.533(m^2 \cdot K/W)$$

$$R_j = \frac{\delta_1}{\lambda_i} + \frac{\delta_2}{\lambda_j} = \frac{0.04}{0.15} + \frac{0.04}{0.20} = 0.467(m^2 \cdot K/W)$$

根据《民用建筑热工设计规范》（GB 50176）附表2.1，$\dfrac{\lambda_i}{\lambda_j} = 0.75$，查得修正系数 φ 为 0.98。

$$R_2 = \frac{0.4 \times 0.98}{\dfrac{0.08}{0.533} + \dfrac{0.32}{0.467}} = 0.47(m^2 \cdot K/W)$$

（3）中间 50mm 保温石膏砂浆的热阻

$$R_3 = \frac{\delta_3}{\lambda_3} = \frac{0.05}{0.09} = 0.556(m^2 \cdot K/W)$$

（4）外抹 20mm 防渗抗裂砂浆的热阻

$$R_4 = \frac{\delta_4}{\lambda_4} = \frac{0.02}{0.93} = 0.022(m^2 \cdot K/W)$$

（5）内抹 20mm 粉刷石膏的热阻

$$R_5 = \frac{\delta_5}{\lambda_5} = \frac{0.02}{0.25} = 0.080(m^2 \cdot K/W)$$

（6）根据《民用建筑热工设计规范》（GB 50176）附表2.2 和附表2.3查得，内表面换热阻 R_i 为 $0.11m^2 \cdot K/W$；外表面换热阻 R_e 为 $0.04m^2 \cdot K/W$。

脱硫石膏空心砌块复合自保温墙体的总热阻为上述 6 项之和：

$$R_总 = 0.234 + 0.470 + 0.556 + 0.022 + 0.080 + 0.150 = 1.512(m^2 \cdot K/W)$$

脱硫石膏空心砌块复合自保温墙体的总传热系数为：

$$K_总 = 1/R_总 = 0.66W/(m^2 \cdot K)$$

现将国内几种典型的内外保温墙体保温性能评价指标计算结果列于表 8 中做全面比较，

复合保温墙体的保温性能最好，但和国外先进标准比较还有很大距离。

表 8　几种典型外保温和内保温墙体保温性能评价指标计算结果

序号	外墙结构名称	保温层厚度/ mm	外墙总厚度/ mm	热惰性 指标 D	传热阻 R/ $(m^2 \cdot K/W)$	传热系数/ $[W/(m^2 \cdot K)]$
1☆	企口型无砂浆空心砌块复合 墙体（2×80mm块）	50	250	4.79	1.51	0.66
		80	280	4.82	1.84	0.54
2	240mm 砖墙，胶粉聚苯颗粒 外保温	30	295	3.98	0.93	1.08
		40	305	4.15	1.08	0.93
3	240mm 砖墙，胶粉聚苯颗粒 内保温	50	315	4.32	1.23	0.81
		60	325	4.50	1.39	0.72
4	240mm 黏土多孔砖墙，胶粉 聚苯颗粒外保温	30	295	4.07	1.04	0.96
		40	305	4.24	1.19	0.84
5	240mm 黏土多孔砖墙，胶粉 聚苯颗粒内保温	50	315	4.41	1.38	0.74
		60	325	4.59	1.49	0.67
6	200mm 混凝土墙，聚苯颗粒 外保温	30	235	2.48	0.72	1.38
		40	245	2.65	0.88	1.14
7	200mm 混凝土墙，聚苯颗粒 内保温	50	255	2.82	1.03	0.97
		60	265	3.00	1.18	0.85
8	190mm 混凝土空心砌块墙， 聚苯颗粒外保温	30	245	1.93	0.84	1.19
		40	255	2.10	0.99	1.01
9	190mm 混凝土空心砌块墙， 聚苯颗粒内保温	50	265	2.27	1.14	0.88
		60	275	2.45	1.30	0.77

☆　本案。

6　结语

采用工业副产品脱硫石膏生产企口型无浆空心砌块和保温砂浆，经济上是合理的、绿色的、环保的；组合成复合自保温墙体的保温性能评价指标是高的，施工方便，墙体整体性、抗震性均优，对建筑节能 65% 应是可行的。

参考文献

［1］　GB 50176—93 民用建筑热工设计规范．
［2］　建设部科技发展促进中心．外墙保温应用技术［M］．北京：中国建筑工业出版社，2005．

脱硫石膏小型空心砌块的研制

徐红英　刘丽娟　丁大武　唐修仁

1　前言

脱硫石膏是燃煤电厂烟气脱硫过程中产生的废弃物，其主要成分是二水硫酸钙 $CaSO_4 \cdot 2H_2O$。利用脱硫石膏为原料生产建筑石膏，具有广阔的发展前景。这是属国家政策鼓励发展的利废环保项目，能使资源得到充分合理的利用。

建筑石膏及其制品轻质、高强，同时又具有防火、隔热、调湿等功能，其生产能耗又低，逐步成为墙体材料改革的主导产品。随着我国建筑业的发展，对石膏板、石膏砌块等石膏制品的需求量将会越来越大，尤其是具有节能和环保特点的化学石膏基复合墙体材料必将成为我国墙体材料的支柱产品。复合墙体材料充分利用各种现有材料之长，是一种最简捷、最实用、最经济的方法。发展建筑石膏制品，定会大有可为。

国外石膏砌块始于 20 世纪 50 年代，目前，石膏砌块除美洲外，已遍布各大洲，欧洲的应用比较普遍，亚洲、非洲、大洋洲的增幅也较快。我国石膏砌块的发展可分为启蒙、研发、发展三个阶段。启蒙阶段始于 20 世纪 70 年代末，最先是在北京市发展石膏条板，是我国石膏砌块的最初生产。研发阶段为 80 年代至 90 年代，经历引进国外生产机组、自行研制开发生产机组和成型模具，并编制了石膏砌块设计应用图集，为石膏砌块的发展打下了较好的基础。发展阶段始于 90 年代中后期，但生产企业规模普遍偏小。

石膏砌块具有石膏建筑材料固有的特点，可概括为八个字：安全、舒适、快速、环保。

安全：主要是指耐火性好。根据国外的试验结果，二水硫酸钙中结晶水的分解速度约为每 6mm 厚约 15min。据此推算，80mm 厚的石膏砌块分解时间需近 4h，其耐火性能优越。

舒适：是指石膏的"暖性"和"呼吸功能"。根据石膏材料体积密度的不同，石膏建材的导热系数在 $0.20 \sim 0.28 W/(m \cdot K)$ 之间，导热系数小，传热速度慢，人体接触时感觉"暖"；石膏建材的"呼吸功能"源于它的多孔性，这些孔隙在室内湿度大时，可将水分吸入，反之可将水分释放出来，能自动调节室内湿度，使人感到舒适。

快速：是指石膏建材的生产速度快、施工效率高。一般建筑石膏的初/终凝时间在 $6 \sim 30min$ 之间，与水泥制品相比，其凝结硬化快，脱模周期 1h 可达 $4 \sim 5$ 次；石膏砌块的施工属干作业，砌块的四周有企口和榫槽，砌筑速度很快，墙面不需抹灰，局部找平后即可进行终饰，与传统墙面比较，工期可大大缩短。

环保：是指石膏建材节能、节材、可利废、可回收利用、卫生、不污染环境。在水泥、石灰、石膏三大胶凝材料的生产过程中，生成最终产物所需的温度，建筑石膏的煅烧能耗最低，仅为水泥的 1/4、石灰的 1/3，大大节约能源；石膏隔墙是轻质隔墙，不同厚度的纸面石膏板和石膏砌块，每平方米隔墙的质量分别为 $27 \sim 35kg$ 和 $64 \sim 105kg$。

石膏胶凝材料与水泥胶凝材料比较，强度较低，耐水性较差，这就界定了它的使用范围宜以室内为主，并用于非承重部位。根据这一定位，100多年来，在建筑业方面，各国科技工作者开发了许多适宜在室内使用的石膏建筑材料，国外多以纸面石膏板和石膏砌块为主，用于非承重内隔墙、外墙的内侧与室内贴面墙、竖井墙和室内钢结构耐火包覆等。

石膏是气硬性胶凝材料，在空气湿度较大时，还会吸湿，抗压强度下降明显，影响其正常使用。国内外很多研究工作者都在致力于提高石膏制品的耐水性能，目的就在于提高石膏制品在生产、运输和施工中的完好率，扩大它在建筑物中的使用范围，这是很有必要的。在建筑材料学中，材料的耐水性是用软化系数来表示的，即饱水的湿强度和干燥强度之比值。所以目前石膏制品的耐水性能指标，也就是用软化系数来表示。对于石膏板材，受潮时有较大变形，所以又采用挠度大小作为耐水性指标。还有如可能遇水接触时，则又用溶蚀率作指标。在不同的条件下，采用不同的指标表示耐水性，这是合理的。为了提高石膏砌块的软化系数，我们研究成功了石膏专用耐水增强剂，不仅提高了石膏的软化系数，而且提高了其饱水湿强度，降低了吸水率。

我公司年产10万吨脱硫建筑石膏粉，除了用于生产各种粉刷石膏外，为了扩大应用范围，研发了几种石膏砌块。目前石膏墙体有以薄板（纸面石膏板、纤维石膏板等）和龙骨组装的空心墙体、薄板和保温材料复合的复合墙体、空心或实心的块状墙体。块状墙体主要有条板，高2500mm以上，宽600mm，厚度80～120mm；中型砌块，高500mm，长度800mm、666mm或600mm，厚度80～120mm；小型砌块，高190mm，长度390mm，厚度90mm、120mm、190mm、240mm。石膏条板、中型砌块和小型砌块都有使用，各有优缺点。石膏条板的高度和房间层高相同，拼装快捷，但生产、运输要求较高，破损率较大；中型砌块，引进了国外的成套生产设备，现在国产设备也较成熟，浇注成型，挤压脱模，生产率较高；小型砌块的质量较轻，使用灵活，它主要是模压成型立即脱模，和水泥混凝土小型空心砌块的工艺相同，可以使用水泥混凝土砌块成型机组，工艺、设备均较成熟。石膏小型空心砌块也可以浇注成型，但目前尚无成熟的生产设备，需要自行设计或将中型砌块成型机的模箱改制。

2 原材料

2.1 建筑石膏

本公司生产的脱硫石膏粉的性能见表1。

表1 β型半水石膏的性能

初凝/min	终凝/min	2h强度/MPa		绝干强度/MPa		饱水强度/MPa	软化系数
		抗折	抗压	抗折	抗压		
4	7	2.5	6.4	4.5	12.2	3.8	0.31

2.2 石膏专用耐水增强剂 YF-V

本公司研发的石膏专用耐水增强剂 YF-V，它的主要成分为：含有硅铝元素的工业废渣，如矿渣、磷渣、钢渣、硅灰等和少量的有机表面活性剂，自身具有一定的水硬性。按GB/T 17671—1999《水泥胶砂强度检验方法》，检测结果见表2。

表 2   耐水增强剂 YF-V 的性能

初凝/h	终凝/h	28d 抗折强度/MPa	28d 抗压强度/MPa
3.5	6.0	6.2	27.0

2.3　轻集料

（1）粉煤灰陶粒：松散密度 700kg/m³，粒径 8mm 以下，筒压强度 5.6MPa，2h 吸水率 12%。

（2）黏土陶粒：松散密度 620kg/m³，粒径 15～20mm，筒压强度 3.8MPa。

（3）玻化微珠：松散密度 150～200kg/m³，粒径 1～2mm。

2.4　植物纤维

（1）木屑：松散密度 120kg/m³，纤维长 1～10mm。

（2）麦秸秆：松散密度 80～100kg/m³，纤维长 1～15mm。

3　脱硫石膏胶结料

β 型半水石膏的耐水性能和强度均不高。为了提高石膏空心砌块的抗压强度和耐水性能，我公司专门研制了石膏的耐水增强剂 YF-V，使脱硫石膏胶结料的性能有较大的提高。现将脱硫石膏胶结料的净浆性能和砂浆性能测试结果列于表 3 和表 4 中。根据表 3 绘制成图 1，根据表 4 绘制成图 2。

表 3　脱硫石膏胶结料净浆强度和软化系数测试结果

序号	YF-V /%	湿抗压强度/MPa	干抗压强度/MPa	软化系数	湿强度提高/%	干强度提高/%	吸水率/%
1	0	5.3	14.7	0.36	100	100	36
2	10	7.9	18.1	0.44	149	123	34
3	20	11.6	19.7	0.59	219	134	30
4	30	13.9	21.4	0.66	262	146	26
5	40	15.9	21.6	0.73	300	147	21

表 4　1∶2.5 脱硫石膏砂浆抗压强度和软化系数测试结果

序号	YF-V /%	湿强度/MPa	干强度/MPa	软化系数	湿强度提高/%	干强度提高/%	吸水率/%
1	0	5.5	15.9	0.35	100	100	19
2	5	7.0	17.4	0.40	127	109	10
3	10	7.3	18.8	0.39	133	118	9
4	15	11.9	17.9	0.67	216	113	4.5
5	20	12.9	19.1	0.68	234	120	5.8
6	25	12.7	17.5	0.73	231	110	5.9
7	30	15.0	19.0	0.79	273	119	4.9
8	35	16.4	20.3	0.81	298	128	4.7
9	40	18.0	20.8	0.86	327	131	3.4

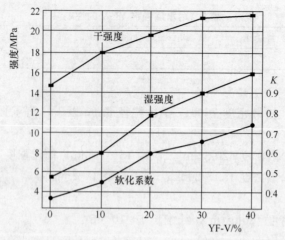

图 1　YF-Ⅴ掺量对石膏净浆强度和软化系数的影响曲线

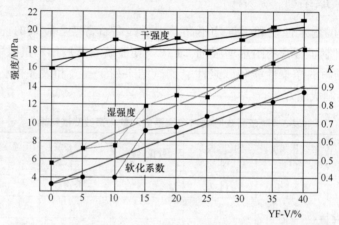

图 2　YF-Ⅴ掺量对脱硫石膏砂浆抗压强度和软化系数的影响曲线

从上述脱硫石膏胶结料的净浆性能和砂浆性能测试结果来看，其基本规律相同，耐水增强剂 YF-Ⅴ 对石膏胶结料试件的绝干抗压强度有 10％～30％ 的提高，而对石膏胶结料试件的饱水抗压强度却有成倍的提高，效果十分显著。这主要由于耐水增强剂 YF-Ⅴ 经过水化后，生成大量的硅酸盐凝胶体包裹在石膏晶体周围，同时还生成部分针状的钙矾石晶体穿插在石膏晶体和凝胶体之间，使整体结构致密，并保护了石膏晶体，降低其受水的影响，所以提高了干强度，特别是提高了石膏制品的湿抗压强度。

在我们测试的范围内，随耐水增强剂 YF-Ⅴ 掺量的增加，湿抗压强度呈直线增加。这里就有一个最佳掺量的问题。如 YF-Ⅴ 掺量超过 50％，其石膏制品的某些性能就改变了，所以 YF-Ⅴ 掺量应有一个限制。这个限制又该如何确定呢？是 10％？20％？还是 30％？我们认为，应根据使用的原材料初始力学性能（主要考虑湿强度）和实际制品要求达到的性能来确定耐水增强剂掺量。石膏空心砌块中，YF-Ⅴ 的掺量一般控制在 20％～30％ 即可。

4　石膏陶粒轻混凝土小型空心砌块的研制

石膏陶粒轻混凝土小型空心砌块，是以 β 型脱硫石膏中掺有 30％耐水增强剂 YF-Ⅴ 为胶结料，混凝土用量为430～480kg/m³，陶粒为粗集料，因目前没有陶砂，所以用普通黄砂为细集料，模数为3.1，砂率为30%，水料比0.40左右，配制成的混凝土性能见表5。

表5　陶粒混凝土的性能

序号	胶结料/ （kg/m³）	陶粒/ （kg/m³）	砂/（kg/m³）	水料比	干密度/ （kg/m³）	干抗压强度/ MPa	湿抗压强度/ MPa	软化系数
1	480	800	330	0.4	1680	25.4	19.8	0.78
2	430	850	330	0.42	1650	23.4	16.7	0.71

用1号配合比的石膏陶粒混凝土，经模压成型的小型空心砌块的性能测试结果列于表6中。

表6　石膏陶粒混凝土小型空心砌块的性能

砌块尺寸/mm	砌块容重/（kg/m³）	干抗压强度/MPa
390×90×190	930	10.1
390×120×190	950	9.2
390×190×190	840	7.9

5　石膏玻珠轻混凝土小型空心砌块的研制

石膏玻珠轻混凝土小型空心砌块，是以β型脱硫石膏中掺入35%耐水增强剂YF-V为胶结料，松散密度160kg/m³的玻化微珠为轻集料，另掺入减水剂0.5%、缓凝剂0.1%，配制的轻混凝土性能的测试结果列于表7中。

表7　石膏玻珠轻混凝土的性能

序号	胶结料和 玻珠体积比	W/G	干密度/ （kg/m³）	干抗压强度/ MPa	湿抗压强度/ MPa	软化系数
1	1∶1	0.4	1200	12.2	8.7	0.71
2	1∶2	0.7	780	7.2	4.5	0.62

用1号轻混凝土模压成型的小型空心砌块的性能测试结果列于表8中。

表8　石膏玻珠轻混凝土小型空心砌块的性能

砌块尺寸/mm	砌块干密度/（kg/m³）	干抗压强度/MPa
390×90×190	690	5.4
390×190×190	600	4.2
390×90×190	400	2.9☆

☆　体积比为1∶2，即2号轻混凝土。

6　木屑石膏混凝土小型空心砌块的研制

木屑石膏混凝土小型空心砌块，是以β型脱硫石膏中掺入30%耐水增强剂YF-V为胶结料，木屑为集料，另外掺有减水剂0.3%、缓凝剂0.1%，配制成的木纤维石膏混凝土性能的测试结果列于表9中。

表9　木屑石膏混凝土的性能

序号	木屑掺量/%	YF-V/%	W/G	干抗压强度/MPa	湿抗压强度/MPa	软化系数	干密度/(kg/m³)
1	15	15	0.4	10.6	6.4	0.60	1300
2	15	30	0.4	11.5	7.9	0.69	1360
3	20	15	0.45	9.8	5.4	0.55	1240
4	20	30	0.45	10.3	6.3	0.61	1250
5	30	30	0.48	7.2	3.8	0.53	1200

用2号配合比的混凝土模压成型的小型空心砌块的性能测试结果列于表10中。

表10　木屑石膏混凝土小型空心砌块的性能

砌块尺寸/mm	砌块密度/（kg/m³）	砌块抗压强度/MPa
390×90×190	760	5.2
190×90×90	990	8.5
390×190×190	680	5.1

7　石膏混凝土小型空心砌块的研制

石膏混凝土小型空心砌块，是以β型脱硫石膏中掺入30％耐水增强剂 YF-V 为胶结料，以 10mm 以下的碎石为粗集料，普通中砂为细集料，另掺有 0.5％的减水剂和 0.1％的缓凝剂，配制成的石膏混凝土性能的测试结果列于表11中。

表11　石膏混凝土的性能

序号	1m³材料用量/kg				干密度/（kg/m³）	干抗压强度/MPa	湿抗压强度/MPa	软化系数
	石膏胶结料	碎石	砂	水				
1	450	1170	610	150	2300	31.6	27.2	0.86
2	400	1170	650	150	2280	27.6	21.8	0.79

用1号配合比的混凝土，经模压成型生产的小型空心砌块的性能测试结果列于表12中。

表12　石膏混凝土小型空心砌块的性能

砌块尺寸/mm	砌块容重/（kg/m³）	干抗压强度/MPa
390×120×190	1080	12.5
390×190×190	1060	10.2

8　石膏小型空心砌块的研制

石膏小型空心砌块，是以纯β型脱硫石膏而无集料，掺入适量保水剂，用浇注法成型。小型空心砌块性能的测试结果列于表13中。

表13　纯石膏小型空心砌块的性能

砌块尺寸/mm	砌块容重/（kg/m³）	干抗压强度/MPa
390×90×190	580	3.1
390×120×190	570	2.7

半干法脱硫灰在制砖中的应用研究

王彦梅

1 前言

"十二五"以来，伴随国家不断加大对钢铁厂及火电厂 SO_2 排放的治理力度，国内已研发推出了许多脱硫技术，其中以燃烧后烟气脱硫（FGD）技术为当前大规模商业化应用较为成功的一类脱硫技术，其按照脱硫过程可以分为湿法、干法和半干法三类。由于干法、半干法脱硫工艺投资低、占地小、能耗少、工艺简单，并很好地克服了湿法脱硫工艺的一些问题和不足，被公认为小型电厂和工业锅炉的烟气脱硫最经济有效的手段。国家环境保护总局等部门提出，燃用含硫量<2%煤的中小电厂锅炉（<200MW），或是剩余寿命低于10年的老机组建设烟气脱硫设施时，宜优先采用半干法、干法或其他费用较低的成熟技术，并要求水资源匮乏地区的燃煤电站要采用节水的干法、半干法烟气脱硫工艺技术。随之必然带来大量干法、半干法脱硫灰渣的处置和利用等问题。由于干法、半干法脱硫灰成分极其复杂，其组成主要是以亚硫酸钙、硫酸钙、脱硫剂和部分飞灰以及一些附属杂质如氯化钙和氟化钙等组成的复杂混合体系，而且其中的亚硫酸钙在利用的过程中性质十分不稳定，如在潮湿环境下将被缓慢氧化、在酸性环境中会酸化分解、在高温时会高温分解等，所以多以堆放和抛弃处置为主，对周围环境带来影响，且浪费了资源。脱硫灰的合理利用对于减少二次污染、废物资源化具有重要意义，因而如何有效对干法、半干法脱硫灰进行资源化应用是国内外目前重要的研究课题。

2003年全国全面限制生产和使用实心黏土砖，彻底改变了实心黏土砖占主导地位的局面，实现了新型墙体材料发展的历史性飞跃。这就需要有大量的新型墙体材料来补充。2005年新型墙体材料折合标准砖达3000亿块，占墙体材料总量的38%，到2015年新型墙体材料占墙体材料总量的55%左右，省会城市要达到75%以上，而利用粉煤灰、脱硫灰等工业废料生产蒸压粉煤灰砖、灰砂砖是墙材发展的重点。因此建材制品的需求量还在扩大。我国蒸压脱硫灰砖产品以砌块为主，而生产砖的企业还在少数。在国家政策扶持下，大量利用废渣、废料生产砖已经是我们这个行业的趋势，所以用脱硫灰制砖的市场变得非常的活跃与广阔。

本课题的主要目的就是以半干法脱硫灰为研究对象，探索其在制砖方面的技术，大幅度提高脱硫灰综合利用资源化效率，缓解建材对资源、能源的大量消耗和脱硫灰对环境的污染。这样既可以减少占地面积，又能提高废物利用率，实现环境效益、经济效益和社会效益共赢。

2 试验原料与方法

2.1 原材料

（1）脱硫灰

试验所采用的半干法脱硫灰取自江苏沙钢集团，为了对这种脱硫灰有一个全面的研究，以下分别从物相组成、化学性质、物理性质等方面对该种脱硫灰进行分析。用 X 射线衍射

（XRD）测定该脱硫灰的化学成分与物相组成，用激光粒度分析仪对该脱硫灰的物理性质进行分析。

1）脱硫灰的物相组成分析

对该脱硫灰进行 X 射线衍射（XRD）分析，如图1所示。

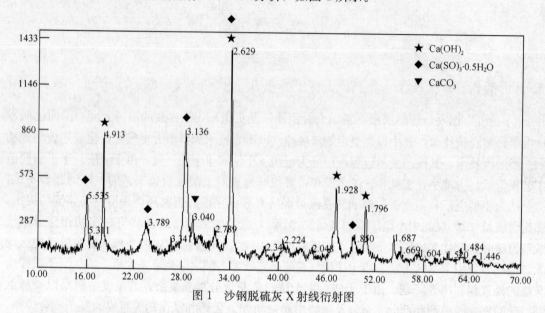

图1　沙钢脱硫灰 X 射线衍射图

从图1中的物相检索出如下晶体：$CaSO_3 \cdot 0.5H_2O$、$Ca(OH)_2$、$CaCO_3$、SiO_2（石英），通过计算得知脱硫灰的各物相质量百分含量为：$CaSO_3 \cdot 0.5H_2O$ 59.65%、$Ca(OH)_2$ 35.16%、$CaCO_3$ 3.74%、SiO_2（石英）1.45%。

2）脱硫灰的物理性质分析

脱硫灰是一种较细的粉末，其细度可以用比表面积及粒径分布来表征，脱硫灰的粒径分布不仅可以反映出其整体的细度，还可以反映其中不同粒径颗粒的分布情况。比表面积是粉体材料、超细粉和纳米粉体材料的重要特征之一，粉体的颗粒越细，比表面积越大，其表面效应，如表面活性、表面吸附能力、催化能力等越强。

脱硫灰的物理性质测试结果见图2的粒径分布图。

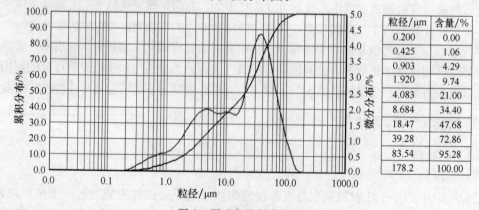

粒径/μm	含量/%
0.200	0.00
0.425	1.06
0.903	4.29
1.920	9.74
4.083	21.00
8.684	34.40
18.47	47.68
39.28	72.86
83.54	95.28
178.2	100.00

图2　脱硫灰粒径分布图

图 2 的测试结果表明，其 D_{10}：$1.965\mu m$，D_{50}：$20.51\mu m$，D_{90}：$64.90\mu m$，比表面积为 $411.6m^2/kg$。

（2）其他原材料

集料（中粗砂）、胶凝材料（水泥）、矿物掺合料（粉煤灰、矿粉）以及添加剂均为公司生产上所用，由采购部统一采购。

2.2 试验方法

试验采用原状脱硫灰，掺加一定量的辅料、激发剂、集料，加入所需水量，经水泥胶砂搅拌机慢搅、快搅各 2min，出料后进行压制，小型试件使用 60mm×60mm×30mm 方形模成型，成型后静停过夜，采用不同的养护工艺进行养护，取出后至相应龄期分别测小型试件的抗压强度。根据小型试件的抗压强度确定混合料的最佳配方和生产工艺，根据 GB/T 2542—2012《砌墙砖试验方法》中非烧结砖抗压强度试验进行。按照 JC/T 239—2014《蒸压粉煤灰砖》的技术要求确定试制脱硫灰砖的质量和产品等级。

3 脱硫灰砖基料的配合比研究

脱硫灰砖是由多种原料混合而成的，混合料的配合比如果恰当，则制品质量稳定，强度增高，而且能节约原材料和降低成本。所以混合料的配合比是否恰当，是生产脱硫灰砖时的一个重要环节，也是本课题研究的重点。

3.1 配合比的要求

（1）满足脱硫灰砖的强度要求

灰砂砖是一种墙体材料，其质量好坏主要表现在强度、外观、耐久性及其他几项物理性能上。其中强度，特别是抗压强度是它的主要方面。本课题提出的目标是灰砂砖的强度标号达到 MU10 以上，即抗压强度在 10MPa 以上。

（2）满足生产工艺的要求

配合比是否恰当，对制品成型有密切关系。配合比合适的混合料，应具有一定的塑性，以便于在选定的生产设备条件下成型。

（3）满足耐久性的要求

合理的配合比应保证制品具有良好的耐久性，应具有抗冻、抗碳化和干湿交替作用的能力，其中对于江苏地区而言，应以耐水抗软化性能作为砖的主要耐久性指标。

（4）满足经济合理的要求

选择和确定配合比时，应在保证制品质量的前提下，尽量少用水泥、石膏等原料，并且要充分利用工业废渣和各种地方原料。对于本课题而言，就是提高半干法脱硫灰渣在物料中的比例，以达到降低成本和废物循环利用的目的。

3.2 配合比的选择试验

（1）脱硫灰掺量对砖制品性能的影响

试验选定 10％的 42.5 普通硅酸盐水泥作为辅料，固定保水剂 0.2％和水固质量比 0.3，分别以矿粉、粉煤灰作为非独立影响因素，通过改变脱硫灰的掺量，考察对脱硫灰砖力学性能的影响。试样在（20±2）℃（湿度大于 70％）下养护至规定龄期时，利用 TYB-300B 型微机控制恒加载抗折抗压试验机测试硬化体不同龄期的抗折强度和抗压强度。

1）以矿粉为非独立因素，脱硫灰掺量对脱硫灰砖性能的影响

试验结果见表1，关系图如图3、图4所示。

表1　脱硫灰掺量对脱硫灰砖性能的影响

质量比（脱硫灰∶矿粉）	水泥/质量百分数，%	HPMC	7d 强度/MPa		28d 强度/MPa	
			抗折	抗压	抗折	抗压
50∶40			2.8	12.7	3.8	15.9
60∶30			2.0	8.4	3.0	14.4
70∶20	10	0.2%	1.4	5.2	2.6	8.3
80∶10			0.4	2.0	1.8	3.1
90∶0			0.3	1.5	0.4	2.1

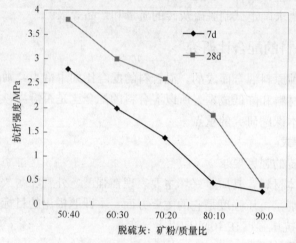

图3　脱硫灰掺量对砖抗折强度的影响

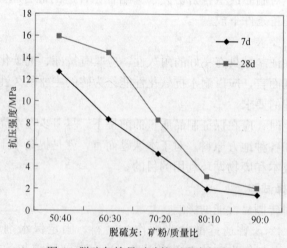

图4　脱硫灰掺量对砖抗压强度的影响

从表1及图3、图4可以看出，随着脱硫灰掺量的增加，脱硫灰砖的抗折及抗压强度逐渐减小，在脱硫灰掺量为50%，即与矿粉质量比为50∶40时脱硫灰砖的抗折与抗压强度分

别达到 3.8MPa 和 15.9MPa。

2）以粉煤灰为非独立因素，不同脱硫灰掺量对脱硫灰砖性能的影响

试验结果见表 2。

表 2　脱硫灰掺量对脱硫灰砖性能的影响

质量比（脱硫灰：粉煤灰）	水泥/质量百分数，%	HPMC	7d 强度/MPa		28d 强度/MPa	
			抗折	抗压	抗折	抗压
50：40			0.2	1.0	0.3	2.1
60：30						
70：20	10	0.2%	无强度	无强度	无强度	无强度
80：10						
90：0						

由表 2 数据可知，脱硫灰与粉煤灰在不同质量比时无硬化体产生。这是因为粉煤灰要产生强度，一方面必须在一定的碱度（pH＞13.2）条件下，另一方面在常温［(20±2)℃］条件下粉煤灰水化速度很慢。

（2）集料掺量对脱硫灰砖性能的影响

集料在脱硫灰砖中起到骨架和填充作用，本试验以细度模数为 2.3 的中粗砂为集料，考察不同集料掺量对脱硫灰砖力学性能的影响。本试验固定脱硫灰、矿粉、水泥质量比为 50：40：10，结果见表 3，关系图如图 5、图 6 所示。

表 3　集料掺量对脱硫灰砖性能的影响

集料/%	7d 强度/MPa		28d 强度/MPa	
	抗折	抗压	抗折	抗压
0	2.8	12.7	3.8	15.9
20	2.3	11.3	3.3	25.1
25	2.7	12.3	3.8	27.2
33	3.0	15.5	4.9	29.1
50	2.5	11.0	4.7	24.2

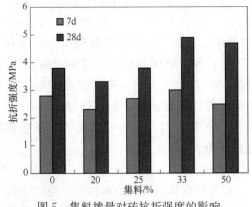

图 5　集料掺量对砖抗折强度的影响

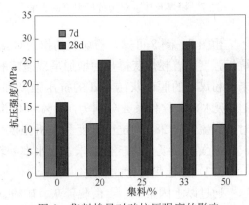

图 6　集料掺量对砖抗压强度的影响

由图 5、图 6 可见，随着集料掺量的逐渐增加，脱硫灰砖的抗折、抗压强度先增大后减小。当集料掺量为 33% 时脱硫灰砖的抗折、抗压强度分别达到 4.9MPa、29.1MPa，脱硫灰砖的物理性能达到最优，其性能指标可以达到 JC/T 239—2014《蒸压粉煤灰砖》中 MU25 的性能指标要求。

（3）粉煤灰掺量对脱硫灰砖性能的影响

粉煤灰中含有大量的活性物质 SiO_2 和 Al_2O_3，在砖制品中掺该活性物质，不仅可以解决砖制品的耐水性，而且可以大量利用固体废弃物，同时降低生产成本。粉煤灰掺量对脱硫灰砖性能的影响见表 4，关系图如图 7、图 8 所示。

表 4   粉煤灰掺量对脱硫灰砖性能的影响

粉煤灰/%	7d 强度/MPa		28d 强度/MPa		24h 吸水率/%		28d 软化系数
	抗折	抗压	抗折	抗压	7d	28d	
0	3.0	15.5	4.9	29.1	1.9	1.1	0.82
5	2.7	13.8	4.3	26.8	2.3	1.4	0.84
10	2.5	10.6	3.6	21.6	2.6	1.6	0.86
15	1.8	8.9	2.8	15.3	3.3	2.0	0.84
20	1.0	5.1	1.7	9.8	3.5	2.3	0.81

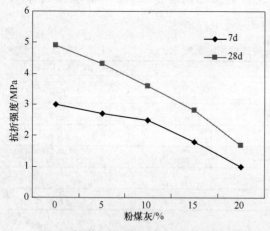

图 7   粉煤灰掺量对砖抗折强度的影响

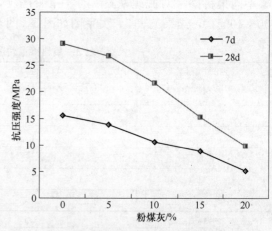

图 8   粉煤灰掺量对砖抗压强度的影响

由图 7、图 8 可知，粉煤灰的掺入对脱硫灰砖性能的影响较大，脱硫灰砖的抗压强度和抗折强度随着粉煤灰掺量的增加呈现递减的趋势，且随着养护龄期的延长呈现递增的趋势。未掺粉煤灰的脱硫灰砖 28d 的抗压强度和抗折强度（分别为 29.1MPa 和 4.9MPa）最佳，24h 吸水率和软化系数分别为 1.1% 和 0.82。但综合考虑性能和成本，粉煤灰掺量在 10% 时，脱硫灰砖 28d 的抗压强度和抗折强度（分别为 21.6MPa 和 3.6MPa）满足《蒸压粉煤灰砖》强度等级 MU15 的要求，吸水率和软化系数分别为 1.6% 和 0.86。

3.3   最佳配合比的确定

通过以上因素试验，由脱硫灰、矿粉、粉煤灰、水泥和集料组成的物料体系，可以满足成型条件，其中强度最大的一组配合比是：脱硫灰：矿粉：水泥＝50：40：10，集料掺量为

33%时，抗压强度是 29.1MPa，其性能指标可以达到 JC/T 239—2014《蒸压粉煤灰砖》中 MU25 的性能指标要求。在满足 MU10 等级的条件下，为了降低成本，掺入 10%的粉煤灰，其配比是，脱硫灰：矿粉：粉煤灰：水泥＝50：30：10：10，集料掺量为 33%时，抗压强度是 21.6MPa。

4 制备工艺参数的研究

选择适当的工艺参数可以保证在能源和原材料消耗较低的条件下获得性能较高的砖制品，因此工艺参数的确定是本研究的重点。基于此点考虑，本研究对脱硫灰砖工艺参数的确定进行了较为详尽的分析。

4.1 加水量对脱硫灰砖性能的影响

配料中的自由水主要起两个作用，一是作化学结合水参与反应，二是起胶黏作用，提高混合料的黏度以利于成型。但成型水分必须适量，水分过多增加配料的黏度，成型中降低了压实功能，易挤出水分，出现粘膜甚至分层破坏的现象，最终使制品强度大幅度降低；水分过少会造成配料水分不充分，制品出现分层、表面起粉、外观质量差，影响强度和耐久性，并给成型带来不便。

在满足工艺要求的基础上，在一定的压力作用下，每种基料随含水率不同，可获得不同的干容重，但其中必有一个相应的含水量最易压实土料，并能达到最大密实度，也就是能使试件达到最大抗压强度，该含水率称为最佳含水率。本组试验讨论了配料中加水量与砖制品力学性能的关系。结果见表 5，关系图如图 9、图 10 所示。

表 5　加水量对脱硫灰砖性能的影响

加水量/%	7d 强度/MPa		28d 强度/MPa	
	抗折	抗压	抗折	抗压
11	2.0	10.3	2.8	16.6
13	3.0	13.6	4.1	25.9
15	2.6	12.8	3.6	20.2
17	2.3	11.5	3.3	19.8
19	2.1	10.9	3.0	18.6

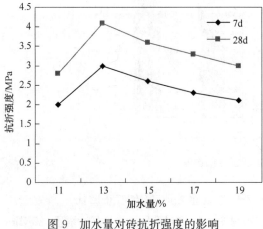

图 9　加水量对砖抗折强度的影响

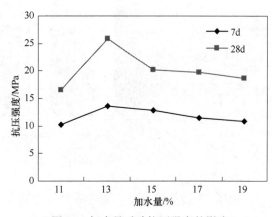

图 10　加水量对砖抗压强度的影响

结合表 5 和图 9、图 10 可以发现，当加水量为 11％时，脱硫灰砖 28d 抗压强度和抗折强度分别为 16.6MPa 和 2.8MPa。随着加水量的增加，抗压强度和抗折强度也在不断增加，当加水量达到 13％时，抗压强度达到最大值 25.9MPa，抗折强度达到 4.1MPa。在整个过程中，随着加水量的增加，逐渐为砖坯提供了足够的水分参与化学反应，提高混合料的黏度以利于结合。再随着加水量的增加，抗压强度和抗折强度逐渐降低，同时加水量为 17％时在成型中砖坯表面出现轻微粘膜现象，这是因为加水量的增加使配料黏度提高，成型中降低了压实功能。当加水量达到 19％时，在成型过程中砖坯表面挤出大量水分，并且出现粘膜造成了砖坯的破坏，使得力学性能有所降低。综合考虑，加水量控制在 13％时，可得到性能较优良的脱硫灰砖。

4.2 成型压力对脱硫灰砖性能的影响

成型压力对灰砂砖的成本、强度、抗冻性、外观质量均有着重大的影响。尤其是灰砂砖的早期强度的形成在很大程度上依靠成型机的压力。根据实验室条件，选择成型压力分别为 10MPa、15MPa、17MPa、20MPa、25MPa，通过试验讨论成型压力与砖坯 7d、28d 抗压强度的关系。试验结果见 6，关系图如图 11 所示。

表 6   成型压力对脱硫灰砖性能的影响

成型压力/MPa	抗压强度/MPa	
	7d	28d
10	13.6	25.9
15	16.9	29.1
17	17.1	30.2
20	17.5	31.4
25	18.2	31.7

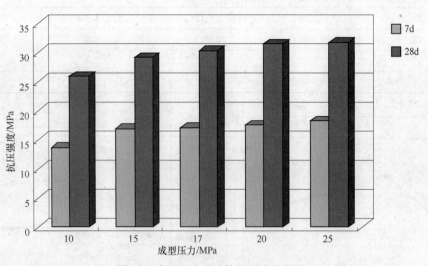

图 11   成型压力对砖抗压强度的影响

由图 11 趋势图可见，随着成型压力的增加，脱硫灰砖的抗压强度不断增加。当成型压力从 10MPa 增至 15MPa 时，灰砂砖的强度增加幅度较大；当压力从 17MPa 增至 25MPa

时，试件抗压强度提高增幅不大。

灰砂砖的强度取决于养护过程中水化产物的数量和颗粒之间的紧密程度。当原材料种类及配合比以及蒸养制度固定后，水化产物的数量、种类也随之固定。在这种情况下，通过提高生料坯体的成型压力可以有效地增强材料内部颗粒之间连接的紧密程度，降低孔隙率，限制水化产物的生长空间，从而增加水化产物接触点数目，最终提高灰砂砖的抗压强度及其相关性能。通过试验发现，灰砂砖试件强度与生料坯体成型压力有着一定的正相关关系，但在实际操作中，随着生料坯体成型压力的不断增大，生料坯体出模的难度加大，还会出现坯体断角、断边等现象。

在工艺流程操作中出现这种情况是原料搅拌不均匀和在生料坯体压制过程中加压速度过快导致的。对于大量粉体材料的生料坯体压制，应避免加压速度过快，尽量合理控制加压速度。从实际操作经验来看，1～2kN/s 可以满足大部分坯体成型的要求。另外，在压制过程中，压到设定压力后，适当静停 1～2s 的时间，可以有效消除内部粉体材料变形的不均匀性，能有效地提高其成品率。

综上所述，坯体成型压力越大，砌块强度越高，本工艺条件下脱硫灰生料坯体较为适宜的成型压力为 15～20MPa，加压速度控制在 1～2kN/s 即可满足要求。

4.3 养护工艺对脱硫灰砖性能的影响

养护工艺是影响脱硫灰力学性能的一个重要因素，对养护工艺进行控制主要依靠养护温度和养护时间等指标。

（1）养护温度

在养护时间相同的条件下，加水量 13％、成型压力 15MPa 时，分别考察在 25℃、45℃、60℃和100℃的抗压强度，确定养护温度对脱硫灰砖抗压强度的影响。试验结果如图 12所示。

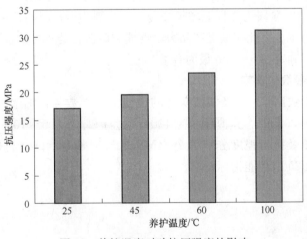

图 12　养护温度对砖抗压强度的影响

由图 12 可以看出，随着养护温度的升高，脱硫灰砖的抗压强度不断增加。25～60℃阶段：温度的提高加速了物料间的化学反应，使物料间的化学反应较为充分，抗压强度有所提升；60～100℃阶段：这一阶段抗压强度提升得更为明显，因为温度的升高除了加速了物料间的反应外，还因为在 100℃产生的蒸汽在砖坯表面冷却，不断地透入砖坯的细孔内部，并与砖坯内原有的水分合在一起，溶解砖坯内部的可溶物质，如二氧化硅（SiO_2）和三氧化二铝（Al_2O_3），使之相互作用，生成含水的硅酸钙和铝酸钙，形成新结构，使强度增长。所以将养护温度确定在100℃。

（2）养护时间

养护时间是指砖坯在养护箱中保持恒定的一段时间，是脱硫灰砖发生硬化反应和早期强度增长的主要阶段，也直接影响着脱硫灰砖的耐久性。本试验设定不同的养护时间来观察脱硫灰砖力学性能的变化，试验结果如图13所示。

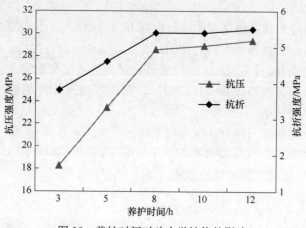

图13　养护时间对砖力学性能的影响

由图13可见，随着养护时间的增加，脱硫灰砖的抗压强度也在不断增加，特别在3～8h阶段，力学性能提升尤为明显。这是因为在养护的初期，发生了比较强烈的化学反应，水化产物总量（可溶三氧化二铝、可溶二氧化硅和结合氧化钙）不断增加，强度急剧上升。相比于3～8h阶段，8～12h阶段力学性能增长缓慢。这是因为养护时间达到8h后，水化产物的反应和数量增长均趋缓。因此在满足产品力学性能和耐久性能指标的前提下，养护时间不宜过长。因此养护时间确定在8～10h最为合适。

4.4　最佳工艺参数的确定

通过以上工艺参数试验，制备脱硫灰砖的最佳工艺参数为：加水量应该控制在13%左右，成型压力为15～20MPa，养护温度为100℃，养护时间为8～10h。在此工艺参数条件时，脱硫灰砖的抗压及抗折强度分别是29.4MPa、5.5MPa，可达到JC/T 239—2014《蒸压粉煤灰砖》中MU25的性能指标要求。

5　结论

5.1　结论

随着我国控制和削减SO_2排放力度的不断加大，烟气脱硫已进入快速发展阶段。半干法脱硫技术具有流程简单、占地面积少、无污水排放等优点，但其副产脱硫灰生成量较高，如何有效加以资源化利用已成为当前急需解决的重要课题。本项目的目的是研究脱硫灰制备脱硫灰砖的最优配方及参数的优化设计，为其在制备生态建材方面提供技术依据。通过试验得出如下结论：

（1）试验所用半干法脱硫灰颗粒主要集中在 $20 \sim 70 \mu m$ 之间，比表面积为 $411.6 m^2 / kg$。脱硫灰的主要物相组成为 $CaSO_3 \cdot 0.5H_2O$、$Ca(OH)_2$、$CaCO_3$、SiO_2（石英），其中 $CaSO_3 \cdot 0.5H_2O$ 含量为 59.65%，$Ca(OH)_2$ 含量为 35.16%，$CaCO_3$ 含量为 3.74%，SiO_2（石英）含量为 1.45%，属高钙高硫型废渣，其中硅、铝含量很低，因此其胶凝活性很差。

（2）根据实验室条件，通过试验确定在脱硫灰砖制作过程和养护过程的配合比及工艺参数如下：

1）材料质量配合比为：脱硫灰：矿粉：粉煤灰：水泥＝50：30：10：10，脱硫灰的掺入量在干物质中达到50%。

2）水固比0.13。

3）成型压力 $15 \sim 20MPa$。

4）养护制度：100℃蒸汽养护 $8h \sim 10h$。

（3）试样性能：通过试验分析，所得脱硫灰砖的抗压强度为 $29.4MPa$，抗折强度为 $5.5MPa$，均高于 JC/T 239—2014《蒸压粉煤灰砖》中 MU25 强度等级的要求。

（4）强度形成机理

半干法脱硫灰砖的成型和强度来源于以下四个方面：1）物理机械作业；2）水泥的水解和原料间的水化反应，其水化产物是脱硫灰砖获得强度的主要因素；3）颗粒表面的离子交换和团粒化作用；4）各相间的界面作用。

5.2 应用前景及效益

（1）前景

我国现在每年需 7000 亿块承重墙体砖，随着经济规模的扩大，人民生活水平的提高，城乡住房建设也将进一步扩大，各地特别是小城镇建设对承重墙体砖的需求会进一步增加。全国大中城市，每个城市每年需要的承重墙体砖都大于 10 亿块，如果以每块砖运输费用小于 0.03 元为销售半径，则销售范围内年需求承重墙体砖不会少于 100 亿块。由此可见，以工业废渣制备新型墙体材料的市场前景良好。

（2）经济效益

由于用半干法脱硫灰制砖不用煅烧、不用蒸压，只需采用蒸汽养护一段时间即可出厂达到成品标准，生产成本低于其他工业废渣制蒸压砖或双免砖的成本。以年产 20 万吨半干法脱硫灰的规模计算，经粗略估计，可形成一条年产 1 亿块蒸养标准灰砂砖的生产线，若按每块砖的利润 0.1 元计，一年的利润就是 1000 万元。因此，经济效益可观。

（3）社会效益

用半干法脱硫灰制砖，既为电厂或钢厂烟气脱硫副产物的处理开辟了一条新路，也为国家政策禁止使用黏土砖提供了替代产品。本项目在环保、再生资源利用、节能、国土资源保护等方面都具有重要的意义，其社会效益显著。

免煅烧磷石膏砖的制备和性能研究

何玉鑫　万建东　华苏东　唐永波　姚　晓　刘小全

【摘　要】　在活性激发剂的作用下，利用矿渣、磷石膏（PG）和水泥混合制备磷石膏基胶凝材料（PGS），然后研究不同的砂率和粉煤灰的掺量对 PGS 砂浆性能的影响。结果表明：当激发剂掺量在 3％时，在 20℃（湿度大于 70％）养护下，PGS 固化体 28d 的抗压强度和抗折强度（41.9MPa 和 7.1MPa）分别较未掺激发剂的提高了 47.3％和 42.3％，28d 软化系数为 0.94；PGS 固化体 28d 总孔隙率（12.21％）较 7d 的降低了 88.0％；当砂率在 1∶1 时，磷石膏砖的性能最佳，28d 的抗压强度和抗折强度分别为 56.9MPa 和 4.8MPa；粉煤灰掺量在 20％时，磷石膏砖的抗压强度和抗折强度分别为 35.8MPa 和 3.3MPa，吸水率和软化系数分别为 2.3％和 0.90，质量损失率、抗压强度损失率和抗折强度损失率分别为 1.9％、5.5％和 4.3％。

【关键词】　磷石膏；矿渣；粉煤灰；胶凝材料；砖

Preparation and performance study non-calcined phosphgypsum brick

He Yuxin　Wan Jiandong　Hua Sudong　Tang Yongbo　Yao Xiao　Liu Xiaoquan

Abstract：Slag, phosphgypsum（PG）and cement could be blended into preparing phosphgypsum based cementing material（PGS）with certain activator, then studied the effects of the different sand ratio and fly ash content on PGS mortar. The results showed that when activator content was 3wt.％, the 28-day compressive strength and flexural strength for hardened PGS（41.9MPa and 7.1MPa）increased by 47.3％ and 42.3％ comparison with without activator at 20℃（over 70 R. H.）respectively, and the softening coefficient was 0.94; the 28-day total porosity（12.21％）decreased by 88.0％ for the 7-day's; when sand ratio was 1∶1, the 28-day compressive and flexural strength were 56.9MPa and 4.8MPa; when fly ash content was 20％, the compressive strength and flexural strength for phosphgypsum brick were 35.8MPa and 3.3MPa, water absorption and the softening coefficient were 2.3％ and 0.90 respectively, simultaneously mass loss ratio, compressive strength loss ratio and flexural strength loss ratio were 1.9％, 5.5％ and 4.3％ respectively.

Key words：phospgypsum; slag; fly ash; cementing material; brick

　　磷石膏（PG）是生产磷肥的副产物，国内每年产生 PG 近 5000 万吨，仅约 20％被利用，累积堆存量已超过 2.5 亿吨。大量未处理的 PG 堆积或直接排放，污染土地和水资源[1-5]。磷石膏资源化利用具有重要的现实意义，有利于解决环境污染、发展循环经济和有效利用资源，充分利用磷石膏已成为中国磷肥企业能否可持续化发展的关键。

以 PG 为主要原料，复配适量的矿渣微粉制备磷石膏基胶凝材料（PGS），可以作为二次利用 PG 的新途径。Singh[6]利用柠檬酸净化 PG，将其掺入矿渣水泥中，仅利用 5% 左右的 PG；张毅[7]利用大量未处理的 PG 制备 PGS，仅需在 65℃下养护 24h；杨家宽[8]利用不同蒸汽条件处理 PG，将其 40% 用于制备蒸压砖，抗压强度仅为 25MPa 左右。目前 PG 的处理费用高、利用率低和 PG 制品养护要求高、强度低等制约着 PG 在建筑材料领域的运用。笔者在未处理的 PG 中掺入矿渣微粉，在水泥和液体激发作用下制备了性能优良的 PGS，以及掺入粉煤灰和砂子制备免煅烧的磷石膏砖，以期有助于提高工业废物的资源化利用和建筑材料生产的节能水平。

1 原材料与试验方法

1.1 原材料

PG（四川绵阳），灰色粉末状，主要成分是 $CaSO_4 \cdot 2H_2O$（图 1），粒径较粗（图 2）；矿渣（江苏南京），粉末状，比表面积为 $410m^2/kg$，两种原材料的化学组成见表 1；52.5 级普通硅酸盐水泥（江苏南京）；普通河砂（市售）；碱激发剂为水玻璃、氢氧化钠溶液和硫酸钠按一定比例自制；保水剂，市售甲基纤维素。

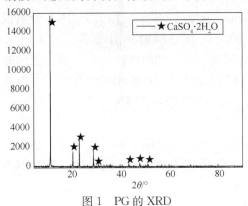

图 1　PG 的 XRD

图 2　PG 晶体的形貌

表 1　原材料的化学组成　　　　　　　　%

原材料	CaO	SO₃	SiO₂	Al₂O₃	P₂O₅	R₂O	TiO₂	MgO	MnO
PG	30.85	31.85	4.65	4.20	3.22	0.32	0.2	0.24	—
矿渣	31.75	—	36.86	19.84	—	0.90	1.13	8.54	0.24
粉煤灰	4.57	0.71	53.00	30.58	0.237	1.95	1.08	1.25	0.05

注：R_2O 表示碱金属氧化物，PG 烧失量 22.91%。

1.2 试验方法

按 PG：矿渣：水泥质量比为 50：40：10 混合，在保水剂（掺量为 0.2%，外加剂均外掺）、碱激发剂（1%、3% 和 5%）和水固质量比 0.3 作用下制备 PGS。试样在 20℃（湿度大于 70%）下养护至规定龄期时，利用 WHY-5 型压力试验机和 KZY-30 电动抗折仪测试硬化体不同龄期的抗压强度和抗折强度。利用 GT-60 型压汞仪测试试块的孔隙率和孔径分布，并利用 JSM-5900 型扫描电子显微镜对试块的断面形貌进行分析。

2 结果与讨论

2.1 不同碱激发剂掺量时 PGS 的性能

活性碱激发剂可以为 PGS 体系提供更多的 OH^- 和 SO_4^{2-}，促进水化反应和生成更多的水硬性产物（AFt 和 C-S-H 凝胶）[9]。不同碱激发剂掺量时 PGS 的性能见表 2。

表 2　不同碱激发剂掺量时 PGS 的性能

掺量/%	凝结时间/h：min		抗压强度/MPa		抗折强度/MPa		28d软化系数
	初凝	终凝	7d	28d	7d	28d	
0	7：50	14：45	15.5	22.1	3.2	4.1	0.87
1	4：26	9：24	17.8	28.0	3.9	4.5	0.89
3	3：25	6：29	28.5	41.9	5.1	7.1	0.94
5	2：02	5：12	26.1	31.5	4.3	4.6	0.91

由表 2 可知，PGS 浆体的凝结时间随着碱激发剂掺量的增加呈缩短的趋势，PGS 固化体的抗压强度和抗折强度随着碱激发剂的掺量增加呈先增加后减小的趋势。当激发剂的掺量在 3% 时，7d 和 28d 的 PGS 固化体抗压强度（28.5MPa 和 41.9MPa）分别较未掺激发剂的提高了 45.6% 和 47.3%，7d 和 28d 的 PGS 固化体抗折强度（5.1MPa 和 7.1MPa）分别较未掺激发剂的提高了 37.3% 和 42.3%，此时初凝时间和终凝时间分别为 3h25min 和 6h29min，28d 软化系数为 0.94。这可能是碱激发剂提高了体系的碱度，中和了磷石膏的酸和促进 PG 体系的水化，缩短了凝结时间；适量的碱激发剂可以致密 PGS 的孔隙，改善其强度和耐水性，而过量的碱激发剂生成过多的 AFt，致体系膨胀而性能下降。

2.2 PGS 固化体的总孔隙率和孔径分布

孔隙率和孔径分布可以有效评价 PGS 固化体的耐水性，孔隙率小和孔径分布在小孔区间，PGS 固化体耐水性优异。在 20℃（湿度大于 70%）养护条件下，不同养护龄期时 PGS 固化体的总孔隙率和孔径分布见表 3。

表 3　PGS 固化体总孔隙率和孔径分布

龄期/d	总孔隙率/%	孔径分布/%			密度/g·cm⁻³
		0～50nm	50～100nm	＞100nm	
7	22.96	63.41	4.19	32.40	1.616
28	12.21	85.77	4.37	9.86	1.756

由表 3 可知，养护龄期的延长对 PGS 固化体的总孔隙率和密度影响较大，PGS 固化体 28d 总孔隙率（12.21%）较 7d 的降低了 88.0%，28d 的密度（1.756g·cm⁻³）较 7d 的高 8.0%。养护龄期的延长对 PGS 孔径分布影响较大，PGS 固化体 28d 的 0～50nm 无害孔（占 85.77%）较 28d 的提高了 26.1%，＞100nm 有害孔（占 9.86%）较 7d 的降低了 228.6%。可见，随着养护龄期的延长，PGS 固化体水化反应充分，更加致密，有利于阻止介质水进入体系内部，有利于无害孔的增加。

2.3 微观结构分析

矿渣在水泥等碱性激发条件下，活性二氧化硅和三氧化铝不断地从矿渣玻璃体中解离出来参与水化反应。随着养护龄期的延长，水化产物不断地生成，孔结构致密，强度和耐水性改善。其断面形貌如图 3 所示，其中（a）为养护 7d 的 PGS 断面形貌，（b）为养护 28d 的 PGS 断面形貌。

(a)   (b)

图 3　PGS 固化体的断面形貌

（a）养护 7d 的 PGS 固化体；（b）养护 28d 的 PGS 固化体

由图 2 和图 3 可知，7d 龄期的 PGS 固化体中板状磷石膏晶体转化成棱柱状，这主要是受水化初期液相碱度的影响。在液体激发剂的作用下，OH^- 离子浓度增加，促使 $CaSO_4 \cdot 2H_2O$ 晶体尺寸减小（根据 Edinger 理论[10]）。少量絮状的 C-S-H 凝胶将各组分包裹形成网状的结构，颗粒之间的空隙较大；28d 龄期的 PGS 固化体内部大量絮状的 C-S-H 凝胶包裹各组分，形成更加致密的网状结构，从宏观上提高 PGS 固化体的力学性能。

2.4　不同砂率免煅烧磷石膏砖的性能

基于上述的试验结果可知，PGS 具有力学性能优异和耐水性好的特点。本试验测试了在 20℃（湿度大于 70%）养护下砂率为 1∶1 和 1∶2 的磷石膏砖的力学性能，试验结果如图 4 所示。

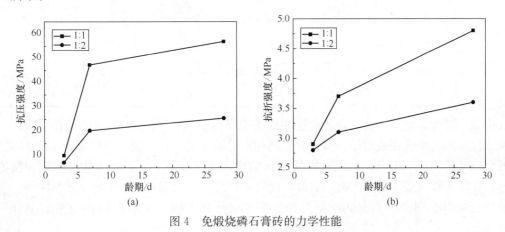

(a)   (b)

图 4　免煅烧磷石膏砖的力学性能

由图 4 可知，磷石膏砖的力学性能随着砂率的增加呈减小的趋势，随着养护龄期的延长呈增加的趋势。在砂率为 1∶1 时 PGS 砂浆的性能最佳，磷石膏砖 7d 和 28d 的抗压强度分别为 47.3MPa 和 56.9MPa，7d 和 28d 的抗折强度分别为 3.7MPa 和 4.8MPa。

2.5 不同粉煤灰掺量时磷石膏砖的性能

粉煤灰中含有大量的活性物质 SiO_2 和 Al_2O_3，在 PGS 内掺有该活性物质，不仅可以解决 PGS 的耐水性，而且可以大量利用固体废弃物，同时降低生产成本。不同粉煤灰掺量时磷石膏砖的性能见表 4。

表 4 不同粉煤灰掺量时磷石膏砖的性能

掺量/%	抗压强度/MPa		抗折强度/MPa		24h 吸水率/%		28d 软化系数
	7d	28d	7d	28d	7d	28d	
0	47.3	56.9	3.7	4.8	1.9	1.1	0.92
5	38.9	47.9	3.6	3.9	2.3	1.4	0.94
10	33.2	40.3	3.2	3.5	2.6	1.6	0.93
15	32.5	38.9	3.1	3.3	2.0	2.0	0.93
20	29.2	35.8	2.8	3.3	3.5	2.3	0.90

由表 4 可知，粉煤灰的掺入对磷石膏砖性能的影响较大，磷石膏砖的抗压强度和抗折强度随着粉煤灰掺量的增加呈现递减的趋势，且随着养护龄期的延长呈现递增的趋势。未掺粉煤灰的磷石膏砖的 28d 抗压强度和抗折强度（分别为 56.9MPa 和 4.8MPa）最佳，24h 吸水率和软化系数分别为 1.1％和 0.92。但综合考虑性能和成本，粉煤灰掺量在 20％时，磷石膏砖的抗压强度和抗折强度（35.8MPa 和 3.3MPa）满足《蒸压粉煤灰砖》强度等级 MU15 的要求，吸水率和软化系数分别为 2.3％和 0.90。

2.6 免煅烧磷石膏砖的抗冻性能

为了进一步研究免煅烧磷石膏砖的耐久性能，本文将按照 JC/T 239—2014《蒸压粉煤灰砖》的要求测试磷石膏砖的抗冻性能，其试验结果见表 5。

表 5 免煅烧磷石膏砖的抗冻性能

掺量/%	抗压强度损失率/%	抗折强度损失率/%	质量损失率/%
0	6.8	5.2	1.8
5	5.7	4.8	1.7
10	6.1	5.1	1.7
15	4.7	4.2	1.4
20	5.5	4.3	1.9

由表 5 可知，免煅烧磷石膏砖的抗冻性能均满足 JC/T 239—2014《蒸压粉煤灰砖》的要求。这是因为矿渣在硫酸盐、碱性激发剂和水泥的激发下，生成大量的絮状 C-S-H 凝胶，包覆磷石膏砖的各个组分，形成致密的网状结构，进而改善了磷石膏砖的致密性和抗冻性能；粉煤灰不仅可以填充密实磷石膏砖，而且一部分参与后期水化，生成水硬性物质。当粉煤灰掺量在 20％时，磷石膏砖的质量损失率、抗压强度损失率和抗折强度损失率分别为 1.9％、5.5％和 4.3％。

3 结论

（1）当激发剂的掺量在 3％时，7d 和 28d 的 PGS 固化体抗压强度分别较未掺激发剂的提高了 45.6％和 47.3％，7d 和 28d 的 PGS 固化体抗折强度分别较未掺激发剂的提高了 37.3％和 42.3％，28d 软化系数为 0.94。

（2）养护龄期的延长对 PGS 固化体的总孔隙率和密度影响较大，PGS 固化体 28d 总孔隙率（12.21％）较 7d 的降低了 88.0％，28d 的密度（1.756g·cm^{-3}）较 7d 的高 8.0％。

（3）在砂率为 1:1 时，磷石膏砖的性能最佳，PGS 砂浆的 7d 和 28d 抗压强度分别为 47.3MPa 和 56.9MPa，PGS 砂浆的 7d 和 28d 抗折强度分别为 3.7MPa 和 4.8MPa。

（4）磷石膏砖的抗压强度和抗折强度随着粉煤灰掺量的增加呈现递减的趋势，且随着养护龄期的延长呈现递增的趋势。粉煤灰掺量在 20％时，磷石膏砖的抗压强度和抗折强度分别为 35.8MPa 和 3.3MPa，吸水率和软化系数分别为 2.3％和 0.90，质量损失率、抗压强度损失率和抗折强度损失率分别为 1.9％、5.5％和 4.3％。

参考文献

[1] McCartney J S, Berends R E. Measurement of filtration effects on the transmissivity of geocomposite drains for phosphogypsum [J]. Geotextiles and Geomembranes，2010，28（2）：226-235.

[2] Ma L P, Ning P, Zheng S C, et al. Reaction Mechanism and Kinetic Analysis of the Decomposition of Phosphogypsum via a Solid-State Reaction [J]. Industrial and Engineering Chemistry Research，2010，49（8）：3597-3602.

[3] Othman I, Al-Masri M S. Impact of phosphate industry on the environment：A case study [J]. Applied Radiation and Isotopes，2007，65（1）：131-141.

[4] Kumar S. Fly ash-lime-phosphogypsum hollow blocks for walls and partitions [J]. Building and Environment，2003，38（2）：291-295.

[5] Ghosh A. Compaction characteristics and bearing ratio of pond ash stabilized with lime and phosphogypsum [J]. Journal of Materials in Civil Engineering，2010，22（4）：343-351.

[6] Singh M. Treating waste phosphogypsum for cement and plaster manufacture [J]. Cement and Concrete Research，2002，32（7）：1033-1038.

[7] 张毅，王小鹏，李东旭. 大掺量工业废石膏制备石膏基胶凝材料的性能研究 [J]. 硅酸盐通报，2011，30（2）：367-372.

[8] 杨家宽，谢永忠，刘万超，等. 磷石膏蒸压砖制备工艺及强度机理研究 [J]. 建筑材料学报，2009，12（3）：352-355.

[9] 吴其胜，刘学军，黎水平. 脱硫石膏-矿渣微粉复合胶凝材料的研究 [J]. 硅酸盐通报，2011，30（6）：1454-1458.

[10] Edinger S E. The growth of gypsum [J]. J Cryst Growth，1973，（18）：217-223.

第五章　石膏晶须

石膏晶须制备的综述

丁大武　唐修仁　唐永波

0　引言

晶须是指具有固定的横截面形状、完整的外形、完善的内部结构、长径比达 5～1000 的纤维状单晶体。石膏晶须（石膏纤维）是指半水或无水硫酸钙的纤维状单晶体，是一种性能优良、价格低廉（是碳化硅、二氧化钛等金属类晶须的千分之一到万分之一）的新型功能材料。它具有极高的抗拉强度和弹性模量，可作为高价值的工业材料应用，且价格低，可用于树脂、橡胶、涂料、造纸中作增强剂或功能型填料，又可以用于摩擦材料、建筑材料、密封材料、保温及阻燃材料等，有着极为广阔的发展前景。但目前国内外的生产方法，不仅生产成本高，而且污染重，发展前景令人担忧。因此，研究石膏晶须的廉价制备方法，不仅是保护环境的需要，更是经济社会发展的需要。

本文对当前石膏晶须的制备方法进行了概括比较，并对在湿法磷酸中制备石膏晶须的方法进行重点介绍，该方法目前国内外还没有先例，具有很大的技术优势和显著的社会效益。

1　石膏晶须的制备方法

1.1　以天然石膏为原料制备石膏晶须

以天然石膏为原料制备硫酸钙晶须，主要有水压热法和常压酸化法两种方法。水压热法是将质量分数小于 2% 的二水石膏悬浮液加到水压热器中处理，在饱和蒸汽压下，二水石膏变为细小针状的半水石膏，再经晶形稳定化处理，得到半水硫酸钙晶须，该方法生产成本高，应用受到限制。常压酸化法是指在一定温度下，高浓度二水石膏悬浮液在酸性溶液中可以转变成针状或纤维状半水硫酸钙晶须。与水压热法相比，此方法不需要压热器，且原料的质量分数大大提高，成本大幅度降低，易于实现工业化生产。段庆奎等人发明了一种以天然二水石膏（或柠檬酸渣石膏）为原料制备石膏晶须的方法。具体是将 30g 原料与 240g 水混合制得料浆，将 pH 值调至 4，在 115～150℃进行水热反应，反应约 2h，在反应温度升至 90～92℃时加入晶种石膏晶须 40mg，并加入晶剂十二烷基硫酸钾 30mg，使其充分反应，进行过滤，过滤后的物料在搅拌下喷洒聚乙烯醇溶液，进行表面处理，聚乙烯醇的喷洒量是物料质量的 0.01%～0.05%，然后进行干燥，干燥在 120℃烘箱内进行。这种方法得到的石膏晶须平均直径为 2～4μm，平均长径比 80 左右，耐水性极佳，用途广泛，但其生产成本较高，推广难度较大。另外，韩跃新等人以生石膏为原料制取了硫酸钙晶须，其本质是颗粒状的生石膏转化成了纤维状无水硫酸钙，制得的硫酸钙晶须长度为 $50\sim100\mu m$，直径为 $1\sim4\mu m$，晶须的尺寸均匀，在成本及价格方面优势明显，但在上述反应体系中除杂操作难度大，很有可能影响晶须产品的质量。

1.2 以卤渣为原料制取硫酸钙晶须法

该法以海盐卤水经石灰乳处理后的卤渣为原料，工艺流程分两步。第一步：石灰乳处理卤水。将提溴后的卤水用氧化钙乳液中和，控制卤液 pH 值为 $7.6\sim8.0$，过滤，滤液用于制取针状氢氧化镁，滤渣备用。第二步：制取晶须状硫酸钙。将前述卤渣用一定量水稀释，加入工业废酸溶解、搅拌，调节 pH 值至 $2\sim3$，加热溶液至沸腾。此时，残渣中大部分 Ca^{2+} 已进入溶液中，趁热过滤，冷却后即有白色晶体析出，在显微镜下观察为细长纤维状。母液返回使用，在循环过程中发现溶液颜色发生变化时，则需进行除杂质铁的处理，一般可采用 $Ca(OH)_2$ 调节 pH 值，将沉淀铁滤去。这种方法制得的硫酸钙晶须产品纯度达 $(Ca_2SO_4 \cdot 2H_2O)$ 98.0%，除杂效果较好，而且得到了针状氢氧化镁阻燃剂，但试验步骤繁杂，不易工业化。

1.3 石膏溶液法

该法的工艺流程是：二水石膏→粉磨→料浆→水热反应→过滤→干燥→半水石膏晶→煅烧→硬石膏晶须。其中，石膏原料可任选，但硫酸钙含量最好大于 95%，细度最好 80% 小于 60 目，要求基本上无有害杂质。料浆的质量分数通常控制在 5%～10%，质量分数是重要的控制因素。水热反应温度一般在 $105\sim150\,^{\circ}\mathrm{C}$ 范围或更高压力为 $202.65\sim506.63\mathrm{kPa}$，时间 0.5～8h，在最佳反应温度下应保温一段时间，以使全部硫酸钙都转变成晶须，成纤后立即将松散的晶须同过量的水分离。一般采用压滤，压滤时温度不得低于 $100\,^{\circ}\mathrm{C}$，滤饼立即干燥，并趁热进行稳定化处理，制成半水石膏晶须，其平均 L/d 可达 60～100。将该半水石膏晶须在高温下（$400\sim600\,^{\circ}\mathrm{C}$）焙烧，即成死烧的不溶性硬石膏晶须，该产物能长时间保持稳定，在有水分存在时，也不易回复至水化状态。这种方法可以把一些废弃的二水石膏制成石膏晶须，但水热反应需要较高温度和较大压力。

1.4 废气脱硫法

该法的工艺流程是：废烟气冷却→吸收→调整 pH 值和氧化→过滤→干燥纤维。石灰乳在吸收 SO_2 后形成亚硫酸钙料浆，加硫酸或通入废烟气，使料浆 pH 值控制在 3～4，料浆中掺加助晶剂和氧化催化剂如氯化铵、氯化锰、硫酸铜、硫酸锰等，掺量在 0.01%～0.2% 范围内。然后进入氧化阶段，通过引入氧气或空气使之氧化。氧化反应完成后趁热过滤，经洗涤后，$90\,^{\circ}\mathrm{C}$ 干燥，可获 $\phi12\mu m$、$L100\mathrm{mm}$ 的晶须。该法的优点在于把废烟气制成了廉价的石膏晶须产品，且适宜工业生产，具有一定的市场潜力，为石膏晶须的制造提供了一种新思路，目前在德国和日本发展很快。

1.5 其他方法

在石膏晶须的诸多制备方法中，水蒸气吹入式连续生产法和直接从液相制取法也较为普遍。水蒸气吹入式连续生产法是将 $4\mathrm{kg/cm^3}$ 的水蒸气用气液混合装置吹入二水石膏的料浆中，边搅拌边使料浆保持在 $115\sim140\,^{\circ}\mathrm{C}$，连续将料浆泵入蒸压釜，并保持釜温，将未反应的二水石膏和析晶完的针状晶须混合的时间控制在最低限度，生成直径 $1.2\mu m$ 的石膏晶须。该法可连续生产，热效率高。直接从液相制取法是将含硫酸的甲醇溶液与含氯化钙的甲醇溶液以 4∶1（体积）混合，经 5min～72h 熟成后，过滤、干燥（$45\,^{\circ}\mathrm{C}$），即得到 $L/d>100$ 的

Ⅱ型石膏晶须。该法不经半水石膏而直接制成Ⅱ型石膏晶须，工艺简单，省却水热反应及高温煅烧工序，所用的甲醇大部分可蒸馏回收。

2 在湿法磷酸中制造磷石膏晶须

2.1 试验方法

传统的湿法磷酸制造过程中每生产1t湿法磷酸（以 P_2O_5 计）副产磷石膏约4～5t，全世界磷石膏的年排放量接近2亿吨，但实际利用率不到总量的1/10。大量的磷石膏露天堆放，占用土地，严重污染环境，成为世界性难题。陈学玺等人发明的在湿法磷酸中制造石膏晶须的方法对传统湿法磷酸生产工艺进行改进，利用湿法磷酸生产过程中的钙离子和硫酸根离子制备出了雪白的磷石膏晶须，在化学反应的源头上避免了磷石膏废渣的生成，是典型的绿色清洁化工工艺。许立信等采用两步法工艺，选择优良的晶型改良剂，在湿法磷酸中制备出了雪白的磷石膏晶须。第一步：采用磷酸浸取磷矿石，控制浸取化学反应的工艺条件，减少化学反应本身对目标产物的污染，得到比较纯净的磷酸。第二步：提供适宜的结晶条件，使石膏晶须理想、规整，有利于其在其他行业中的应用。

2.2 磷石膏晶须的形状

用上述方法制得的磷石膏晶须，呈白色细针状，过滤性能良好。用B5-223I型显微镜观察其典型形状为直径 $2～4\mu m$、长径比 $10～100$，用JSM-6700F电子显微镜观察其横截面为六边形。

2.3 磷石膏晶须的应用

在湿法磷酸中制造石膏晶须，是将工业废弃物转化成有用材料，生产成本非常低廉，目前国内外还没有先例，具有很强的技术优势和广泛的应用前景。初步研究显示，将本文所得的磷石膏晶须产品用于代替碳酸钙用作橡胶、塑料等高分子材料的填充、补强材料，可以使橡胶制品的弹性提高30%。将本文所得的磷石膏晶须应用在造纸中，可替代 $30\%～70\%$ 的木浆或草浆。把磷石膏晶须按36%、52%、65%的比例混入木浆，造出的纸张洁白光滑，其白度、抗拉强度等性能指标和纯木浆制成的纸张相差不大。磷石膏应用于造纸在国内还没有先例。目前木浆的市场价5000元/t左右，而本文磷石膏晶须的制造成本不超过500元/t，如果按替代30%的木浆计算，每吨纸的生产成本可减少1350元，市场潜力巨大。

3 结论

通过对以上石膏晶须制备方法的比较，可以看出，在湿法磷酸生产中制造石膏晶须的方法具有生产成本低廉、石膏晶须产品优良等优点。该方法与"先污染后治理"的传统思路完全不同，从化学源头上解决了磷石膏的利用问题，完全符合可持续发展战略的要求，是典型的绿色化学工艺，它必将对经济社会的发展产生巨大的推动作用，对社会与环境的和谐发展产生深远影响。

硫酸钙晶须的制备技术及应用研究

唐永波

【摘　要】　本文介绍了硫酸钙晶须在价格及其力学性能方面的优势，概括了硫酸钙晶须的基本特性及制备方法，对硫酸钙晶须在造纸、橡胶、塑料、涂料及摩擦材料等方面的应用也进行了较为详细的介绍，最后展望了硫酸钙晶须开发的主要方向。

【关键词】　石膏；晶须；制备方法；进展

0　引言

晶须是在人为控制条件下晶体沿某一方向定向生成的呈细小纤维状单晶，晶须的长度一般介于 $10\sim1000\mu m$ 之间，直径通常为 $0.01\sim10\mu m$[1]，内部缺陷及晶体表面的微裂纹少，故晶须的力学性能常常接近原子间价健的理论强度，抗拉强度高。与玻璃纤维相比，硫酸钙晶须尺寸微细，更易在树脂或水中分散，更适用于制造尺寸要求高、表面光洁的制品[2]。另外，硫酸钙晶须价格很低，甚至比木浆和一些树脂及其高档填料的价格还低，市场价约为 $4800\sim10000$ 元/t，仅为碳化硅等无机晶须的几十分之一，力学性能中等。目前，硫酸钙晶须已在汽车、机械等领域取得了长足的发展[3]，在造纸、高分子基复合材料、摩擦材料、沥青改性等领域有着广阔的应用前景。

1　硫酸钙晶须的一般性质

1.1　半水硫酸钙及无水硫酸钙的晶体结构

C. Bezou、A. Nonat、J. -C. Mutin 在 20 世纪 90 年代曾用 XRD 和中子衍射精确测定了 $CaSO_4 \cdot 0.5H_2O$ 的晶胞参数[4]，现依据 C. Bezou 等测得的数据用绘图软件做出 $CaSO_4 \cdot 0.5H_2O$ 的晶体结构如图 1、图 2 所示。

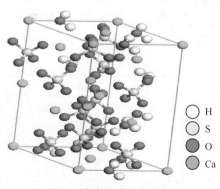

○ H
○ S
● O
○ Ca

图 1　半水硫酸钙晶胞图

图 2　半水硫酸钙晶体结构图

对照图 3[4] 和图 4，CaSO$_4$ · 0.5H$_2$O 晶体模拟衍射图（图 4）和实测衍射图的主要衍射峰及相对强度完全一致，因此图 1 所示 CaSO$_4$ · 0.5H$_2$O 晶体结构是可靠的。

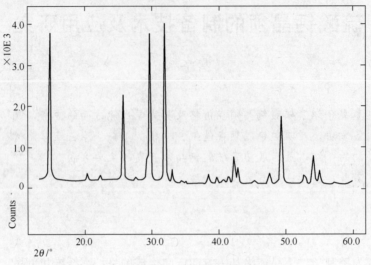

图 3　CaSO$_4$ · 0.5H$_2$O 的衍射图

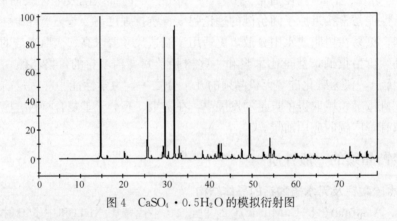

图 4　CaSO$_4$ · 0.5H$_2$O 的模拟衍射图

1.2　硫酸钙晶须及其他常见无机晶须的力学性能[5]

由表 1 可看出，CaSO$_4$ 晶须的抗拉强度比 α-Al$_2$O$_3$ 和 SiC 稍低，但比 K$_2$Ti$_6$O$_{13}$ 和 Si$_3$N$_4$ 高；此外，CaSO$_4$ 晶须的弹性模量较其他的晶须低。从成本来看，CaSO$_4$ 晶须的价格仅为 α-Al$_2$O$_3$ 和 SiC 晶须的百分之一、K$_2$Ti$_6$O$_{13}$ 晶须成本的三分之一左右，从性价比综合考虑，CaSO$_4$ 晶须的优势明显。

表 1　常见晶须的性能

晶须	密度/（g/cm³）	熔点/℃	长度/μm	直径/μm	抗拉强度/GPa	弹性模量/GPa
CaSO$_4$	2.96	1450	35～150	0.2～0.4	21	182
α-Al$_2$O$_3$	3.96	2040	5～200	0.5～10	28	434
SiC	3.2	2700	5～300	0.5～10	35	480
Si$_3$N$_4$	3.18	1960（升华）	50～200	1—1.6	13.7	385
K$_2$Ti$_6$O$_{13}$	3.6	1370	10～100	0.1～1.5	7.8	280

2 硫酸钙晶须的制备方法

2.1 制备原理

生成硫酸钙晶须的化学反应过程如下式所示[6]：

$$CaSO_4 \cdot 2H_2O（颗粒）\xrightarrow{\text{高温高压水溶液}} Ca^{2+} + SO_4{}^{2-} + 2H_2O \tag{1}$$

$$Ca^{2+} + SO_4{}^{2-} + 0.5H_2O \xrightarrow{\text{高温高压水溶液}} CaSO_4 \cdot 0.5H_2O（半水晶须）\tag{2}$$

$$CaSO_4 \cdot 0.5H_2O \xrightarrow{\text{高温灼烧}} CaSO_4（无水晶须）+ 0.5H_2O \tag{3}$$

生成石膏晶须的总的化学反应如式（4）所示：

$$CaSO_4 \cdot 2H_2O 颗粒 \xrightarrow{\text{高温高压}} CaSO_4 \cdot 0.5H_2O（晶须）+ 1.5H_2O \tag{4}$$

2.2 反应温度

2.2.1 由石膏溶解度确定反应温度

无水石膏、半水石膏、二水石膏的溶解度曲线如图 5[7] 所示。当温度达 97℃时，二水石膏和半水石膏的溶解度曲线相交；当温度高于 97℃时，由于溶液中的 Ca^{2+} 和 SO_4^{2-} 离子的浓度高于半水硫酸钙的溶解度，故硫酸钙晶须的生成就是溶解度较大的 $CaSO_4 \cdot 2H_2O$ 颗粒向溶解度较小的 $CaSO_4 \cdot 0.5H_2O$ 晶须转化的过程。另外在 James Joseph Eberl、Moylan Edmund Thelen 的专利中，二水石膏和半水石膏的溶解度曲线约在 102℃相交于一点[8]。

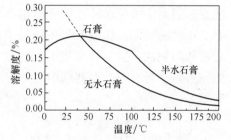

图 5 水中硫酸钙的溶解度曲线

2.2.2 根据热力学计算反应温度

（1）计算原理

由于制备石膏晶须所采用的水热法是在高温高压的环境下生成，因此不能采用在常压下的热力学数据进行相关计算。根据物理化学的基本原理，可通过式（5）～式（7）获取高温高压下物质的吉布斯自由能，具体的数值计算过程由 Matlab 7.8 完成。

$$G = vdp - sdt \tag{5}$$

$$G = \int Vdp - \int Sdt \tag{6}$$

$$\Delta_r G_m = \int_{P1}^{P2} \Delta_r V_m dp - \int_{373.15K}^{T} \Delta_r S_m dT \tag{7}$$

（2）计算结果

根据物理化学中熵、焓、吉布斯自由能是状态函数的特点，有研究者借助 Mathworks 公司的 Matlab 对半水石膏晶须生成反应进行热力学计算[9]，结果如下：

$$\Delta_r G_m（反应 4）= 779.0t - 0.69 \times 10^{-4} t^3 + 0.196 t^2 + 0.122 \times 10^{-6} t^4 - 0.586 \times 10^{-17} t^7 +$$
$$0.142 \times 10^{-12} t^6 - 0.233 \times 10^{-9} t^5 - 103.5 - 138.08t \times \log(t)（kJ/mol）$$

从图 6 中可看出，当温度高于 101℃时 $\Delta_r G_m$（反应 4）＜0，故二水石膏开始转化为半水石膏的起始温度为 101℃，此计算结果与 James Joseph Eberl 等的研究结果完全一致，详见图 6 所示。

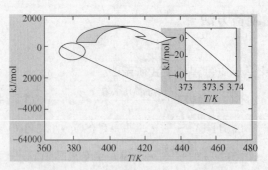

图 6 晶须转化反应的吉布斯函数曲线

2.3 制备方法和工艺条件

2.3.1 制备方法

目前制备硫酸钙晶须主要有水热法和常压酸化法。水热法一般是将质量分数介于 2%～30% 的二水石膏如天然石膏、脱硫石膏、柠檬废渣等悬浮液加到蒸压釜中，二水石膏在高温高压的化学环境下重新结晶形成晶须。在水热法制备硫酸钙晶须方面，东北大学、中科院青海湖研究所等单位做了较为系统的研究，做出了大量富有成效的工作[7,10]。对常压酸化法，俄罗斯学者曾做过大量研究，但真正生产、应用的较少。本文作者与上海东升新材料有限公司共同申请一专利[11]。以下主要介绍水热法工艺和所得产物的性能、参数。

2.3.2 水热法的工艺参数

（1）温度、时间、浓度、转速等工艺参数的最优化

为考察水热法制备硫酸钙晶须的最佳工艺参数，凤晓华等[12]设计了 4 因素 3 水平的正交试验，通过正交试验确定制备硫酸钙晶须的最佳工艺为：悬浮液浓度为 10%，压力 0.2MPa，温度 115℃，搅拌速率为 150r/min。

（2）pH 值的选择

邓志银等[13]研究了 pH 值对硫酸钙晶须长径比的影响，结果表明，当 pH 值为 5 时，晶须的直径为 1～4μm，平均长度为 218.67μm，长径比达到最大值 82.57，如图 7、图 8 所示。随着 pH 值的增加，杂质的 SiO_2 逐渐转变为 $CaSiO_3$，并使溶液中的离子平衡发生变化，从而增加或减少了硫酸钙晶体在某些晶面上的生长速度。

图 7 pH 值等于 5 时 $CaSO_4 \cdot 0.5H_2O$ 晶须的照片

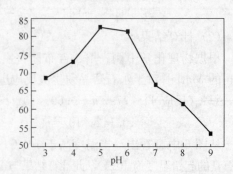

图 8 pH 值对 $CaSO_4 \cdot 0.5H_2O$ 长径比的影响

（3）硫酸钙晶须转晶剂

王力等人[14]的研究工作表明，转晶剂的选择需同时考虑石膏的溶解度及晶体能单向生长两个方面的因素。试验表明：在石膏的悬浮液中加入 $MgCl_2$ 作转晶剂时有利于硫酸钙晶须的单向生长，当 Ca/Mg 摩尔比达 13 时，晶须的长径比达到最大值 53。

目前对 α 高强石膏的转晶剂的研究较多，而关于石膏晶须转晶剂的研究工作则鲜有报道，这方面的研究工作还有待加强。

2.3.3 我们的初步研究结果

我们对天然纤维石膏、多种工业副产石膏（电厂烟气脱硫石膏、冶金脱硫石膏、磷石膏、柠檬酸石膏等）采用水热法进行系统试验研究。初步获得以下认识：

（1）天然纤维石膏、电厂烟气脱硫石膏、柠檬酸石膏都可以生产出很好的石膏晶须，后两种粒径细，转化方便，能耗和成本很低。但脱硫石膏原料发黄，达不到某些用户对于白度的要求；好的天然石膏越来越少，如要磨得很细，则能耗高，生产成本也高。综合观之，柠檬酸石膏最好，可以加工出长径比大、白度高、容重低的石膏晶须，有的类似纳米材料。

（2）主要工艺参数

加工溶液的浓度：10％左右，生产时要提高产量还得采取一系列措施；

蒸压釜的温度：115～125℃（相应的压力为 0.14～0.2MPa）；

加工溶液的 pH 值 6～7；

转晶剂和晶种的应用有利于纤维晶体的生成，加大长径比；

采用有效的稳定剂可以防止半水石膏晶须在干燥过程中水化；

湿晶须干燥温度在 100℃ 以上，最好是热旋风干燥，保证真正烘干，又不破坏晶须结构。

（3）半水石膏晶须的主要物理参数

晶须长度 40～1000μm，晶须直径 0.1～1μm，容重 0.1～0.6g/cm^3。

3 硫酸钙晶须的应用

3.1 造纸行业

陕西科技大学造纸工程学院李鸿魁等[15]对石膏晶须用于纸张增强方面做了细致的研究。试验结果表明：石膏晶须掺入量小于 10％时，成纸的物理强度有一定的下降，当石膏纤维加入量大于 10％时，成纸的物理强度开始上升，详细数据见表 2。

表 2 石膏纤维对纸张物理性能的增强

石膏掺入量	裂断长增加值	耐折度增加值	撕裂断增加值	耐破指数增加值
38％（针叶木浆）	22.80％	60.70％	39.90％	25.40％
22％（阔叶木浆）	19.60％	46.90％	19.10％	44.20％
20％（草木混合浆）	23.10％	37.10％	33.40％	27％

山东太和集团对晶须在纸张中的应用也做了工业性试验，试验所得数据见表 3、表 4。

表3　山东太和集团纸厂造纸试验结果之一

试样号	定量/g	水分/%	吸水/g	强度/MPa	灰分/%	透气性
空白-1	204	6.9	595	3.5	8.0	高
空白-2	211	6.2	604	3.45	8.1	高
掺20%晶须	214	5.6	严重透水	3.3	18.1	高
掺20%晶须	280	7.1	718	3.3	18.0	高
掺30%晶须	250	3.6	严重透水	3.0	18.3	高
掺30%晶须	248	6.9	727	3.6	17.5	高

表4　山东太和集团纸厂造纸试验结果之二

试样号	定量/g	绝干	水分/%	吸水/g	强度/MPa	灰分/%
空白（掺1%胶）	288	221	4.45	461	1.9	7.8
空白（掺2%胶）	235	214.5	8.75	363	2.1	5.92
空白（掺3%胶）	217	204	5.65	340	2.7	12（?）
掺20%晶须+1%胶	201.5	185	8.3	368	2.9	7.12
掺40%晶须+1%胶	250	228		516	2.5	12.24
掺20%晶须+3%胶	202.5	184	9.15	427	2.3	11.9
掺40%晶须+3%胶	223.2	204.5	8.4	294	2.45	15.92

注：以上资料由山东太和集团纸厂实验室提供。

从山东太和集团纸张的试验可得出以下结论：

（1）掺PVA等胶联剂或其溶液1%～3%，对纸的强度影响较大。

（2）掺20%～40%石膏晶须对纸的强度影响不明显，但与空白样品比较有一定的增强效果。

（3）纸浆中晶须的掺量和纸中灰分的含量不一致，是由于石膏晶须可溶于水，损失较大，如果循环使用纸浆水，达到石膏的饱和溶液，则纸浆中晶须的掺量和纸中灰分的含量可能成正比，石膏晶须的损失就少了；或者用难溶的无水石膏晶须效果更好。

3.2　用作增强组元

硫酸钙晶须直径小、长径比大、抗拉模量高，因此它在材料断裂过程中能够有效阻止材料微裂纹的扩展，从而改善了高分子材料的力学性能。大量的研究表明，掺入了适量硫酸钙晶须的橡胶、塑料等材料的抗拉强度、弹性模量和热畸变温度得到了显著的提高。

尼龙6因为其优越的机械强度和耐热性能被用来制作汽车部件，它的不足之处在于收缩大、弹性模量小。为改进尼龙6的不足，方法之一是用玻璃纤维增强其力学性能，但掺入玻璃纤维后制品表面的光洁度却不理想。由于上述原因，早在1977年，德国已开始了硫酸钙晶须在尼龙6中的应用研究[2]。表5[16]列出了硫酸钙晶须增强尼龙6的具体结果。

从表5中可看出：掺入30%硫酸钙晶须后，尼龙6的力学性能和热畸变温度均得到了显著的提高。

表5　硫酸钙晶须增强尼龙6的结果

性能	填充（质量30％）	未填充	单位
抗张强度	82	62	MPa
抗张模量	4410	2254	MPa
挠曲模量	3920	2156	MPa
挠曲强度	118	86	MPa
热畸变温度	90.5	65	℃

3.3　用于摩擦材料

摩擦片中加入5％的硫酸钙晶须，用D-MS型定速实验机测试，结果表明：在100～350℃温度范围内，摩擦系数稳定在0.329～0.498之间，平均实测磨损率为0.2002×10^{-7} $cm^3/(N \cdot m)$，远低于标准磨损率，且硫酸钙晶须无毒。因此，硫酸钙晶须是一种优良的摩擦片增强材料[3]。

4　硫酸钙晶须主要生产厂家及其产品性能指标

表6　硫酸钙晶须主要生产厂家及其产品性能

生产厂家	型号	平均直径/μm	长度/μm	长径比	价格/（元/吨）
洛阳亮东非金属材料	L/D30	1～8	50～200	无	4300（含税）
石家庄海星云母粉	400目	0.2～4	50～200	平均60	6000
江苏一夫科技股份有限公司	YF-130	1～3	30～250	15～110	3000
青海海兴科技	中纤维	1～2	30～150	20～100	约6000
	细径纤维	0.1～1.5	20～120	30～200	约6000
小野田セメント株式会社	中纤维	1～2	30～150	20～100	暂无
	细径纤维	0.1～1.5	20～120	30～200	暂无

5　研究展望

5.1　硫酸钙晶须转晶剂技术的研发

目前对α高强石膏转晶剂的研究较多，而关于石膏晶须转晶剂的研究工作则鲜有报道，这方面的研究还有待加强。由于转晶剂的研发是一项试验量大、难度高的工作，可考虑用先进的量子力学计算程序如Material studio、vasp、MedeA等精确计算有机分子或金属离子在硫酸钙各晶面的吸附能，根据计算机的模拟结果筛选出有潜力的石膏晶须转晶剂，然后再进行针对性的试验，从而以相对较少的时间和较低的研发成本开发出高效的硫酸钙晶须转晶剂。

5.2　高浓度、高长径比硫酸钙晶须生产工艺的研发

在现有的硫酸钙晶须的生产工艺中，二水硫酸钙悬浮液的浓度约为10％左右，浓度再大可能造成大量的半水硫酸钙异向成核，从而导致硫酸钙晶须长径比的减少。较低的浓度增加了能耗，降低了生产效率，提高了生产成本，因此，高浓度、高长径比硫酸钙晶须生产工艺的开发是一项富有意义的工作。

江苏一夫科技股份有限公司为了扩大生产性研究和应用研究，已投资建设一条年产

3000t 的中试生产线，预计 2016 年内投入运转。这是一条水热法工业设备，既可以生产石膏晶须也可以生产 α 高强石膏。我们将在扩大对多种工业副产石膏的深加工和产品的应用方面做更多的工作。

参考文献

[1] 韩跃新. 矿物应用中的晶体化学 [M]. 沈阳：辽宁科学技术出版社，1998.4.

[2] 费文丽，李征芳，王珩. 硫酸钙晶须的制备及应用评述 [J]. 化工矿物与加工，2002，(9)：31-33.

[3] 李武. 无机晶须 [M]. 北京：化学工业出版社. 2005.4.

[4] C. Bezou, A. Nonat, J.-C. Mutin. Investigation of the crystal structure of γ-$CaSO_4$, $CaSO_4 \cdot 0.5H_2O$, and $CaSO_4 \cdot 0.5H_2O$ by power diffraction methods [J]. Journal of Solid State Chemistry, 1995, (117)：165-176.

[5] 王泽红，袁致涛，乔景德. 等. 硫酸钙晶须制备及其应用 [J]. 有色矿冶，2004，(20)：53-56.

[6] 袁致涛，王泽红，韩跃新. 用石膏合成超细硫酸钙晶须的研究 [J]. 中国矿业，2005，(11)：30-34.

[7] 田立朋，王丽君. 硫酸钙晶须制备过程中的关键技术研究 [J]. 化学工程师，2006，(8)：12-15.

[8] James Joseph Eberl, Moylan Edmund Thelen. Calcium sulfate whisker fibers and the method for the manufacture thereof [C]. American：3822340，1972.

[9] 唐永波. 江苏一夫科技股份有限公司研发部内部研究报告.

[10] 李胜利，张志宾，靳治良. 硫酸钙晶须的制备 [J]. 盐湖研究，2004，(4)：53-57.

[11] 用化学石膏生产造纸用石膏晶须的新方法 [P]. 专利申请号 200410093472. 2009 年 6 月 17 授权.

[12] 凤晓华，梁文懂，管晶，等. 硫酸钙晶须的制备工艺研究 [J]. 应用化工，2007，(2)：135-139.

[13] 邓志银. pH 值对脱硫石膏晶须生长行为的影响 [J]. 过程工程学报，2009，(6)：1142-1146.

[14] 王力，马继红，郭增维，等. 水热法制备硫酸钙晶须及其结晶形态的研究 [J]. 材料科学与工艺，2006，(6)：626-629.

[15] 李鸿魁，李新平，王惠琴，等. 石膏微纤维用于纸张增强的初步研究 [J]. 中国造纸，2005，(2)：23-25.

[16] 韩跃新，于福家，王泽红. 以生石膏为原料合成硫酸钙晶须及其应用研究 [J]. 国外金属矿选矿，1996，(4)：50-52.

掺脱硫石膏晶须的水泥性能的研究

何玉鑫　万建东　诸华军

【摘　要】 本文将改性脱硫石膏晶须掺入到水泥中补强增韧水泥石，研究了水泥浆体的凝结时间和水泥石的力学性能、水化产物，分析了改性脱硫石膏增韧补强水泥石的机理。结果表明：改性后的脱硫石膏晶须能稳定存在于水溶液中，但在碱性溶液中，部分参与水化；脱硫石膏晶须对水泥浆体的凝结时间影响不大，其掺量在 2% 时，抗压强度和抗折强度最佳；未水化的脱硫石膏晶须通过裂纹桥接作用提高水泥石的韧性，部分水化的脱硫石膏晶须参与水泥的水化反应生成适量的钙矾石，提高体系的强度。

【关键词】 改性脱硫石膏；补强；增韧；水泥石；桥接

Effects of desulfurization gypsum whisker on cement

He Yuxin　Wan Jiandong　Zhu Huajun

Abstract：This paper firstly made modified desulfurization gypsum whisker reinforce and toughen cement stone, and studied setting time of cement slurry, mechanical properties and hydration products of cement stone, analysised the mechanical of reinforcing and toughening cement stone. The results showed that modified desulfurization gypsum whisker could not participated in hydration reaction in water, but in alkaline solution, part of whisker did; it had no effect on cement of setting time, when the content of whisker was 2wt. %, cement stone had the better performance; unhydrated whisker toughen cement stone by crack bridging function, and hydrated could take part in reaction to generate AFt to reinforce.

Key words：modified desulfurization gypsum whisker; reinforce; toughen; cement stone; bridging

　　脱硫石膏是燃煤电厂的副产物，2009 年产 4300 万吨，累计堆存量超过 5000 万吨，综合利用率约为 56%。脱硫石膏是石膏可再生资源，对其综合利用，有利于环境保护、节约能源和自然资源，符合我国可持续发展战略要求[1-2]。

　　脱硫石膏主要用于水泥缓凝剂、纸面石膏板、石膏砌块、粉刷石膏和高强石膏等[3-7]产品，其附水量大、返霜、开裂、耐水差以及低附加值等缺陷制约了脱硫石膏的运用。目前关于掺石膏晶须的水泥性能的研究鲜有报道，本文首次分析了石膏晶须在水泥中运用的可行性，比较了脱硫石膏、磷石膏、硬石膏和石膏晶须对水泥凝结时间的影响，简单分析了改性后的脱硫石膏晶须在早期水化过程中补强增韧水泥石的机理，以期拓宽高附加值改性脱硫石膏晶须在建筑领域的运用。

1 原材料与试验方法

1.1 原材料

脱硫石膏（江苏一夫科技股份有限公司），黄色粉末状，主要成分是 $CaSO_4 \cdot 2H_2O$（图 1），其颗粒主要形状为圆饼状（图 2），粒径分布（表 1）在 $20\sim60\mu m$，化学成分见表 2；改性脱硫石膏晶须（江苏一夫科技股份有限公司），水热法制取，浅黄色粉末状，堆积密度 $180g/L$，主要成分是 $CaSO_4 \cdot 0.5H_2O$（图 3），晶体呈纤维状（图 4），不溶于水；42.5 级普通硅酸盐水泥（江苏南京）；磷石膏（一夫），灰色粉末状；天然硬石膏（一夫），白色粉末状。

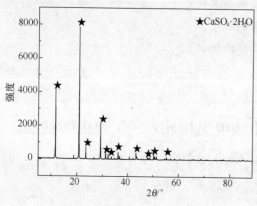

图 1 脱硫石膏的 XRD 分析

图 2 脱硫石膏的形貌

表 1 脱硫石膏的粒径

中位径/μm	粒径分布/%			
	$0\sim10\mu m$	$10\sim20\mu m$	$20\sim60\mu m$	$60\sim100\mu m$
31.67	8.07	20.04	65.80	6.09

表 2 化学成分 %

原料	CaO	SO_3	SiO_2	Al_2O_3	MgO	Fe_2O_3	附着水
脱硫石膏	31.60	40.0	0.93	0.43	0.09	0.14	18.50
水泥	64.19	0.32	23.58	5.76	1.4	4.51	—
磷石膏	27.90	37.08	13.62	0.23	0.05	9.42	20.01
硬石膏	39.77	54.44	1.78	0.78	1.15	0.25	2.21

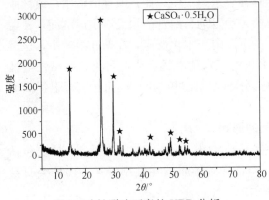

图3 改性脱硫石膏的 XRD 分析

图4 改性脱硫石膏晶须晶体的形貌

1.2 试验方法

将不同种类的石膏外掺到水泥中，混合均匀，在水灰比 0.4 下搅拌 4min，配制的浆体加入到 40mm×40mm×160mm 的试模中振动成型，然后将其放入到 20℃水中、室温和标准养护室中养护 1d 后脱模，通过微机控制全自动压力试验机（WHY-5/200）测试不同养护龄期的抗压强度和抗折强度。日本理学公司 Dmax/RB 型 X 线衍射（XRD）仪测试改性后脱硫石膏晶须 28d 在不同溶液中的水化产物，以及水泥石 7d 和 28d 的水化产物；并利用 JSM-5900 型扫描电子显微镜分析试样 28d 的显微结构形貌。

2 结果与讨论

2.1 脱硫石膏晶须在水泥中运用的可行性

脱硫石膏晶须（$CaSO_4 \cdot 0.5H_2O$）在水中可水化为二水硫酸钙，但经过稳定剂 YS 处理后，能稳定存在于水溶液（形貌见图4）中，将改性后的脱硫石膏晶须浸在水溶液、pH＝13 的氢氧化钠和饱和氢氧化钙溶液中，其水化产物如图5所示。

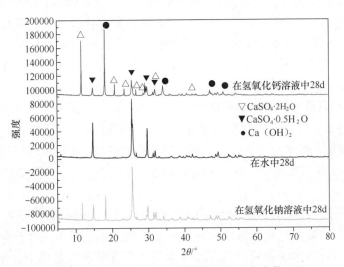

图5 改性脱硫石膏晶须在不同溶液中的水化产物（28d）

由图 5 可知，改性后的脱硫石膏晶须能稳定存在于水溶液中，而在碱性溶液中，改性脱硫石膏部分水化为二水硫酸钙和氢氧化钙。这可能是稳定剂与石膏晶须反应生成沉淀，覆盖在石膏晶须的表面，通过自身的憎水基团和生成的沉淀阻止水化反应，在碱性溶液中，该沉淀与 OH^- 反应生成氢氧化钙，小部分石膏晶须水化为二水硫酸钙。由此可见，在碱性溶液中 28d 后适量脱硫石膏晶须掺入水泥中，可提供部分 SO_4^{2-} 促进水化，从而在宏观上提高力学性能。

2.2 不同种类的石膏对水泥浆体的凝结时间的影响

石膏通过溶解参与水泥水化，其溶解特性的差异对水泥使用性能的影响不同，主要包括水泥凝结时间和强度，以及可能存在延迟性钙矾石，导致体系安定性不好。不同种类石膏（掺量低于 3%）对水泥凝结时间的影响如图 6 所示。

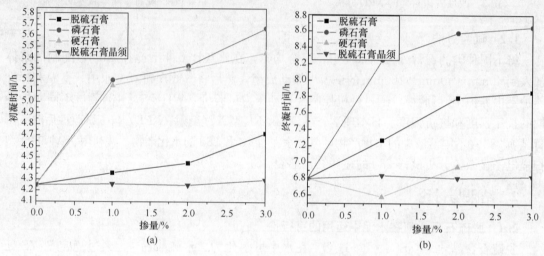

图 6　不同种类石膏的凝结时间

由图 6 可知，不同种类石膏对水泥凝结时间的影响不同，磷石膏的缓凝效果最明显。这主要是脱硫石膏中存在少量的 $CaSO_3 \cdot 0.5H_2O$，磷石膏含有磷酸盐和氟化物等可溶性缓凝组分，从而导致水泥浆体的缓凝；溶解速率较慢的硬石膏参与水化反应，生成适量的钙矾石，从而促进水泥的凝结；改性后的脱硫石膏晶须由于表面被沉淀物覆盖和自身的憎水基团，导致溶解速率最低，在水泥凝结过程中几乎无影响。

2.3 不同种类石膏掺量对水泥石性能的影响

水泥在粉磨时通常会加入石膏作为矿化剂，有利于加速 C_3S 的形成，同时可以促进水泥石早期强度的发展，但水泥中石膏掺量也受到严格的控制。本文将不同种类的石膏掺量控制在 3% 以内，测试在标准养护条件下不同种类的石膏对水泥石（养护 7d）抗压强度和抗折强度的影响（图 7）。

由图 7 可知，不同种类的石膏对水泥强度的影响较大，磷石膏和脱硫石膏掺量控制在 3% 以内，水泥石强度较好，且两者掺入对水泥石早期强度差异不大（符合 Murakami 的观点[8]）；掺天然硬石膏的水泥石强度低于净浆水泥石，且随着掺量的增加呈现减小的趋势；改性后的脱硫石膏晶须显著改善了水泥石的抗压强度和抗折强度，掺量控制在 3% 以内，其 7d 抗压强度和抗折强度最高分别达到 74.4MPa 和 10.1MPa。可见，改性后的脱硫石膏晶须

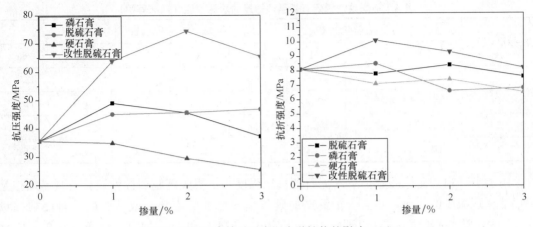

图 7　不同石膏掺量对水泥力学性能的影响（7d）

提高水泥石早期强度的效果优于磷石膏、脱硫石膏和硬石膏。

2.4　不同改性脱硫石膏晶须掺量时水泥的性能

脱硫石膏通过溶解提供 SO_4^{2-}，参与水泥的水化反应生成钙矾石，从而影响水泥的凝结时间和力学性能。改性后的脱硫石膏晶须晶体为几十微米的纤维状，可达到补强增韧的效果。抗压强度和抗折强度可评价水泥石承受外部载荷的能力，其强度越大，水泥石承受外部载荷的能力越大。

2.4.1　室温下不同改性脱硫石膏晶须掺量时水泥的性能

由上述试验可知，改性脱硫石膏晶须可控制掺量在 3％以内，在室温下水分会逐渐蒸发，水泥水化反应缓慢，强度低。室温下不同改性脱硫石膏晶须掺量时水泥的性能见表 3。

表 3　不同改性脱硫石膏晶须掺量的水泥性能（20℃室温）

掺量/％	抗压强度/MPa				抗折强度/MPa			
	1d	3d	7d	28d	1d	3d	7d	28d
0	11.2	24.8	43.1	45.9	3.0	3.7	4.5	5.6
1	13.9	30.9	46.3	60.8	3.3	4.5	7.3	8.4
2	17.3	34.3	52.1	62.3	3.8	4.9	8.2	13.8
3	12.8	32.5	44.6	57.2	3.1	6.2	6.5	9.4

由表 3 可知，在室温养护下水泥石的力学性能随着改性脱硫石膏晶须掺量的增加呈现先增加后减小的趋势，随着养护龄期的延长呈现增加的趋势。改性脱硫石膏掺量在 2％时，28d 抗压强度和抗折强度（分别为 62.3MPa 和 13.8MPa）较净浆水泥石的提高了 37.0％和 146.4％。可见，在 20℃室温养护条件下，改性脱硫石膏晶须能显著改善水泥石的力学性能。

2.4.2　标准养护下不同改性脱硫石膏晶须掺量时水泥的性能

在标准养护条件下，有足够的水分提供，可促使水泥的水化反应，提高水泥石的力学性能。标准养护下不同改性脱硫石膏晶须掺量时水泥的性能见表 4。

表4 不同改性脱硫石膏晶须掺量的水泥性能（标准养护）

掺量/%	抗压强度/MPa				抗折强度/MPa			
	1d	3d	7d	28d	1d	3d	7d	28d
0	12.5	29.4	35.6	60.3	3.3	4.2	8.1	13.7
1	15.6	33.5	63.8	63.9	4.5	7.5	10.1	14.9
2	18.9	41.4	74.4	74.6	4.7	8.1	9.3	15.7
3	13.4	34.3	65.4	65.5	3.4	6.6	8.2	14.4

由表4可知，在标准养护下水泥石的抗压强度和抗折强度随着改性脱硫石膏晶须掺量的增加呈现减少的趋势，随着养护龄期的延长呈现增加的趋势。改性脱硫石膏晶须掺量在2%时，28d抗压强度和抗折强度（分别为74.6MPa和15.7MPa）较净浆水泥石的提高了23.7%和14.6%。可见，在标准养护下，改性脱硫石膏晶须能显著改善水泥石的力学性能。

2.4.3 在20℃水养下不同改性脱硫石膏晶须掺量时水泥的性能

在20℃水中养护下，可提供足够多的水分来促进水泥的水化，提高水泥石的力学性能。20℃水养下不同改性脱硫石膏晶须掺量时水泥的性能见表5。

表5 不同改性脱硫石膏晶须掺量的水泥性能（20℃水养）

掺量/%	抗压强度/MPa				抗折强度/MPa			
	1d	3d	7d	28d	1d	3d	7d	28d
0	12.9	28.4	44.6	59.3	3.6	4.5	10.3	13.9
1	16.6	36.6	63.4	63.9	4.2	7.2	11.5	15.9
2	19.2	42.4	65.6	73.6	4.9	8.3	12.0	14.1
3	14.4	33.3	54.2	62.5	3.5	6.8	10.6	13.4

由表5可知，在水中养护下水泥石的抗压强度和抗折强度随着改性脱硫石膏晶须掺量的增加呈现减少的趋势，随着养护龄期的延长呈现增加的趋势。改性脱硫石膏晶须掺量在2%时，28d抗压强度和抗折强度（分别为73.6MPa和14.1MPa）较净浆水泥石的提高了24.1%和1.4%。可见，在20℃水养下改性脱硫石膏晶须能显著改善水泥石的力学性能。

综上所述，在水中、室温、标准养护条件下，适量的改性脱硫石膏晶须（最佳掺量2%）可以显著补强增韧水泥石，随着改性脱硫石膏晶须掺量的增加，水泥浆稠度增加和团聚的晶须逐渐占据水泥空间位置，导致宏观上力学性能下降。

2.4.4 改性脱硫石膏晶须对水泥石抗冲击功的影响

抗冲击功也可用来评价水泥石的韧性，抗冲击功越高，韧性越好。由上述可知，掺2%脱硫石膏晶须的抗压强度和抗折强度最佳，其在标准养护下的抗冲击功如图8所示。

由图8可知，脱硫石膏晶须对水泥石抗冲击功的影响较大，且抗冲击功随着养护龄期的延长而增加。当脱硫石膏晶须在2%时，120d水泥石的抗冲击功（1240J·m^{-2}）较净浆水泥石的提高了21.6%。可见，改性脱硫石膏晶须可以增韧水泥石。

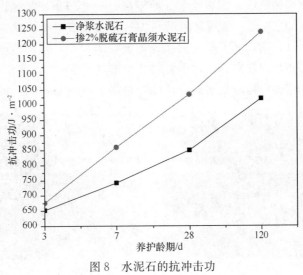

图 8　水泥石的抗冲击功

2.5　机理分析

在水泥水化反应过程中，适量的改性脱硫石膏晶须会逐渐水化，提供 SO_4^{2-} 改善了早期水泥石的力学性能。在 20℃水养下掺 2% 改性脱硫石膏晶须（7d 和 28d）水泥石的水化产物如图 9 所示。

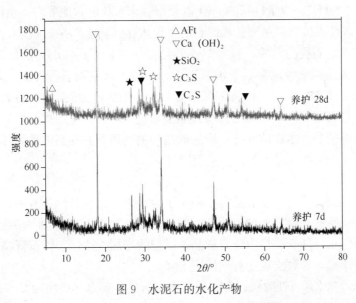

图 9　水泥石的水化产物

由图 9 可知，掺 2% 改性脱硫石膏晶须水泥石的主要水化产物 C-S-H 凝胶（$2\theta=30°$附近的弥散峰），其衍射峰随着养护龄期的增加而增加，即 C-S-H 凝胶量增加；大量未水化的 C_3S、C_2S 衍射峰和 Ca（OH）$_2$ 的衍射峰随着养护龄期的增加而减小，C_3S、C_2S 和 Ca（OH）$_2$ 掺量减少，表明水化产物 Ca（OH）$_2$ 参与 C_3S、C_2S 水化反应；而水泥石水化产物中 AFt 的衍射峰没有明显的变化，这可能是因为石膏晶须掺量少，且石膏晶须较少水化后提供的SO_4^{2-}少，故参与生成的 AFt 少。

在水泥材料受力初始阶段，微裂纹刚开始发展，尺寸较小，晶须以裂纹桥接作用为主。根据 Becher P F. 等人的观点，晶须材料可在尖端将微裂纹进行桥接，从而形成闭合应力，使应力更多加载到裂纹侧面，而不是在尖端处形成应力集中，从而有限控制微裂纹的发展，直到继续增大的应力使晶须被破坏，这些裂纹才会继续发展[9-10]。水泥石养护 28d 的断面形貌如图 10 所示，其中（a）是净浆水泥石，（b）是掺 2‰改性脱硫石膏晶须的水泥石。

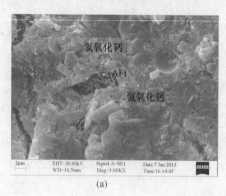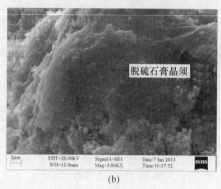

图 10　水泥石的断面形貌（28d）

（a）净浆水泥石；（b）掺 2‰改性脱硫石膏晶须的水泥石

由图 10（a）可知，养护 28d 的净浆水泥石中的成分为大量絮状的 C-S-H 凝胶、块状（或板状）的 Ca（OH）$_2$、少量针状的 AFt 以及部分未水化的水泥颗粒。由图 10（b）可知，养护 28d 掺 2‰改性脱硫石膏晶须的水泥石的主要水化产物为 C-S-H 凝胶，水泥石的孔结构较同龄期的净浆水泥石更为致密，更难观察到结晶良好的 Ca（OH）$_2$ 晶体和 AFt 等水化产物；未水化的石膏晶须紧紧地穿插于水泥石中，裂纹发展到石膏晶须的区域被石膏晶须阻挡，在裂纹尖端形成闭合应力，直到晶须断裂，从而有效消耗导致水泥材料破坏的能量。可见，在早期水化过程中，未水化的脱硫石膏晶须通过裂纹桥接作用提高水泥石的韧性，部分水化的脱硫石膏晶须参与水泥的水化反应生成适量的钙矾石，提高体系的强度。

3　结论

（1）改性后的脱硫石膏晶须能稳定存在于水溶液中，但在碱性溶液中，部分参与水化。

（2）在水中、室温、标准养护条件下，适量的改性脱硫石膏晶须（最佳掺量 2‰）可以显著补强增韧水泥石，随着改性脱硫石膏晶须掺量的增加，改性脱硫石膏晶须逐渐占据部分空隙，甚至出现团聚，导致宏观上力学性能下降。

（3）养护 28d 掺 2‰改性脱硫石膏晶须的水泥石的主要水化产物为 C-S-H 凝胶，水泥石的孔结构较同龄期的净浆水泥石更为致密；未水化的晶须紧紧地穿插于水泥石中，通过裂纹桥接作用提高水泥石的韧性，缓解外力对整体结构的破坏作用，部分水化的晶须参与水泥的水化反应生成适量的钙矾石，提高体系的强度。

参考文献

[1] 沈志明，李晴，钟远．脱硫石膏基相变砂浆的制备研究 [J]．现代化工，2011，31（4）：53-56.

[2] 程丽华，黄君礼，王丽．草酸铁芬顿、暗芬顿降解对硝基酚的效果研究 [J]．哈尔滨建筑大学学报，

2001，34 (2)：74-78.

[3] Tzouvalas G，Tsimas S. Alternative calcium-sulfate-bearing materials as cement retarders [J]. Cement and Concrete Research，2004，34 (11)：2119-2125.

[4] Guan B H，Yang L G，Wu Z B. Preparation of α-calcium sulfate hemihydrate from FGD gypsum in K，Mg-containing concentrated $CaCl_2$ solution under mild condition [J]. Fuel，2009，88 (7)：1286-1293.

[5] 白杨，李东旭. 用脱硫石膏制备高强石膏粉的转晶剂 [J]. 硅酸盐学报，1995，23 (2)：219-223.

[6] 彭志辉，林芳辉，彭家辉，等. 脱硫石膏粉煤灰砌块研制 [J]. 重庆建筑大学学报，1999，21 (1)：42-45.

[7] 陈苗苗，冯春花，张超，等. 脱硫粉刷石膏的制备与性能研究 [J]. 非金属矿，2011，34 (3)：35-37.

[8] Murakami. Utilization of chemical gypsum for Portland cement [C] // Proceedings of the Fifth International Symposium on chemistry of cement. Cement Association of Japan. Tokyo，2005：457.

[9] Becher P F. Microstructural design of toughed ceramics [J]. Journal of the American Ceramic Society，1991，74 (2)：255-269.

[10] Becher P F，Hseuh C H，Angelini P，et al. Toughening behavior in whisker-reinforced ceramic matrix composites [J]. Journal of the American Ceramic Society，1988，71 (12)：1050-1061.

掺脱硫石膏晶须的脱硫粉刷石膏性能研究

何玉鑫　万建东　唐永波　刘小全

【摘　要】　本文研究了含硫建筑石膏在缓凝剂、脱硫石膏晶须和保水剂作用下制备性能优异的粉刷石膏。结果表明：当 SC 缓凝剂掺量为 0.4％、晶须掺量在 3％时，初凝时间和终凝时间（分别为 66min 和 72min）满足粉刷石膏的凝结时间，抗压强度、抗折强度和抗冲击功（15.6MPa、4.9MPa 和 475J·m⁻²）分别较未掺的提高了 24.8％、36.1％和 21.5％，黏结强度（0.86MPa）较净浆提高了 72.0％，此时保水率（91.6％）较净浆提高了 8.8％；脱硫石膏晶须与羟丙基甲基纤维素醚（HPMC）两者相互协同改善粉刷石膏的各项性能，晶须掺量为 3％、HPMC 掺量为 0.1％时，粉刷石膏的抗压强度、抗折强度、保水率和黏结强度分别较只掺 0.1％HPMC 的粉刷石膏提高了 17.1％、40.0％、3.1％和 66.7％。

【关键词】　脱硫石膏晶须；补强；增韧；粉刷石膏

Effects of desulfurization gypsum whisker on desulfuration plaster gypsum

He Yuxin　Wan Jiandong　Tang Yongbo　Liu Xiaoquan

Abstract：This paper firstly studied sulfur building gypsum was prepared for desulfuration plaster gypsum with retarder, desulfurization gypsum whisker, water retention agent. The results showed that when SC retarder and whisker were 0.4wt.％ and 3 wt.％, the initial time and final time（66min and 72 min）meet setting time of plaster gypsum, the compressive strength, flexural strength and impact energy（15.6MPa, 4.9MPa and 475J·m⁻²）improved by 24.8％, 36.1％ and 21.5％ respectively, shear bond strength and water retention（0.86MPa and 91.6％）were increased by 72.0％ and 8.8％; when whisker and Hydroxypropyl methyl cellulose ether（HPMC）were 3％ and 0.1％, the compressive strength, flexural strength, water retention and shear bond strength were enhanced by 17.1％, 40.0％, 3.1％ and 66.7％ compared with 0.1wt.％ of HPMC.

Key words：desulfurization gypsum whisker; reinforce; toughen; plaster gypsum

　　脱硫石膏为火力发电厂湿式石灰石-石膏法脱硫工艺的主要副产品，主要成分是二水硫酸钙，产量庞大，占用了大量土地和污染环境[1-2]。脱硫石膏可用于新型绿色环保材料粉刷石膏，具有保温隔热、吸声、调节室内湿度等特点，可解决传统水泥砂浆黏结性差、易空鼓和干缩开裂等问题[3-5]。在欧美、日本等发达国家早已普遍使用，也备受国内建筑业的青睐。由于粉刷石膏的成本高、性能不稳定等缺陷，很大程度上制约了其推广使用。目前掺脱硫石膏晶须的粉刷石膏性能的研究鲜有报道，脱硫石膏晶须一般用于补强增韧高分子材料和改善表面光洁度。杨淼等[6]通过硅烷偶联剂改性脱硫石膏晶须提高了 SBS 黏结剂剥离强度；王德波等[7]发现硫酸钙晶须通过裂纹在晶须/基体界面处发生偏移，从而阻碍聚氨酯环氧树脂的裂纹发展；王振杰等[8]发现掺 4% 改性脱硫石膏晶须的薄膜撕裂强度和拉伸强度分别较未掺的提高了 39.5% 和 42.5%。为此，本文复配适量相容性好的改性脱硫石膏晶须，在缓凝剂、保水剂的作用下制备成本低、力学性能稳定的粉刷石膏，以期实现脱硫石膏资源再利用和为制备粉刷石膏提供技术的支持。

1 试验部分

1.1 原材料

改性脱硫石膏晶须（一夫），水热法制取，浅黄色粉末状，堆积密度 180g/L，主要成分是 $CaSO_4 \cdot 0.5H_2O$（图 1），晶体呈纤维状（图 2），不溶于水；缓凝剂，动物蛋白 SC；保水剂，羟丙基甲基纤维素醚（HPMC），市售。

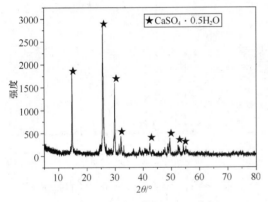

图 1 改性脱硫石膏的 XRD 分析

图 2 改性脱硫石膏晶须晶体的形貌

1.2 试验方法

脱硫建筑石膏和外加剂混合均匀，在标准稠度用水量加水搅拌均匀后在 40mm×40mm×160mm 标准三联模中振荡成型，凝结时间、强度测试和保水率参照 JC/T 517—2004。

2 结果与讨论

2.1 缓凝剂 SC 对脱硫建筑石膏性能的影响

脱硫建筑石膏水化凝结时间在 3～10min，凝结时间短不利于操作，故需要添加缓凝剂。本文利用 SC 石膏缓凝剂吸附石膏颗粒的表面，降低生成结晶胚芽的速度和 β-半水石膏的溶解度，使 β-半水石膏所生成的二水石膏饱和度减少，从而缓解石膏的凝结时间[9]。不同缓凝剂掺量时脱硫建筑石膏的性能见表 1。

表 1 不同缓凝剂掺量时脱硫建筑石膏的性能

掺量/%	凝结时间/min		2h 强度/MPa	
	初凝	终凝	抗压	抗折
0	4	8	9.7	3.6
0.1	12	17	8.7	3.5
0.2	24	30	8.3	3.4
0.3	40	48	8.9	4.0
0.4	45	51	7.4	3.5
0.5	61	68	7.1	3.3

从表 1 可知，SC 石膏缓凝剂对脱硫建筑石膏性能的影响较大，凝结时间随着缓凝剂掺量的增加而增加，2h 的抗压强度和抗折强度随着缓凝剂掺量的增加而降低。当 SC 缓凝剂掺量在 0.5% 时，初凝和终凝（分别为 61min 和 68min）满足粉刷石膏凝结时间的要求，此时的抗压强度和抗折强度（7.1MPa 和 3.3MPa）较未掺缓凝剂的降低了 26.8% 和 8.3%。

2.2 石膏晶须对粉刷石膏性能的影响

石膏晶须的分子式与脱硫建筑石膏均是 $CaSO_4 \cdot 0.5H_2O$，经过稳定剂处理后的脱硫石膏晶须在水中浸泡 28d，产物（图 3）未水化，这可能是稳定剂与石膏晶须反应生成沉淀（具有憎水作用），覆盖在石膏晶须的表面，从而阻止石膏晶须的水化。在试验过程中发现脱硫石膏晶须改善了石膏浆体的和易性，且不易出现泌水现象，达到保水和增稠的性能。

抗压强度可以体现石膏承受载荷的大小，抗压强度大，承受的外来载荷大；抗冲击功可以体现石膏韧性的大小，抗冲击功大，则石膏韧性大。石膏是脆性的气硬性胶凝材料，将纤维状的脱硫石膏晶须掺入到 0.4% SC 缓凝剂的石膏中，不同脱硫石膏晶须掺量的粉刷石膏的性能见表 2。

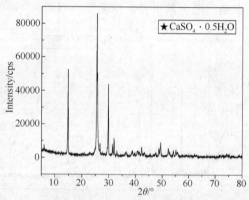

图 3 脱硫石膏晶须在水中 28d 的成分分析

表 2 不同脱硫石膏晶须掺量的粉刷石膏的性能

掺量/%	凝结时间/min		干强度/MPa		抗冲击功/ $J \cdot m^{-2}$
	初凝	终凝	抗压	抗折	
0	40	51	12.5	3.6	391
1	43	53	13.9	3.7	510
2	51	61	16.8	3.7	523
3	66	72	15.6	4.9	475
4	75	80	13.8	4.1	469

由表 2 可知，脱硫石膏晶须的掺入对粉刷石膏性能的影响较大，凝结时间随着石膏晶须掺量的增加而延长，抗压强度和抗折强度随着石膏晶须掺量的增加呈先增加后减小的趋势，抗冲击功随着石膏晶须掺量的增加呈先增加后减小的趋势。当掺量在 3% 时，初凝时间和终

凝时间（分别为 66min 和 72min）满足粉刷石膏的凝结时间，这主要是脱硫石膏晶须表面被沉淀物覆盖和含有憎水基团，吸附在脱硫建筑石膏颗粒表面，阻止了石膏的水化，从而延缓凝结时间。此时，抗压强度、抗折强度和抗冲击功（15.6MPa、4.9MPa 和 475J·m^{-2}）分别较未掺的提高了 24.8%、36.1% 和 21.5%。可见，脱硫石膏晶须可以增韧补强粉刷石膏，且可以延缓石膏晶须的凝结。

2.3 受压过程分析

由上述讨论可知，纤维状脱硫石膏晶须的掺入可以增韧补强粉刷石膏。图 4 是在相同的受力载荷下，未掺脱硫石膏晶须和掺 3% 脱硫石膏晶须的粉刷石膏受力外貌图。

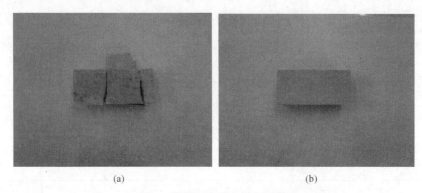

(a)　　　　　　　　　　　　　　　　(b)

图 4　粉刷石膏受力破坏形貌

（a）未掺脱硫石膏晶须的粉刷石膏；（b）掺 3% 脱硫石膏晶须的粉刷石膏

由图 4 可知，在相同受力载荷下，未掺脱硫石膏晶须的粉刷石膏破坏程度较严重，断面比较整齐，表现为脆性破坏；而掺 3% 脱硫石膏晶须的粉刷石膏受压失效时，仍然保持一定的完整性。这可能是晶须材料在尖端处将微裂纹进行桥接，从而形成闭合应力，使应力更多加载到裂纹侧面，而不是在尖端处形成应力集中，从而有限控制微裂纹的发展，试块直到应力继续增大破坏，这些裂纹才会继续发展[10-11]。

2.4　粉刷石膏的保水率和黏结强度

当粉刷石膏料浆抹到基体材料上，基体材料争夺石膏料浆中的水分，从而出现空鼓、开裂和强度低等问题，保水剂的掺入可以保证充分的水化和良好的流变性，改善施工性能。本试验首先探讨不同脱硫石膏晶须掺量对粉刷石膏的黏结强度和保水率的影响，如图 5 所示。

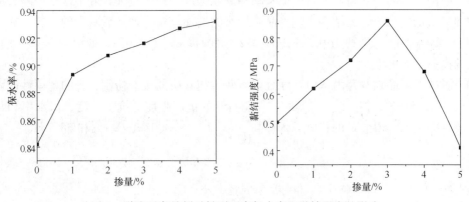

图 5　脱硫石膏晶须对粉刷石膏保水率和黏结强度的影响

由图 5 可知，脱硫石膏晶须对粉刷石膏的保水率和黏结强度影响较大，其中保水率随着晶须掺量的增加呈增加的趋势，黏结强度随着晶须掺量的增加呈现先增加后减少的趋势。在晶须掺量 3％时，黏结强度（最高为 0.86MPa）较净浆的提高了 72.0％，此时保水率（91.6％）较净浆的提高了 8.8％。可见，脱硫石膏晶须具有保水的性能，提高粉刷石膏与基体的黏结能力。

由上述可知，脱硫石膏晶须不仅可以增韧补强，而且具有保水的功能。本试验将脱硫石膏晶须掺入到羟丙基甲基纤维素醚（HPMC）的粉刷石膏中，通过两者协同作用来改性粉刷石膏的性能。不同保水剂的粉刷石膏的性能见表 3。

表 3　不同保水剂的粉刷石膏的性能

HPMC 掺量/ ％	晶须掺量/ ％	干强度/MPa		保水率/％	黏结强度/ MPa	质量增加率/ ％
		抗压	抗折			
0	0	12.5	3.6	84.2	0.41	—
0.1	0	8.2	3.0	94.7	0.54	−10.9
0.2	0	8.3	3.9	99.4	0.61	−11.9
0.3	0	7.1	4.3	99.9	0.84	−12.5
0.1	3	9.6	4.2	97.6	0.90	−6.3

由表 3 可知，HPMC 对粉刷石膏各项性能的影响较大，抗压强度和质量随着 HPMC 掺量的增加呈现先增加后减少的趋势，抗折强度、保水率和黏结强度随着 HPMC 掺量的增加呈现增加的趋势。综合经济和性能因素考虑，HPMC 掺量为 0.1％时最好。此时外掺脱硫石膏晶须 3％，抗压强度、抗折强度、保水率和黏结强度分别较只掺 0.1％HPMC 的粉刷石膏提高了 17.1％、40.0％、3.1％和 66.7％。可见，脱硫石膏晶须与 HPMC 两者相互协同可改善粉刷石膏的各项性能。

3　结论

（1）当 SC 缓凝剂掺量为 0.4％、脱硫石膏晶须掺量在 3％时，初凝时间和终凝时间（分别为 66min 和 72min）满足粉刷石膏的凝结时间。此时，抗压强度、抗折强度和抗冲击功（15.6MPa、4.9MPa 和 475J·m^{-2}）分别较未掺的提高了 24.8％、36.1％和 21.5％。

（2）脱硫石膏晶须对粉刷石膏的保水率和黏结强度的影响较大，其中保水率随着晶须掺量的增加呈增加的趋势，黏结强度随着晶须掺量的增加呈现先增加后减少的趋势。在晶须掺量 3％时，黏结强度（最高为 0.86MPa）较净浆的提高了 72.0％，此时保水率（91.6％）较净浆的提高了 8.8％。

（3）脱硫石膏晶须与羟丙基甲基纤维素醚两者相互协同改善粉刷石膏的各项性能，脱硫石膏晶须 3％、HPMC 掺量为 0.1％时，粉刷石膏的抗压强度、抗折强度、保水率和黏结强度分别较只掺 0.1％HPMC 的粉刷石膏提高了 17.1％、40.0％、3.1％和 66.7％。

参考文献

[1] 沈志明，李晴，钟远．脱硫石膏基相变砂浆的制备研究［J］．现代化工，2011，31（4）：53-56.

[2] 程丽华，黄君礼，王丽．草酸铁芬顿、暗芬顿降解对硝基酚的效果研究［J］．哈尔滨建筑大学学报，

2001，34（2）：74-78.

[3]　王锦华，吕冰峰，杨新亚，等.氟石膏基粉刷石膏的应用研究［J］.硅酸盐通报，2011，30（3）：699-704.

[4]　杨新亚，王锦华，李祥飞.硬石膏基粉刷石膏应用研究［J］.非金属矿，2006，29（2）：18-20.

[5]　王波.磷石膏基粉刷石膏的绿色工艺设计［J］.新型建筑材料，2005，（10）：22-24.

[6]　杨淼，陈月辉，陆铁寅，等.改性硫酸钙晶须改善 SBS 胶黏剂粘接性能的研究［J］.非金属矿，2010，33（2）：18-20.

[7]　王德波，杨继萍，黄鹏程.硫酸钙晶须改性聚氨酯环氧树脂的黏结性能［J］.复合材料学报，2008，25（4）：1-6.

[8]　王振杰，聂登攀，田浩，等.硫酸钙晶须增强增韧 LLDPE 薄膜的研究［J］.现代塑料加工应用，2012，24（4）：39-41.

[9]　陈苗苗，冯春花，张超，等.脱硫粉刷石膏的制备和性能研究［J］.非金属矿，2011，34（2）：35-37.

[10]　Becher P F. Microstructural design of toughed ceramics［J］. Journal of the American Ceramic Society，1991，74（2）：255-269.

[11]　Becher P F，Hseuh C H，Angelini P，et al. Toughening behavior in whisker-reinforced ceramic matrix composites［J］. Journal of the American Ceramic Society，1988，71（12）：1050-1061.

石膏晶须在传统造纸中的应用研究

徐红英

0　前言

硫酸钙晶须是国内外近年来以工业副产石膏废渣为原料开发的一种新型无机材料，为横截面及外形完整规则、内部结构完善、长径比可控的纤维状或片状单晶体。我国造纸填料95%以上来源于GCC和PCC，尽管我国碳酸钙资源比较丰富，但由于生产GCC或PCC的碳酸钙矿源均为不可再生资源，目前许多储量丰富的矿山经过百年的开采已经面临枯竭，并且由于盲目开采，对矿区植被及自然环境带来了严重的破坏。用水热法制取的硫酸钙晶须来源广泛，如果能够充分利用硫酸钙晶须作为造纸功能填料取代或部分代替不可再生的碳酸钙或瓷土矿物填料，对于保护天然矿产资源、节约植物纤维资源、减少环境污染等方面具有十分重要的意义。

1　试验

1.1　原料与主要设备

主要原料：纸板浆，金红叶纸业（苏州）有限公司；半水硫酸钙晶须，江苏一夫；商品GCC；阳离子淀粉；十六烷基溴化铵；硬脂酸铝；阳离子聚丙烯酰胺，取自汽巴。

主要设备：PTI纸浆疏化器，澳大利亚；PTI快速抄片器（图1），澳大利亚；常规纸页性能测试仪器。

图1　PTI快速抄片器

1.2　试验方法

1.2.1　纸张抄取

将一定量配制好的浆料稀释到一定浓度后加入一定量的硫酸钙晶须或碳酸钙（加填量为相对于绝干浆的量），在搅拌状态下加入0.3%的CPAM。将配制好的浆料在实验室快速抄片器上抄取定量为70g/m²的试样及空白样。

1.2.2　纸张性能测试

纸张经过24h平衡水分后，按照标准方法测定纸张的紧度、白度、不透明度、抗张指数、撕裂指数、耐破指数、耐折度以及灰分。

1.2.3　纸张形貌测试

纸张经过24h平衡水分后，用扫描电镜测试纸张的形貌特征。

2　结果与分析

2.1　试验结果

2.1.1　半水硫酸钙晶须的性能

由晶须SEM（图2）中可以看出，晶须呈比较规则的片状结构，晶须长度在20~120μm，

平均长度约 $60\mu m$；晶须宽度在 $1\sim5\mu m$，长经比约 $20\sim100$，属于比较典型的无机纤维状材料。

10μm	EHT=20.00kV	Signal A=SE1	Date:16Nov2013
	WD=9.5mm	Mag=1.00KX	Time:19:42:34

图 2　半水硫酸钙晶须的 SEM

2.1.2　用不同掺量的晶须加填的纸张的性能（表 1）

表 1　晶须掺量和纸张性能的关系

添加量/%	紧度/(g/cm³)	白度/%	不透明度/%	抗张指数/(N·m/g)	撕裂指数/(mN·m²/g)	耐破指数/(kPa·m²/g)	耐折度/次	留着率/%
0	0.51	86.46	83.33	32.43	8.57	2.24	8.25	0
3	0.53	86.98	83.55	34.68	9.56	2.31	8.00	8.59
6	0.52	86.58	83.65	36.20	7.57	2.30	8.50	10.84
9	0.60	85.93	84.03	32.61	7.56	2.19	7.50	12.35
12	0.52	85.22	84.14	32.49	8.5	2.09	7.50	12.32
15	0.53	83.95	85.43	32.53	7.73	2.02	8.00	15.51
18	0.51	84.93	85.16	32.05	8.43	2.02	7.75	12.06
21	0.50	83.96	85.81	30.92	7.77	1.92	6.75	18.43
24	0.52	84.33	85.79	30.47	7.03	1.92	6.25	14.54
27	0.50	85.19	87.33	30.15	7.21	1.77	5.75	22.11
30	0.50	84.24	87.93	27.70	7.29	1.68	5.25	18.11

2.1.3　用不同掺量的磨细碳酸钙粉加填的纸张的性能（表 2）

表 2　GCC 掺量与纸张性能的关系

添加量/%	紧度/(g/cm³)	白度/%	不透明度/%	抗张指数/(N·m/g)	撕裂指数/(mN·m²/g)	耐破指数/(kPa·m²/g)	耐折度/次	留着率/%
0	0.51	86.46	83.33	32.43	8.57	2.24	8.25	0
3	0.50	88.15	83.81	35.35	8.52	2.27	8.25	80.62
6	0.51	88.18	84.70	29.13	7.67	1.81	7.00	79.38
9	0.53	88.47	84.89	30.16	7.40	1.93	6.75	85.11
12	0.51	88.54	85.32	29.49	6.70	1.80	5.25	76.94

添加量/%	紧度/(g/cm³)	白度/%	不透明度/%	抗张指数/(N·m/g)	撕裂指数/(mN·m²/g)	耐破指数/(kPa·m²/g)	耐折度/次	留着率/%
15	0.51	89.05	86.08	25.80	6.64	1.50	4.50	86.39
18	0.50	88.95	86.08	26.04	6.43	1.53	4.00	87.60
21	0.52	88.48	86.66	24.26	6.02	1.38	4.00	85.62
24	0.52	89.00	86.35	25.01	5.97	1.52	4.00	80.81
27	0.50	89.14	87.17	20.62	5.08	1.36	2.75	86.19
30	0.51	89.42	86.95	21.39	4.92	1.36	3.50	77.19
33	0.49	89.64	87.23	19.71	4.71	1.23	3.00	78.08
36	0.52	89.54	87.40	19.63	4.65	1.20	3.25	84.67

2.1.4 将晶须用 10% 的淀粉糊化包裹后加填的纸张的性能（表3）

表3 改性晶须 A 对纸张性能的影响

添加量/%	紧度/(g/cm³)	白度/%	不透明度/%	抗张指数/(N·m/g)	撕裂指数/(mN·m²/g)	耐破指数/(kPa·m²/g)	耐折度/次	留着率/%
0	0.51	86.46	83.33	32.43	8.57	2.24	8.25	0
3	0.51	87.17	83.45	37.95	9.81	2.73	11.25	8.91
6	0.50	86.63	83.93	38.42	10.14	2.73	16.50	13.39
9	0.50	86.36	83.52	42.67	9.64	3.17	21.00	7.32
12	0.54	83.66	86.42	42.78	9.62	3.26	23.00	9.01
15	0.51	85.80	84.37	45.37	9.95	3.49	28.50	9.57
18	0.51	85.29	85.54	44.46	9.96	3.29	26.25	12.60
21	0.51	84.90	86.44	36.74	9.39	3.14	29.50	10.33

2.1.5 将晶须用 20% 的淀粉糊化包裹后加填的纸张的性能（表4）

表4 改性晶须 B 对纸张性能的影响

添加量/%	紧度/(g/cm³)	白度/%	不透明度/%	抗张指数/(N·m/g)	撕裂指数/(mN·m²/g)	耐破指数/(kPa·m²/g)	耐折度/次	留着率/%
0	0.51	86.46	83.33	32.43	8.57	2.24	8.25	0
3	0.49	86.94	83.66	38.20	9.91	2.65	16.25	7.08
6	0.51	86.90	83.37	45.44	10.32	3.13	24.00	6.02
9	0.50	86.00	83.60	46.82	10.35	3.69	28.25	7.71
12	0.51	86.00	84.10	48.55	10.51	3.62	36.50	15.28
15	0.51	85.24	83.78	46.07	10.05	3.56	35.75	13.57
18	0.51	84.39	85.02	47.42	10.02	3.78	41.00	12.61
21	0.50	84.86	85.22	48.35	10.06	3.94	40.25	16.09

2.1.6 将晶须用2‰硬脂酸铝改性后加填的纸张的性能（表5）

表5 改性晶须C对纸张性能的影响

添加量/%	紧度/(g/cm³)	白度/%	不透明度/%	抗张指数/(N·m/g)	撕裂指数/(mN·m²/g)	耐破指数/(kPa·m²/g)	耐折度/次	留着率/%
0	0.51	86.46	83.33	32.43	8.57	2.24	8.25	0
6	0.54	86.11	84.88	34.26	7.48	2.15	7.50	30.85
9	0.51	86.00	84.79	31.22	6.97	1.80	6.25	29.25
12	0.53	85.98	85.76	30.92	8.10	1.82	6.75	27.36
15	0.52	85.73	86.33	31.86	7.13	1.87	6.75	35.13
18	0.52	85.73	85.92	29.54	7.18	1.78	6.50	36.05
21	0.52	85.47	87.23	28.00	6.89	1.67	5.25	41.42
24	0.51	85.05	87.47	27.57	6.61	1.73	5.25	37.07
27	0.53	84.46	88.78	26.16	6.42	1.53	5.00	37.69
30	0.52	84.64	88.43	27.22	6.48	1.74	5.25	36.98
33	0.52	84.65	88.35	26.88	5.92	1.62	4.75	37.52
36	0.52	84.50	89.78	24.66	5.95	1.44	4.00	37.91
39	0.53	84.26	89.62	23.95	6.32	1.40	3.75	37.59

2.1.7 将晶须用0.5%十六烷基溴化铵改性后加填的纸张的性能（表6）

表6 改性晶须D1对纸张性能的影响

添加量/%	紧度/(g/cm³)	白度/%	不透明度/%	抗张指数/(N·m/g)	撕裂指数/(mN·m²/g)	耐破指数/(kPa·m²/g)	耐折度/次	留着率/%
0	0.51	86.46	83.33	32.43	8.57	2.24	8.25	0
3	0.51	87.19	83.66	35.90	8.69	2.18	8.00	28.53
6	0.53	87.38	83.34	35.65	7.83	2.19	8.25	21.03
9	0.50	87.18	82.90	32.20	7.95	1.98	6.75	18.12
12	0.53	87.24	84.05	33.04	8.04	1.98	6.50	25.44
15	0.52	87.65	84.21	32.53	8.21	2.10	7.00	24.63
18	0.48	87.47	84.87	30.12	7.46	1.67	5.00	28.05
21	0.53	87.26	84.89	27.94	6.62	1.69	5.25	32.16

2.1.8 将晶须用2%十六烷基溴化铵改性后加填的纸张的性能（表7）

表7 改性晶须D2对纸张性能的影响

添加量/%	紧度/(g/cm³)	白度/%	不透明度/%	抗张指数/(N·m/g)	撕裂指数/(mN·m²/g)	耐破指数/(kPa·m²/g)	耐折度/次	留着率/%
0	0.51	86.46	83.33	32.43	8.57	2.24	8.25	0
3	0.52	87.70	82.53	35.47	8.37	1.95	7.75	20.41
6	0.51	87.43	83.28	35.41	8.73	2.20	7.50	18.93
9	0.52	87.45	83.12	30.91	8.19	1.98	6.25	21.88

添加量/%	紧度/(g/cm³)	白度/%	不透明度/%	抗张指数/(N·m/g)	撕裂指数/(mN·m²/g)	耐破指数/(kPa·m²/g)	耐折度/次	留着率/%
12	0.52	87.47	83.05	33.41	7.84	1.99	5.50	21.90
15	0.50	87.27	84.51	29.25	7.10	1.71	5.50	22.79
18	0.50	87.32	84.38	29.28	6.96	1.66	4.75	23.94
21	0.51	87.34	85.45	27.36	6.63	1.61	4.50	25.87

2.1.9 不同填料加填后纸张的 SEM 图（图 2～图 8）

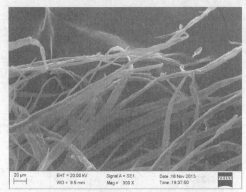

图 2　不加填料的纸张的 SEM

图 3　加 15％晶须的纸张的 SEM

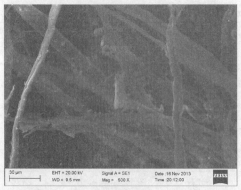

图 4　加 15％GCC 的纸张的 SEM

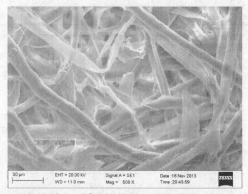

图 5　加 15％改性晶须 A 的纸张的 SEM

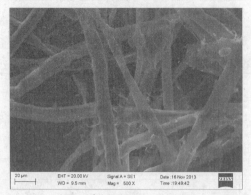

图 6　加 15％改性晶须 B 的纸张的 SEM

图 7　加 15％改性晶须 C 的纸张的 SEM

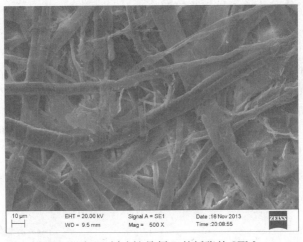

图 8　加 15％改性晶须 D 的纸张的 SEM

注：改性晶须 A—用 10％的阳离子淀粉糊化；

改性晶须 B—用 20％的阳离子淀粉糊化；

改性晶须 C—用 2％十六烷基溴化铵改性；

改性晶须 D—用 2％硬脂酸铝改性

2.2　结果分析

2.2.1　填料的掺量对纸张耐破指数的影响

耐破度是指纸或纸板在单位面积上所能承受的均匀增大的最大垂直压力，它的单位用千帕表示（kPa）。纸张耐破度除以其定量，即为耐破指数，结果以千帕·平方米/克（kPa·m²/g）表示。由图 9 可知，纸张中加入填料后，其耐破指数会有一定程度的下降。跟传统的填料 GCC 相比，石膏晶须加入后，在相同掺量的条件下，纸张耐破指数的降低值明显减小。特别是石膏晶须经过阳离子淀粉糊化后，其加填的纸张的耐破指数随着加填量的增加而有所增加。通过 SEM 可知，那是因为晶须经过阳离子淀粉糊化后，增加了其和木纤维的接触面积，从而使得纸张的耐破指数有所增加。

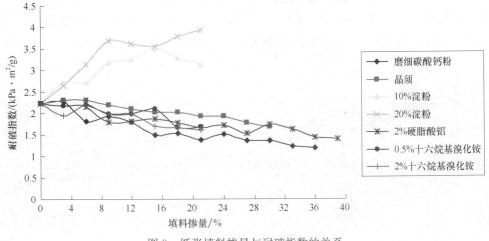

图 9　纸张填料掺量与耐破指数的关系

2.2.2 填料的掺量对纸张抗张指数的影响

抗张指数是以单位宽度、单位定量样品的抗张力表示纸的抗张性能，结果以牛顿·米/克（N·m/g）表示。由图10可知，纸张中加入填料后，其抗张指数会有一定程度的下降。跟传统的填料GCC相比，石膏晶须加入后，在相同掺量的条件下，纸张抗张指数的降低值明显减小。特别是石膏晶须经过阳离子淀粉糊化后，其加填的纸张的抗张指数随着加填量的增加而增加，由图10曲线可知，当用20%的阳离子淀粉糊化石膏晶须后，加填后纸张的抗张指数可增加60%以上。通过SEM可知，那是因为晶须经过阳离子淀粉糊化后，增加了其和木纤维的接触面积，从而使得纸张的抗张指数有所增加。

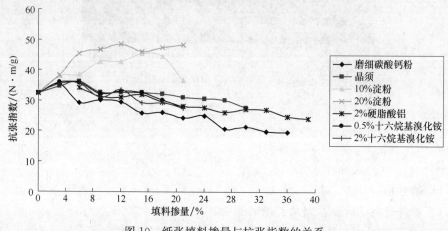

图10 纸张填料掺量与抗张指数的关系

2.2.3 填料的掺量对纸张撕裂指数的影响

纸张的撕裂度是指将预先切口的纸或纸板撕至一定长度所需力的平均值，结果以毫牛（mN）表示。将纸张（或纸板）的撕裂度除以其定量，即得撕裂指数，结果以毫牛顿·平方米/克（mN·m^2/g）表示。由图11可知，纸张中加入填料后，其撕裂指数会有一定程度的下降。跟传统的填料GCC相比，石膏晶须加入后，在相同掺量的条件下，纸张撕裂指数的降低值明显减小。特别是石膏晶须经过阳离子淀粉糊化后，其加填的纸张的撕裂指数随着加填量的增加而有所增加。通过SEM可知，那是因为晶须经过阳离子淀粉糊化后，增加了其和木纤维的接触面积，从而使得纸张的撕裂指数有所增加。

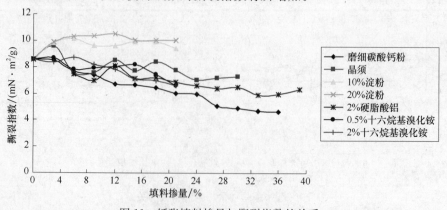

图11 纸张填料掺量与撕裂指数的关系

2.2.4 填料的掺量对纸张耐折度的影响

耐折度是纸张的基本机械性质之一，用来表示纸张抵抗往复折叠的能力。纸张的耐折度是测量纸张受一定力的拉伸后，再经来回折叠而使其断裂所需的折叠次数，以次数表示。由图12可知，纸张中加入填料后，其耐折度会有一定程度的下降。跟传统的填料GCC相比，加填石膏晶须的纸张，在相同掺量的条件下，其耐折度的降低略低于加填GCC的纸张。但是，石膏晶须经过阳离子淀粉糊化后，其加填的纸张的耐折度随着加填量的增加而显著增加。当加填量为18％时，纸张的耐折度的次数达到40次，为空白样的4倍，且相同加填量下，阳离子淀粉掺量为20％的明显高于掺量10％的。通过SEM可知，那是因为晶须经过阳离子淀粉糊化后，增加了其和木纤维的接触面积，从而使得纸张的耐折度增加，且阳离子淀粉掺量越高，接触的面积越多，纸张的耐折度也越大。

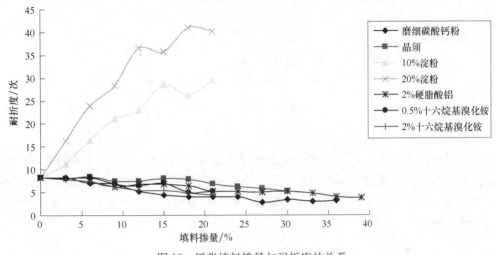

图12 纸张填料掺量与耐折度的关系

2.2.5 填料的掺量对留着率的影响

填料的留着率是指保留纸张中的填料质量与浆料中填料质量的比，结果以百分比表示（％）。填料的留着受纸料脱水过程中吸附、过滤、沉积以及絮凝等综合影响。填料的留着是机械截留和胶体吸附综合作用的结果，以胶体吸附作用为主。即颗粒较大的填料是靠机械截留作用而留着，颗粒较小的填料是靠胶体吸附作用而留着。

由图13可知，磨细碳酸钙粉GCC的留着率在80％以上，而石膏晶须的留着率则比较低。图中曲线，用2％硬脂酸铝改性的晶须的留着率最高，最高点为40％；而不做处理的和用阳离子淀粉糊化的晶须的留着率最低，小于20％；用十六烷基溴化铵改性的晶须次之，且随着改性剂十六烷基溴化铵添加量的增加，晶须的留着率没有随之增加。那是因为，跟GCC相比，石膏晶须的溶解度偏大，在20℃纯水中半水石膏晶须的溶解度约为2‰～3‰。在机械抄纸的过程中，浆料中纸浆的浓度小于2％，按加填量30％计算，晶须的浓度为6％。所以在抄纸的过程中约有一半的晶须溶解于水中而流失，加上晶须的颗粒尺寸比较细小，所以更易流失，造成了不做处理的晶须的留着率低的结果。因此，选择合适的改性剂对晶须改性，提高其留着率是用石膏晶须造纸的难点和着力点。由图13可知，用传统的改性剂阳离子淀粉对晶须糊化，改性的效果不佳；而用十六烷基溴化铵对晶须改性，效果也不显著。用阳离子淀粉跟十六烷基溴化铵对晶须改性，都是希望晶须能带上正电荷，根据胶体理论，提高其留着率，理论上虽然可行，但实际效果欠佳。硬脂酸铝本身为疏水性物质，用其对晶须改性后，降低了晶须的溶解度，提高了留着率，其改性的效果优于前两种物质。

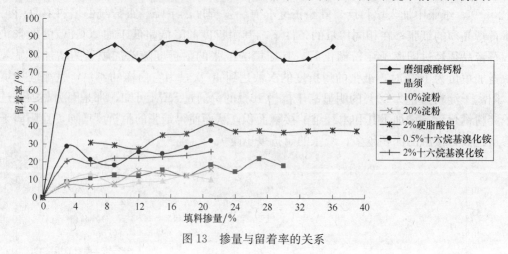

图13 掺量与留着率的关系

3 结论

将石膏晶须用于造纸中，其加填后纸张的性能跟传统的 GCC 相比，其紧度、白度、不透明度基本一致；撕裂指数、抗张指数、耐破指数和抗折度等机械性能更优良；但石膏晶须的留着率太低，影响其用于造纸的成本和效率。如何提高石膏晶须的留着率，是下一步需要花大力气解决的问题。

磷石膏晶须多元化应用进展

何玉鑫　万建东　瞿　县　华苏东　唐永波　刘小全　杨银银

【摘　要】　本文主要从磷石膏晶须产业化的需求、磷石膏晶须的制备和改性等方面阐述磷石膏晶须研究的进展，以期推广高附加值的磷石膏晶须在高分子材料、造纸和摩擦材料等领域的应用。

【关键词】　磷石膏；晶须；推广；应用

The progress of phosphogypsum whisker application diversity

He Yuxin　Wan Jiandong　Qu Xian　Hua Sudong　Tang Yongbo
Liu Xiaoquan　Yang Yinyin

Abstract：This paper mainly discussed about the requirement of phosphogypsum whisker industrialization，the preparation and modifaction of phosphogypsum in order to analysis the research progress of phosphogypsum whisker. At last high added valuable phosphogypsum was promoted in polymer materials，papermarking and friction materials applications.

Key words：phosphogypsum；whisker；promoted；applications

1　引言

石膏晶须为纤维状或针状的单晶体，与其他纤维相比，具有耐高温、抗化学腐蚀、韧性好、强度高等优点，是一种价格低廉的绿色环保材料，具有很大的发展潜力。

在20世纪70年代，日本、美国、德国等国就已开始进行硫酸钙晶须的研究，到20世纪80年代，硫酸钙晶须的实验室研发取得显著进展。我国在20世纪80年代末开始研究硫酸钙晶须，借助资源优势和国外经验，近年已初步研制出硫酸钙晶须，并有小规模生产的报道。目前，硫酸钙晶须的制备原料主要以天然石膏为主，采用水热法在$70 \sim 250\,^{\circ}\mathrm{C}$、反应$0.5 \sim 10\mathrm{h}$内制备出硫酸钙晶须，再经过$200 \sim 600\,^{\circ}\mathrm{C}$焙烧获得形貌规则、均匀的无水硫酸钙晶须。硫酸钙晶须以优良的性价比和杰出的环保性能获得广阔的市场前景，使用量逐年增加。但无限度开采天然石膏，势必导致天然石膏资源的枯竭，不符合可持续发展战略的要求。

大量未处理的工业副产石膏（磷石膏、脱硫石膏、柠檬酸石膏等）、电石渣和化工废物等堆积或直接排放，污染土地和水资源。其中磷石膏是工业生产磷肥的副产物，每年生产近5000万吨，其中仅约20％被利用，累计堆存量已超过2.8亿吨。磷石膏已成为制约磷化工发展的瓶颈和环境保护面临的重大难题。综合上述可知，高附加值石膏晶须制备显然成为磷石膏资源化利用的重要手段。本文将从磷石膏晶须的制备和改性等方面阐述磷石膏晶须研究的进展，以期推广高附加值的磷石膏晶须在高分子材料、造纸和摩擦材料等领域的应用。

2　磷石膏晶须的制备

磷石膏主要以板状或条状的聚集体形态存在，晶形规则，结晶度较好，大多数聚集体上都附着细小板状颗粒。磷石膏中的杂质严重制约磷石膏的溶解性能和硫酸钙晶须的生长。这主要是杂质与钙离子生成难溶性钙盐，包覆在未溶解的石膏晶体和晶须表面，阻碍溶解速度，降低溶液中 Ca^+ 和 SO_4^{2-} 等质量分数，导致晶须生长粗大和光滑度降低。

水洗、石灰中和和磨细等是传统处理磷石膏的方法。秦军等[1]利用酸度促进可溶性磷溶解和粒度在 $50\sim75\mu m$ 制备硫酸钙晶须（平均直径 $2\mu m$，长径比为42）。杨林等[2]用石灰中和（pH 为7）和球磨（过400目筛，筛余小于1％）处理磷石膏，制备硫酸钙晶须（平均直径 $1\sim3\mu m$，长径比为48）。不同预处理磷石膏制备石膏晶须的形貌差异较大，水洗可获得形貌规整和表面光滑的晶须，但易造成二次污染；石灰中和可获得形貌规整的晶须，但难以除去晶须表面的颗粒物质；球磨可获得小直径晶须但形貌不规整，筛分后晶须表面光滑，但直径较宽。

磷石膏作为生产晶须的主要原料是典型的绿色化学工艺，可循环利用和变废为宝。但是湿法磷酸工艺本身的粗放型和复杂性使循环过程母液成分复杂，除杂烦琐，导致中试和放大试验获得的晶须白度不好、长径比不佳等诸多问题，仍亟待解决。杨荣华等[3]利用碳酸氢铵和氨水及工业副产物盐酸，提纯磷石膏中的 $CaSO_4$，制备出硫酸钙晶须（直径均为 $0.8\mu m$，长径比为 $90\sim100$）。毛常明[4]以硫酸、磷矿为原料，采用两步法工艺，在改良剂作用下制备出洁白的晶须（长径比为 $90\sim100$）。唐湘等[5]提供一种盐酸分解磷矿获得洁白晶须（长径比可达 $78\mu m$）和湿法磷酸的方法。高学顺等[6]将传统湿法磷酸的浸取过程分为磷矿分解和石膏结晶过程，添加液固分离装置，获得白度为95％以上的磷石膏，水热法制备出磷石膏晶须（长径比达50以上）。可见，传统湿法制磷酸工艺仅为了获得磷肥原料，而导致磷石膏占用大量土地，污染环境，同时生产磷石膏晶须工艺复杂，造成二次污染，因此必须结合传统工艺，建立环保、节约型的工艺，实现无污染物排放，提高磷石膏晶须的品质。

3　石膏晶须的改性

石膏晶须的种类包括半水石膏、无水石膏和二水石膏晶须，其中二水石膏晶须在超过110℃使用时起不到晶须增强的作用；半水石膏和无水石膏晶须具有较高的强度和实用价值。磷石膏水热法制备石膏晶须一般是半水石膏晶须，水化破坏结构和性能，同时高水溶性导致设备腐蚀、材料浪费。可通过与钙离子形成螯合物，形成沉淀覆盖晶须，以及表面活性剂与晶须的羟基结合提高疏水性，阻止石膏晶须水化，从而满足工业化生产和应用。研究[7-9]发现，表面活性剂油酸钠（物理吸附和化学吸附兼有）的稳定效果最优，磷酸钠、硬脂酸钠次之，柠檬酸和柠檬酸钠最低。

4　石膏晶须的用途

石膏晶须具有优良的力学性能、良好的相容性、优良的平滑性，再生性能好、毒性低等，可广泛用于高分子材料、建筑领域、造纸、摩擦材料和其他新兴领域。

4.1　石膏晶须在高分子材料中的应用

通过裂纹在晶须/基体界面处发生偏转，阻碍裂纹的扩展，从而提高尼龙、聚氨酯环氧树脂和氟橡胶等的黏结强度、剥离强度和耐高温等性能。硫酸钙晶须属于无机材料，与有机高分子材料共混，共混物界面表面张力大，互不相容。采用硅烷偶联剂表面处理，改善相容性、物理缠结度和内聚能，可用于改善 PP 的拉伸强度和热变形温度[10]、SBS 胶黏剂的剥离强度[11]和橡胶轮胎的耐环境应力[12]等。刘立文等[13]用钛酸酯处理硫酸钙晶须，改性三元乙丙橡胶，强度高、性能稳定，特别适于制作汽车传动带等要求高强度的产品。马林转等[14]利用季铵盐和十八胺联合改性石膏晶须，保护硫酸钙晶须的结构，维持硫酸钙晶须的长径比，可明显增强聚己内酯的力学性能。

4.2　石膏晶须在建筑领域的应用

石膏晶须具有质量轻、韧性好和抗菌性能等，是一种性能优良、价格低廉的绿色建筑环保材料，降低了生产成本，实现了污染物的零排放，属于绿色清洁化工工艺。于士井[15]将硫酸钙晶须抗菌剂掺入到甲基硅氧高聚物（硅酸盐与有机硅加温反应形成），涂覆在水泥墙体刚性表面形成化学键结合，该涂料不仅牢固度高于常规涂料的物理覆盖，而且防水防裂性好、不起泡、不龟裂、附着力好。江苏一夫科技股份有限公司[16]发明的以 15%～30%石膏晶须和 25%～42%膨胀珍珠岩为轻集料的建筑保温砂浆，使用简单，在施工现场加水混合即可。水化凝结后，导热系数在 0.065～0.080W/（m・K），具有良好的保温效果。张洪林等[17]发明掺 0.3%～0.5%硫酸钙晶须改性瓷砖胶黏剂，防水耐热，抗冻、抗渗性能好，可用于室外寒冷、潮湿地区及场所工程作业。

4.3　石膏晶须在造纸上的应用

造纸工业常用的填料主要包括滑石粉、二氧化钛、碳酸钙及高岭土等，往往造成纸张强度、松厚度和挺度等随着加填量的增加而出现掉毛掉粉现象。石膏晶须集增强纤维和超细无机填料二者的优势于一体，可避免此类现象。研究发现[18-20]，石膏晶须最佳掺量在针叶木浆的 30%～35%时，纸张各项强度（抗张指数、撕裂指数和耐破指数等）达到最大值，但留着率小，流失较为严重。可通过掺入 4%壳聚糖[21]、3%磷酸盐混合物[22]和 2%硬脂酸[23]等改性石膏晶须，降低溶解度，从而提高留着率。

4.4　石膏晶须在摩擦材料中的应用

金属纤维、陶瓷纤维常常用于改善摩擦材料的各项性能，但往往成本高和摩擦性能并不完美。纤维状的石膏晶须具有较高的长径比，在摩擦过程中可承担更多的载荷，以及纤维状单晶对摩擦配副对偶面损失较小。陈辉等[24]用 8%石膏晶须改性酚醛树脂，增强耐磨性，减小摩擦系数和改善热稳定性。牛永平等[25]发现，晶须掺量增加，超高分子量聚乙烯/晶须复合材料硬度增大和摩擦系数减小，尤其是掺量在 20%时，综合性能最佳。当摩擦载荷较大时，复合材料体系在摩擦过程中易出现塑性变形和裂纹，硅烷偶联剂处理硫酸钙晶须，可改善复合材料的磨损机制、塑性变形、裂纹和磨损量。晶须掺量较小时，磨损机理主要为轻微的黏着磨损，晶须掺量较高时，磨粒磨损占主导地位[26-27]。可见，硫酸钙晶须增强复合摩擦材料具有低成本、无毒无害、性能稳定等优点，是具有发展前景的复合摩擦材料。

4.5 石膏晶须在其他领域中的应用

硫酸钙晶须在催化剂、环境工程和水处理领域中是一个全新的应用，具有抗腐蚀性能好、价格低廉、色泽浅、副反应少等优点，这对于全面研究硫酸钙晶须和拓宽其应用领域方面具有很大的指导意义。张连红等[28]通过石膏晶须催化合成一缩二乙二醇双甲基丙烯酸酯和三羟甲基丙烷三丙烯酸酯，回收率均大于 96.3％和纯度达到 97％。王修山等[29]发现硫酸钙晶须可有效地提高沥青混合料的高温稳定性、水稳性和抗疲劳性能。杨双春等[30]发现在pH 值为 8 时石膏晶须定量吸附铅的吸附率高达 77.89％。

5 结论与展望

石膏晶须以优良的性价比及环保性能赢得了广阔的市场前景，其利用量不断扩大。高附加值磷石膏晶须的制备需结合传统湿法制磷酸工艺，寻求环保、节约型工艺，实现无污染物排放，加速磷石膏晶须产业化。拓宽磷石膏晶须的综合利用已成为科研工作者亟待研究的问题。目前，我国对于磷石膏晶须在各个领域的研究较少，在理论研究和实际应用中许多问题尚需深入研究，如：在建筑材料中，石膏晶须与水泥是否水化，能否确保墙体材料的稳定性；在造纸领域中，如何更好地提高留着率，同时掺石膏晶须的废纸如何合理地回收利用；在高分子和摩擦材料中，石膏晶须补强的机理研究，以及改性剂的优化。

参考文献

[1] 秦军，谢占金，于杰，等．磷石膏制备硫酸钙晶须的初步研究 [J]．无机盐工业，2010，42（10）：50-53.

[2] 杨林，柏光山，曹建新，等．磷石膏水热合成硫酸钙晶须的研究 [J]．化工矿物与加工，2011，(3)：16-19.

[3] 杨荣华，宋锡高．磷石膏的净化处理及制备硫酸钙晶须的研究 [J]．无机盐工业，2012，44（4）：31-34.

[4] 毛常明．湿法生产磷酸和磷石膏晶须新工艺 [J]．无机盐工业，2006，38（3）：51-53.

[5] 唐湘，李军，金央，等．硫酸钙晶须的制备工艺研究 [J]．无机盐工业，2011，43（5）：36-39.

[6] 高学顺，陈江，陈学玺．一种副产石膏晶须的湿法磷酸新工艺 [J]．无机盐工业，2011，43（10）：51-53.

[7] 袁致涛，王宇斌，韩跃新，等．半水硫酸钙晶须稳定化研究 [J]．无机化学学报，2008，24（7）：1063-1069.

[8] 刘红叶，刘福玲，王宇斌，等．磷酸钠对半水硫酸钙晶须的稳定化作用 [J]．化工矿物与加工，2011，(4)：11-13.

[9] 王宇斌，袁致涛，李丽匣，等．硬脂酸钠对半水硫酸钙晶须生长的影响 [J]．金属矿山，2010，(8)：89-92.

[10] 周建，唐己琴，孟海兵，等．聚丙烯/硫酸钙晶须复合材料的研究 [J]．工程塑料应用，2008，36（11）：19-22.

[11] 杨淼，陈月辉，陆铁寅，等．改性硫酸钙晶须改善 SBS 胶黏剂粘接性能的研究 [J]．非金属矿，2010，33（2）：18-20.

[12] 刘珍如，刘立文，付桃海，等．一种硫酸钙晶须改性橡胶及其制备工艺 [P].CN 102234387A.

[13] 刘珍如，刘立文，付桃海，等．一种硫酸钙晶须改性三元乙丙橡胶及其制备工艺 [P].

CN 102153818A.

[14] 马林转，王华，陈迁，等 . 一种表面改性硫酸钙晶须的方法［P］. CN 102634847A.

[15] 于士井 . 防水防裂建筑外墙涂料［P］. CN 101434771.

[16] 唐绍林，唐永波，万建东，等 . 一种建筑保温砂浆［P］. CN 102584122A.

[17] 张洪林，张连红，蒋林时，等 . 硫酸钙晶须改性瓷砖胶黏剂［P］. CN 1955241.

[18] 刘焱，于刚 . 石膏晶须用作纸张增强材料［J］. 纸和纸张，2010，29（11）：49-52.

[19] 卢振华，高玉杰，刘红娟，等 . 磷石膏晶须在造纸中应用的初步研究［J］. 天津科技大学学报，2010，25（5）：35-38.

[20] 戴涛，高玉杰，武书彬 . 硫酸钙晶须加填对湿纸页抄造性能的影响研究［J］. 造纸科学与技术，2011，30（4）：60-63.

[21] 廖夏林，钱学仁，河北海 . 石膏晶须的溶解抑制改性及在造纸中的应用［J］. 造纸科学与技术，2010，29（6）：82-86.

[22] 王力，庄春艳，主曦曦，等 . 复合改性剂对硫酸钙晶须的表面改性及溶解抑制研究［J］. 功能材料，2012，43（14）：1833-1836.

[23] 刘菲菲，王玉龙，覃盛涛，等 . 硫酸钙晶须溶解抑制改性及其在纸张中的应用［J］. 湖南造纸，2012，（1）：21-23.

[24] 陈辉，吴其胜 . 硫酸钙晶须增强树脂基复合摩擦材料磨损性能的研究［J］. 化工新型材料，2012，40（8）：111-113.

[25] 牛永平，甘丽慧，杜三明，等 . 硫酸钙晶须填充 UHMWPE 复合材料的摩擦磨损性能［J］. 润滑与密封，2010，35（2）：11-14.

[26] 胡晓兰，余谋发 . 硫酸钙晶须改性双马来酰亚胺树脂摩擦磨损性能的研究［J］. 高分子学报，2006，（5）：686-691.

[27] 张军凯，王鹏超，王亮，等 . 硫酸钙晶须填充 PTFE 复合材料的摩擦性能研究［J］. 润滑与密封，2011，36（10）：13-16.

[28] 张连红，田彦文 . 硫酸钙晶须催化合成一缩二乙二醇双甲基丙烯酸酯［J］. 材料导报，2009，23（5）：35-37.

[29] 王修山 . 硫酸钙晶须高模量沥青混凝土的路用性能［J］. 重庆交通大学学报，2011，30（6）：1331-1334.

[30] 杨双春，刘玲，张洪林 . 硫酸钙晶须对镉镍铅的吸附性能［J］. 水处理技术，2005，31（10）：8-10.

硫酸钙晶须应用综述

丁大武　徐红英　唐修仁　唐永波

晶须是指以单晶形式生长成的具有一定长径比的一种纤维材料，是直径约为 $0.1\sim$ $10\mu m$、长度约为 $10\sim1000\mu m$、长径比达到 $5\sim1000$ 甚至更高的纤维状单晶体。其不含有通常材料中存在的缺陷（晶界、位错、空穴等），原子高度有序，强度接近于完整晶体的理论值，是目前已知强度最大的固体，具有优良的力学性能，可作为复合材料的增强和改性组分。

硫酸钙晶须，又称石膏晶须、石膏纤维，是无水硫酸钙或半水硫酸钙的纤维状单晶体，白色疏松针状物，具有完善的结构、完整的外形、特定的横截面、稳定的尺寸，其平均长径比一般为 $30\sim80$。具有颗粒状填料的细度、短纤维填料的长径比，耐高温、耐酸碱性、抗化学腐蚀、韧性好、电绝缘性好、强度高、易进行表面处理，与树脂、塑料、橡胶相容性好，能够均匀分散，具有优良的增强功能和阻燃性。和其他无机晶须相比，硫酸钙晶须是无毒的绿色环保材料。

硫酸钙晶须添加到下游产品中的优势，是针对一般无机填料纤维而言的。现在塑料、橡胶和许多化工制品，均采用填充料以降低成本或提高相关性能，如采用有机或无机纤维基体起增加作用。其中无机填料主要有：硅灰石、白炭黑、碳酸钙粉等；增强纤维主要有：玻璃纤维碳纤维、硅灰石纤维和涤纶纤维等。硫酸钙晶须集聚无机填料和增强纤维的优势于一身，应用于制品中，体现出优异的综合性能，主要有以下几个方面。

1　硫酸钙晶须在造纸行业中的应用

硫酸钙晶须是一种微细短纤维，具有化学稳定性好、耐高温性能优异、白度高、黏着率高、亲和性好、易于挂连等优点，在助剂以胶体状态存在下，有很强的吸附性，能和植物纤维（木浆、草浆）很好地结合在一起，可造出性能优良的纸张。用硫酸钙晶须替代部分木浆（草浆），可减少天然植物纤维的消耗和制浆过程中废水的排放，并可改善纸张的白度、强度、透气性、韧性、印刷性能（掸毛掸粉现象）等。

2　硫酸钙晶须在橡胶行业中的应用

硫酸钙晶须是纤维状单晶体，具有高强度、高模量、高韧性、高绝缘性、耐磨耗、耐高温、抗腐蚀、易于表面处理、易与聚合物（如橡胶、塑料）复合、无毒、价廉等诸多优良的理化性能，作为增韧补强材料，可广泛用于橡胶、塑料、胶黏剂等行业和领域。

3　硫酸钙晶须在塑料行业中的应用

硫酸钙晶须是纤维状单晶体，具有高强度、高模量、高韧性、高绝缘性、耐磨耗、耐高温、抗腐蚀、易于表面处理、易与聚合物（如橡胶、塑料）复合、无毒、价廉等诸多优良的理化性能，作为增韧补强材料，可广泛用于橡胶、塑料、胶黏剂等行业和领域。

4　硫酸钙晶须在沥青行业中的应用

硫酸钙晶须是一种微细短纤维，具有极高的强度和模量、极好的耐高温性质、极好的耐腐蚀性能、易与基质混合、加工黏度低等优点，且无毒、价廉，作为沥青填料使用，不仅对提高沥青的软化温度有着决定性的作用，还有明显的增韧补强效果。

5　硫酸钙晶须在树脂行业中的应用

硫酸钙晶须是一种微细短纤维，晶体结构十分完整，机械强度大，易进行表面处理，与树脂相容性好，能均匀分散，且无毒、价廉，作为树脂的增韧补强材料，具有很大的应用价值，是晶须产品中价格最优、质量很好的新型晶须材料。

6　硫酸钙晶须在摩擦材料中的应用

由于石棉有毒，会污染环境、影响人体健康，而硫酸钙晶须是一种微细短纤维，不仅具有高强度、高模量、耐高温、抗腐蚀、耐磨耗、韧性好、流动性好、易与聚合物复合（亲和力强）等优点，而且无毒、价廉（仅为碳化硅晶须的 1/300）、表面硬度较低（晶须较软、不损伤对偶件），又无疲劳效应（即使被磨成粉末、切断，其强度也不受损失），是替代石棉用作摩擦材料的理想的绿色环保型增韧补强剂，并且是所有晶须产品中价格最优、质量很好的新型无机晶须材料。

7　硫酸钙晶须在复合材料行业中的应用

硫酸钙晶须是一种微细短纤维，具有高强度，高模量，耐高温，耐磨耗，韧性好，抗腐蚀，易进行表面处理，易与塑料、树脂、橡胶等聚合物复合（亲和力强）等优良性能，且无毒、价廉（仅为碳化硅晶须的 1/300），作为一种增韧补强的绿色环保材料，可广泛用于塑料、橡胶、树脂、胶黏剂、摩擦材料、油漆、涂料等行业和领域，并且是所有晶须产品中价格最优、质量很好的新型无机晶须材料。

8　硫酸钙晶须在有机酸酯合成中的应用

硫酸钙晶须是一种微细短纤维，具有松散密度极小、比表面积巨大、耐高温性能优异、强度大、模量高、耐磨耗、pH 值近中性、几乎不溶于水等特点，且无毒、价廉，作为有机酸酯合成中的新型催化剂，转化率极高，催化剂易于回收利用，具有很大的应用价值，并且是所有晶须产品中价格最优、质量很好的新型无机晶须材料。

9　硫酸钙晶须在胶黏剂行业中的应用

硫酸钙晶须是一种微细短纤维，具有极高的强度和模量、良好的相容性、优良的平滑性、化学稳定性、与基质混合较容易、加工黏度低等优点，且无毒、价廉，被称为 21 世纪的增韧补强材料，可广泛用于胶黏剂、涂料等行业和领域，并且是所有晶须产品中价格最优、质量很好的新型无机晶须材料。

10 硫酸钙晶须在保温、隔热、隔声材料中的应用

硫酸钙晶须是一种微细短纤维，具有晶体结构十分完整、松散密度极小、比表面巨大、强度高、模量高、耐酸碱、耐高温等优点，且无毒、价廉，作为保温、隔热、隔声材料的改性添加剂，具有极其优良的物理化学性质和优异的机械性能，有很好的应用价值。

11 硫酸钙晶须在油漆、涂料行业中的应用

硫酸钙晶须是一种微细短纤维，晶体结构十分完整，几乎没有多晶材料存在的各种缺陷，具有极优良的物理化学性质、很高的断裂强度和弹性模量，非常坚韧，又能均匀地分散在油漆、涂料中，起着骨架作用而形成的复合体，其耐热、绝缘、抗开裂、附着力、粘接强度等性能，均会显著提高。

12 硫酸钙晶须在环保工程中的应用

硫酸钙晶须是一种微细短纤维，松散密度极小、比表面积巨大、耐高温性能优异（熔点1450℃），且无毒、价廉，作为吸附与过滤的材料，可用于废水脱色、除乳化油、去有害杂质（如铅离子），用于饮用水、饮料、酒类的净化。

第六章　模型石膏

利用工业副产石膏配制陶瓷模型石膏的研究

刘丽娟

1　背景

由于石膏制品具有质量轻、生产效率高、耐火性能好、易浇注、资源丰富、能耗少等一系列优点，因此有广泛的用途。如在塑制工艺品、制作牙科、陶瓷、机械铸造中当作模型石膏来使用。模型石膏分普通模型石膏和高强石膏两种。我国用于制造陶瓷的模型石膏占我国陶瓷生产工业的 15% 左右，而陶瓷工业又是我国的传统产业，所以引起了广泛的关注，并且取得大量的成绩。近年来，随着我国日用陶瓷工业的紧张，制作日用陶瓷模用原料——石膏日趋紧张，石膏矿资源质量有所下降，石膏价格不断上涨，而我国日用陶瓷对石膏的需求却越来越大，这种供需矛盾造成了日用陶瓷模具质量的普遍下降，增加了瓷器产品的成本，影响了企业的效益。本课题主要采用工业副产石膏制备的 β-半水石膏和 α-半水石膏来配制模型石膏，以缓解这种矛盾。国外现在普遍采用 α-半水石膏与 β-半水石膏混合制成石膏模型，而我国还普遍采用天然建筑石膏为原材料，且各项性能指标都较低。我们对价格较低的脱硫建筑石膏粉进行各项改性研究，希望以此为基础，再探讨工业副产石膏制备的 α-半水石膏与其混合以及生石膏与脱硫建筑石膏、无水石膏与脱硫建筑石膏混合对模型石膏的影响，最后探讨石膏细度对模型石膏的影响，以期望得到性能良好的陶瓷工业用模型石膏。

2　原材料及试验方法

2.1　原材料

试验所用的原材料主要有脱硫建筑石膏、常州药石膏、硝硫基石膏、α 高强石膏、石灰、水泥、生石膏、无水石膏、缓凝剂、减水剂等。石膏原材料的主要成分和粒度组成见表1、表2、图1、图2。

表 1　硝硫基石膏的成分分析

成分	SO_3	CaO	P_2O_5	SiO_2	BaO	MgO	SrO	Al_2O_3	K_2O	Fe_2O_3
含量/%	49.61	33.46	0.625	0.069	0.0523	0.0355	0.0251	0.0224	0.0154	0.013

表 2　脱硫石膏的成分分析

成分	SO_3	CaO	P_2O_5	SiO_2	MnO	MgO	SrO	Al_2O_3	K_2O	Cl	Na_2O	TiO_2	Fe_2O_3
含量/%	41.84	30.42	0.04	4.26	0.01	0.83	0.06	1.86	0.40	0.14	0.12	0.10	0.68

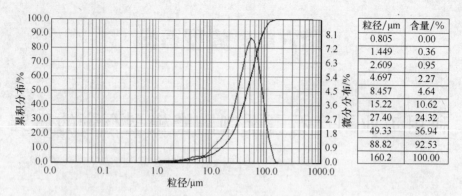

粒径/μm	含量/%
0.805	0.00
1.449	0.36
2.609	0.95
4.697	2.27
8.457	4.64
15.22	10.62
27.40	24.32
49.33	56.94
88.82	92.53
160.2	100.00

图 1　硝硫基石膏的粒度分布

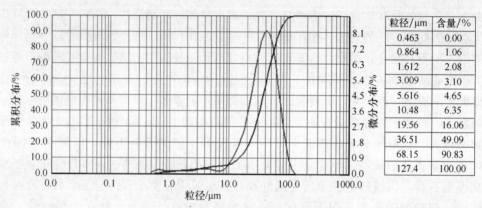

粒径/μm	含量/%
0.463	0.00
0.864	1.06
1.612	2.08
3.009	3.10
5.616	4.65
10.48	6.35
19.56	16.06
36.51	49.09
68.15	90.83
127.4	100.00

图 2　脱硫石膏的粒度分布

2.2　试验方法

2.2.1　标准稠度的测试

参照《陶瓷模用石膏粉物理性能测试方法》，其中，该标准要求料浆的扩展直径平均值在 215～225mm 之间。

2.2.2　凝结时间的测试

参照《陶瓷模用石膏粉物理性能测试方法》的要求，凝结时间采用手工刀划法测定。

2.2.3　抗折强度的测试

参照《陶瓷模用石膏粉物理性能测试方法》。

2.2.4　吸水率的测试

将经过测定抗折强度后折断的试条（或未测定抗折强度的试条亦可），置于烘箱中于 45°左右温度下干燥至恒重（注：当有效烘干时间相隔 24h 的两次称量之差不超过 0.5g 时即为恒重），称量（G_0），再把试条放在 20℃水中浸泡 24h，取出用湿纱布轻轻擦去表面多余水分（注意，不许用干布或用力揩去石膏模具内毛细孔里的水分），然后称量湿重（G_1），再按式（1）计算石膏模具的吸水率（W）的大小：

$$W=(G_1-G_0)/G_0\times100\%\tag{1}$$

2.2.5　凝结膨胀率的测试

膨胀对于模型石膏来说非常重要，根据 GB/T 9776—2008《建筑石膏》的规定，测量

268

石膏的凝结膨胀应该使用如图 3 所示的膨胀测定仪。

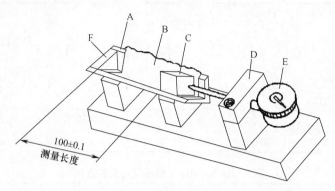

图 3　膨胀测定仪
A—金属槽侧面板；B—塑料薄膜；C—金属挡块；
D—固定千分表支座；E—千分表；F—槽端挡板

　　具体步骤如下：将挡块放在适当的位置，使槽达到一定的长度，准确称量 100g 待测样品，加到按要求达到标准稠度的适量自来水中（此时按下秒表记录时间），按照试件成型时的基本要求进行调和，将调和物完全充满槽内，在初凝前，用刮平刀将溢浆刮去，但不需抹光表面。为了尽量减少水分蒸发，在槽内的样品上放一片橡胶薄膜。此时将千分表与挡块接触良好，并将千分表读数调至零点。将测量凝结膨胀的试件成型后，一直关注千分表指针的读数，当千分表指针开始走动时记下此时秒表的时间，此后每隔 10min 记录一次秒表的读数，让样品的一端无限制地膨胀 3h，读取千分表最后的读数 L_1，精确至 0.001mm。将凝固膨胀仪中的试块拆下，用游标卡尺测量其长度 L_2，精确至 0.02mm。试样的凝固膨胀率按式（2）计算：

$$E = L_1 / (L_2 - L_1) \times 100\%$$
　　　　　　　　　　　　　　　　　　　　　　　　　　　　　　　　　　（2）

3　结果分析与讨论

3.1　外加剂对模型石膏性能的影响
在石膏的应用过程中，常常会加入许多种外加剂来改善石膏的性能。

3.1.1　缓凝剂对模型石膏性能的影响

　　目前常用的石膏缓凝剂大致可分为三大类：无机盐类、有机酸类、有机大分子类。有研究资料表明，对于有机酸盐缓凝效果的排列顺序为 $H^+ > Na^+ > K^+ > Ca^{2+}$，有机酸中研究最多、效果最好的是柠檬酸，柠檬酸和其碱金属盐只添加很小的量就能减缓石膏的凝结速度，但却给石膏硬化体强度带来负面影响。不同缓凝剂的缓凝作用和缓凝机理有所不同，同一种缓凝剂对石膏的缓凝作用也可能是几种影响的叠加，并非通过单一的途径而达到优良的缓凝效果。我们试验中选择了两种缓凝剂来进行具体性能测试，这两种缓凝剂为柠檬酸（CA）和变质蛋白类缓凝剂（JMG-A）。具体测定其掺入模型石膏的标准稠度用水量、初凝时间、2h 抗折强度、吸水率、膨胀率，结果列于表3、表4。

　　根据标准稠度用水量的测定方法，我们发现缓凝剂的添加对石膏需水量没有太大的影响，因此，在缓凝剂对模型石膏性能影响的试验中，所用的加水量都是一样的。

表 3　掺入 CA 的模型石膏的性能

	1	2	3	4	5
CA 掺量/‰	0	0.1	0.3	0.5	1.0
初凝时间/min	5	10	14	30	50
2h 抗折强度/MPa	2.2	2.1	1.87	1.85	1.71
2h 抗压强度/MPa	5.5	5.3	5.0	4.9	4.5
吸水率/%	39.6	38.6	37.5	36.2	35.8
3h 凝结膨胀率/%	0.336	0.388	0.287	0.148	—

表 4　掺入 JMG-A 的模型石膏的性能

	1	2	3	4	5	6	7
JMG-A 掺量/‰	0	0.1	0.3	0.5	1.0	2.0	3.0
初凝时间/min	5	11	11	12	15	50	80
2h 抗折强度/MPa	2.2	1.9	1.8	1.7	1.8	1.73	—
2h 抗压强度/MPa	5.5	4.9	4.5	4.6	4.9	—	—
吸水率/%	39.6	41	41.5	42.2	43.5	37.6	34.6
3h 凝结膨胀率/%	0.336	0.372	0.354	0.351	0.289	—	—

（1）缓凝剂对模型石膏凝结时间的影响

把两种缓凝剂的凝结时间数据值绘于图中进行分析，如图 4 所示。

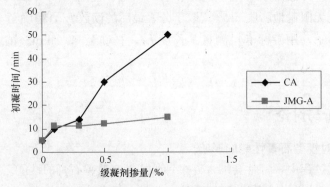

图 4　缓凝剂对模型石膏凝结时间的影响

从两种缓凝剂的初凝时间曲线来看，有以下几个特点：

① 两种缓凝剂均随着掺量增大而模型石膏凝结时间增大，并且随着掺量增加，凝结时间有不断上升的趋势。

② 从两种缓凝剂的初凝时间曲线来看，柠檬酸的缓凝效果较好，当掺量增加到 0.5‰ 时，初凝时间由 5min 增加至 30min，因而仅从缓凝时间来看，柠檬酸是较经济、实用的缓凝剂。

（2）缓凝剂对模型石膏 2h 抗折强度的影响

从图 5 可以看出，掺入缓凝剂的模型石膏的硬化强度随着掺量的增加而降低，不同缓凝剂的缓凝效果不同，对石膏的强度影响也不同，在掺量低于 1‰ 时，两种缓凝剂对于 2h 抗折强度的损失相差不大。

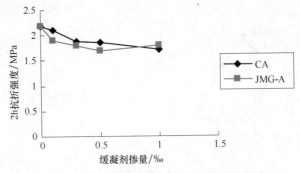

图5　缓凝剂对模型石膏2h抗折强度的影响

（3）缓凝剂对模型石膏吸水率的影响

从图6可以看出：掺入JMG-A，模型石膏的吸水率先升高后降低；而掺入CA，模型石膏的吸水率有下降的趋势。由于模型石膏需要一定的吸水率，从这个角度来看，JMG-A对吸水率是有利的。

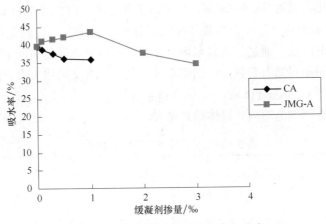

图6　缓凝剂对模型石膏吸水率的影响

（4）缓凝剂对模型石膏凝结膨胀率的影响

从图7可以看出如下几点：

① 两种缓凝剂均随着掺量的增加其凝结膨胀率先增大后减小，当缓凝剂掺量在0.1‰时达到最大值；其中CA对石膏的膨胀率降低效果较为显著，当掺量增加到0.5‰时，与未掺缓凝剂的粉料相比，凝结膨胀率减小了56％。

② 不同缓凝剂对石膏的凝结膨胀率都有一定程度的降低，因而，虽然缓凝剂降低了石膏的强度，但是却起到了缓凝和减小膨胀的作用，所以掺量要适中。

石膏的凝结膨胀在初凝之后和终凝之前开始出现，表明在石膏初凝之前诱导期是结晶准备阶段，晶核还没有长大形成相互搭接，在初凝以后晶体开始成长，终凝之后晶体就大量搭接形成结构网，晶体开始成长时，石膏的凝结膨胀就开始出现。缓凝剂的加入会使石膏的初终凝时间增大，早期水化率降低，从而使凝固膨胀出现得比较晚。缓凝剂的添加对石膏的凝固膨胀有不同程度的减小作用，主要原因可以从石膏硬化体晶体的形貌看出，石膏的水化硬化过程就是晶体的长大过程，缓凝剂的加入会增加石膏浆体过饱和度的持续时间，其持续时

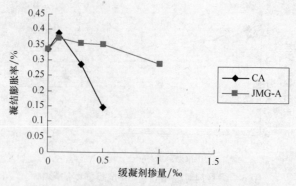

图 7　缓凝剂对模型石膏凝结膨胀率的影响

间越长，晶粒便有足够的水化产物继续长大。但晶核数量的降低也会在一定程度上降低硬化体系的致密度，降低硬化体强度，从而影响石膏的凝固膨胀率。

3.1.2　减水剂对模型石膏性能的影响

石膏实际拌合用水量为 65%～80%，大大高于理论水化用水量 18.61%，即使 α 高强石膏也在 40% 左右。多余的水分在石膏浆体硬化后逐渐挥发出去，在硬化体内留下大量的孔隙，从而导致强度的降低。通过加入减水剂，在保持相同流动度的情况下降低石膏拌合用水量，已经被实践证明是提高石膏强度的切实有效的途径。本文采用上海三瑞化学有限公司提供的石膏专用减水剂 G50 进行试验，在 G50 掺量为 1‰、3‰、5‰、7‰ 及 1% 时，调节加水量使其扩散在标准稠度范围内，具体结果见表 5。

表 5　减水剂对模型石膏性能的影响

	1	2	3	4	5	6
减水剂掺量/‰	0	1	3	5	7	10
加水量/%	75	70	68	63	61	57
流动度/mm	200	200	203	205	200	210
初凝时间/min	5	7	8	25	37	80
2h 抗折强度/MPa	2.2	2.3	2.6	2.2	2.1	1.7
2h 抗压强度/MPa	5.5	6.1	6.5	5.8	5.6	5.3
吸水率/%	39.6	37.3	37.2	35.4	34.3	32.0
3h 凝结膨胀率/%	0.336	0.378	0.435	0.379	0.367	0.360

（1）减水剂对模型石膏初凝时间的影响

由表 5 可以看出，在标准稠度条件下，随着减水剂掺量的增加加水量下降，即石膏减水率随着减水剂的增加而提高，但随着减水剂掺量的增加，减水率的升高趋势缓慢。这是因为减水剂为活性剂，在能有效减少溶液的表面张力时，有一个最合适的浓度，在这个临界浓度时，能充分有效地发挥减水作用，过量的添加反而益处不大。由图 8 可以看出，加入该减水剂后，模型石膏的初凝时间都有不同程度的延缓，当掺量超过 3‰ 后延缓得尤为显著。

（2）减水剂对模型石膏 2h 抗折强度的影响

由图 9 可以看出，随着减水剂掺量的增加，石膏的 2h 抗折强度先增大后减小，当掺量

272

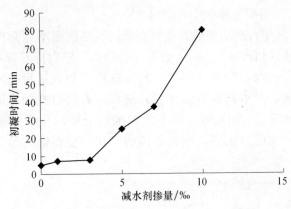

图 8　减水剂对模型石膏初凝时间的影响

在 3‰时，强度达到最大值。由上述规律可以看出，减水剂的最佳掺量问题，主要取决于晶体表面的吸附量，也就是正好被充分利用。此时减水剂的分散作用发挥到极致，自由水彻底地从晶体中释放出来。添加过多不仅对石膏的性能作用有限，而且会带来不利影响。掺量过多，不能被吸附的减水剂就会存在于自由水中，这些巨大的分子结构与吸附在晶体表面的减水剂产生排斥从而引起许多不良的现象，如泌水、低强度等。随着掺量的增多，石膏的抗折强度先增大是因为减水剂的吸附对石膏的微观结构起到了改善作用，而随后强度出现下降现象正是因为过多的减水剂给石膏带来了不利影响。

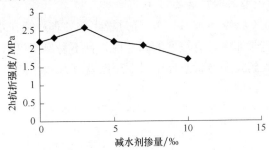

图 9　减水剂对模型石膏 2h 抗折强度的影响

（3）减水剂对模型石膏吸水率的影响

从图 10 可以看出，随着减水剂掺量的增加，吸水率有下降的趋势，但变化不是很明显。

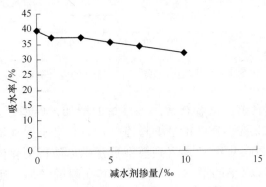

图 10　减水剂对模型石膏吸水率的影响

（4）减水剂对模型石膏凝结膨胀率的影响

从图 11 可以看出，加入减水剂后，模型石膏的凝结膨胀率先升高，掺量达到 3‰时，对应的膨胀率最大，掺量超过 3‰之后，有下降的趋势。空白样石膏主要为针状二水石膏晶体，纵横交织地搭在一起，相互之间搭接较为疏松。加入适量的减水剂后，晶体之间的搭接密实度明显增加，二水石膏的晶体发育更好，石膏材料的强度升高，凝结膨胀率升高。但是减水剂掺量超过一定量后，由于大量酸性分子以化学吸附的形式吸附在晶体表面上，降低了晶体表面的自由能，导致晶体的粗化，使石膏的抗折强度明显降低，凝结膨胀率也降低。

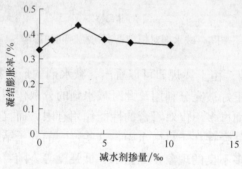

图 11　减水剂对模型石膏凝结膨胀率的影响

3.1.3　石膏晶须对模型石膏性能的影响

石膏晶须的分子式是 $CaSO_4 \cdot 0.5H_2O$，经过稳定剂处理后浸在水中 28d，产物（图 12）未水化，晶须掺入到石膏浆体中具有较好的和易性，且不易出现泌水现象，达到保水和增稠的性能。将石膏晶须掺入到模型石膏浆体中以期望改善其某些性能，不同石膏晶须掺量对模型石膏性能的影响见表 6 数据。

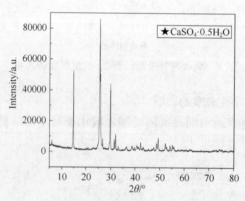

图 12　脱硫石膏晶须在水中 28d 的成分分析

从表 6、图 13 可以看出，随着石膏晶须掺量的增加，模型石膏的加水量逐渐提高，初凝时间有缩短趋势，2h 抗折强度也呈下降趋势，而其吸水率呈增加趋势，这是因为石膏晶须容重较轻，约为 $200kg/m^3$，掺入到模型石膏中，使得硬化体系的孔隙率增加，从而导致了强度的降低、吸水率的增加，也正因为其孔隙的增加，使得其凝结膨胀率呈下降趋势。

274

表 6　石膏晶须对模型石膏性能的影响

	1	2	3	4	5	6
晶须掺量/%	0	1	2	3	5	10
加水量/%	74	75	77	85	90	100
流动度/mm	190	190	190	190	180	185
初凝时间/min	6	6	5	5	4	4
2h抗折强度/MPa	2.3	2.1	2.0	1.9	1.7	1.4
2h抗压强度/MPa	5.7	5.2	5.5	4.5	4.3	3.2
吸水率/%	38.7	41.7	42.4	45.0	51.6	55.5
3h凝结膨胀率/%	0.318	0.320	0.299	0.294	0.26	0.203

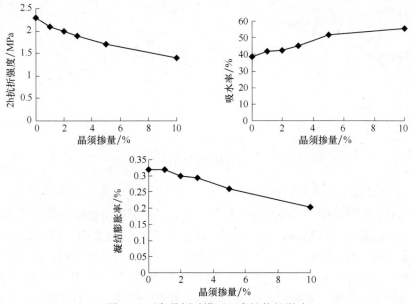

图 13　石膏晶须对模型石膏性能的影响

3.1.4　生石灰对模型石膏性能的影响

从表7、图14可以看出，随着生石灰掺量的增加，模型石膏的初凝时间逐渐变长，2h抗折强度呈下降趋势，吸水率呈上升趋势，凝结膨胀率有降低趋势。在掺量为1%时，凝结膨胀率就得到了明显下降，降低了33%。

表 7　生石灰对模型石膏性能的影响

	1	2	3	4	5
生石灰掺量/%	0	1	3	5	10
加水量/%	80	85	86	87	87
流动度/mm	190	190	190	190	180
初凝时间/min	6	7	14	19	20
2h抗折强度/MPa	2.3	2.0	1.6	1.6	1.3
吸水率/%	38.9	41.2	42.6	42.9	44.5
3h凝结膨胀率/%	0.258	0.173	0.14	0.11	0.051

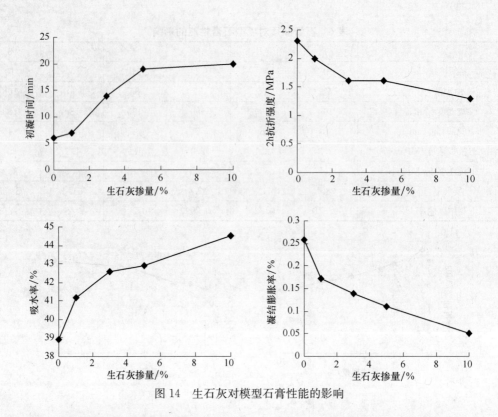

图 14　生石灰对模型石膏性能的影响

3.1.5　水泥对模型石膏性能的影响

在石膏基混合胶结材中掺入适量能与石膏反应，并形成低溶解度、高结合力的水硬性物质，将有利于石膏基混合胶结材性能的改善。有关的理论研究表明，最有效的可能是钙矾石，其次是水化硅酸钙。钙矾石极易发育成为难溶于水的针状晶体结构，具有很高的强度及稳定性，耐水性能良好。其他水硬性物质，如 C-S-H 可改善石膏的性能，但存在生成速率的差异而影响制品的性能。这些水硬性物质可以弥补石膏结晶体的高溶解性，及在高湿度条件下吸收一定水分的性能，在正常使用条件下发挥其针状结构及与其他物质交叉、共生而产生增强作用的优势，从而使石膏基混合胶结材的强度、耐水性能有一个较大的提高。本试验使用普通硅酸盐水泥，利用其与石膏共存产生的产物钙矾石，以及水化硅酸钙等来提高石膏基混合胶结材的强度，并相应地改善石膏基混合胶结材的耐水性能。具体试验结果见表8。

表 8　水泥对模型石膏性能的影响

	1	2	3	4	5
水泥掺量/%	0	5	7	10	12
加水量/%	80	83	84	84	84
流动度/mm	190	190	190	190	180
初凝时间/min	6	5	4	3	3
2h 抗折强度/MPa	1.91	2.0	2.2	1.93	1.91
吸水率/%	38.9	36.5	35.9	32.5	30.8
软化系数	0.29	0.34	0.36	0.35	0.37
3h 凝结膨胀率/%	0.254	0.171	0.168	0.104	0.103

从表8、图15可以看出：

（1）水泥掺量的增加使模型石膏的凝结时间逐步缩短；

（2）随着水泥掺量的增大，模型石膏2h抗折强度呈逐步增加，达到一最大值，再逐步减小的规律，掺量为7％时，2h抗折强度达到最大；

（3）随着水泥掺量的增大，模型石膏的吸水率呈逐渐减小的趋势；

（4）随着水泥掺量的增大，模型石膏的软化系数逐步提高，说明了水泥的加入能增强其耐水性；

（5）随着水泥掺量的增大，模型石膏凝结膨胀率逐渐减小，这是因为水泥的逐步增加，抑制了石膏的膨胀和产物形成了更多的小分子的缘故。

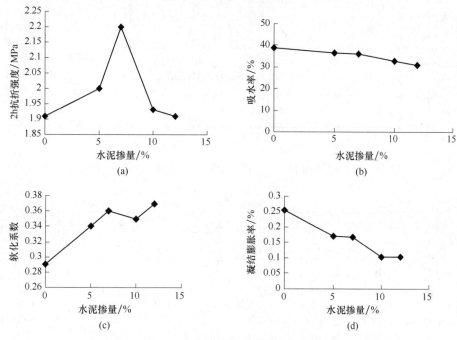

图15　水泥对模型石膏性能的影响

加入不同掺量的普通硅酸盐水泥对强度的影响规律，可能与钙矾石的形成以及水化硅酸钙的形成有关。石膏基混合胶结材水化时，由于各组分的水化反应速度不同，首先形成二水石膏结晶结构网；其次是水泥各组分的水化，最早形成的是铝酸三钙，其次是水化硅酸钙；水泥水化产物中的水化铝酸钙，由于处在过饱和的石膏中，都将形成高硫型的水化硫铝酸钙钙矾石。在掺量少时（0～4％），形成少量的铝酸三钙与水化硅酸钙，其中一部分铝酸三钙与石膏形成钙矾石，由于它分布在石膏结晶结构体内，钙矾石以针状晶体出现，水化铝酸三钙以立方晶体出现，水化硅酸钙以凝胶体出现，在以石膏为主的结晶结构网中，起到了填充、交叉共存的作用，因此，对早期的抗压、抗折强度都有增长的作用；但随着掺量（4％～6％）的进一步增大，水化铝酸钙的数量增多，形成的钙矾石数量也增多，由于钙矾石的体积增大，导致了石膏结晶结构网的破坏，微裂纹增多，因此，导致抗折、抗压强度的下降；随着掺量（6％～10％）的进一步增多，除了形成石膏结晶结构网外，水泥水化产物也开始形成凝胶体结构网，石膏基混合胶结材强度又得到加强；随着掺量的再进一步增加（10％以上），由于钙矾石的进一步增多，基本上抵消了水泥水化产物形成的凝胶结构网形成的强度，因此在 10％～30％的范围内，抗折与抗压强度变化不大；掺量增加到 30％以后，钙矾石大量生成，破坏了凝胶体结构与石膏结晶结构，所以强度再度出现下降现象。

3.2 粒度对模型石膏性能的影响

本试验中我们使用 A 粉为空白样，比表面积为 235.3m²/kg，然后用球磨机进行粉磨10min，粉磨后的样品记为 B，比表面积为 413.3m²/kg。粒度情况如图 16、图 17 所示。

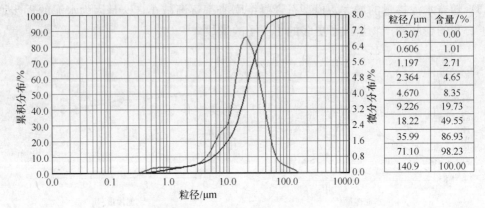

粒径/μm	含量/％
0.307	0.00
0.606	1.01
1.197	2.71
2.364	4.65
4.670	8.35
9.226	19.73
18.22	49.55
35.99	86.93
71.10	98.23
140.9	100.00

图 16　空白样 A 的粒度分布图

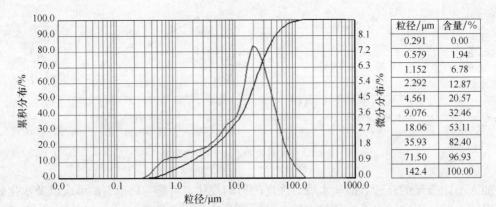

粒径/μm	含量/％
0.291	0.00
0.579	1.94
1.152	6.78
2.292	12.87
4.561	20.57
9.076	32.46
18.06	53.11
35.93	82.40
71.50	96.93
142.4	100.00

图 17　粉磨 10min 样品 B 的粒度分布图

具体试验结果见表 9。

表 9　粒度对模型石膏性能的影响

	加水量/％	流动度/mm	初凝时间/min	2h 抗折强度/MPa	吸水率/％	3h 凝结膨胀率/％
A	65	190	7	2.6	31.5	0.222
B	70	190	4	3.5	30.1	0.231

从表 9 可以看出，粉磨过后的 B 号样与空白样相比，需水量变大，初凝时间有所缩短，但其 2h 抗折强度明显提高，吸水率有所降低，凝结膨胀率有增加趋势。这是因为在一定的范围内随着粒度的降低，石膏的松散容重下降，颗粒级配良好，从而使石膏的强度增高。而

石膏的颗粒越小,石膏间的镶嵌结合状态越好,它的孔隙率和填充率越小,石膏的凝固膨胀要先补偿自身的孔隙再向外扩张,自身孔隙比较小,继而对外膨胀就比较大,因此石膏的凝结膨胀率是随着颗粒的减小逐渐变大的。

3.3 石膏相组成对模型石膏性能的影响

3.3.1 二水石膏对模型石膏性能的影响

由图18、表10可以看出,二水石膏对模型石膏有明显的促凝作用,随着二水石膏掺量的增大,模型石膏的凝结时间逐渐变短,这是因为在建筑石膏浆体中掺加二水石膏作为晶胚,不仅缩短了半水石膏水化过程的诱导期,而且加速了它的凝结速度;随着二水石膏掺量的增加,模型石膏的吸水率先减小后增大,当掺量为5%时,其吸水率降为最低;二水石膏的掺入使模型石膏的膨胀率有不同程度的增加。

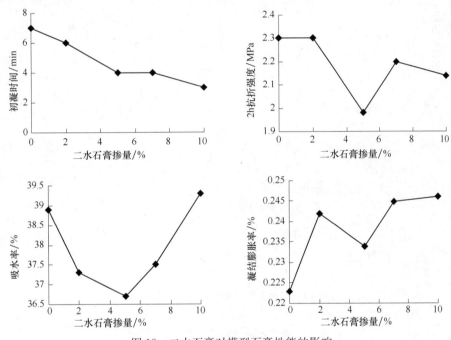

图18 二水石膏对模型石膏性能的影响

表 10 二水石膏对模型石膏性能的影响

	1	2	3	4	5
二水石膏掺量/%	0	2	5	7	10
加水量/%	80	82	82	83	83
流动度/mm	190	190	190	190	180
初凝时间/min	7	6	4	4	3
2h抗折强度/MPa	2.30	2.30	1.98	2.20	2.14
吸水率/%	38.9	37.3	36.7	37.5	39.3
3h凝结膨胀率/%	0.223	0.242	0.234	0.245	0.246

3.3.2　无水石膏对模型石膏性能的影响

从图 19、表 11 可以看出，随着无水石膏掺量的增加，2h 抗折强度有减小趋势，吸水率呈增大的趋势，凝结膨胀率先增大后减小，但总体还是比空白样的凝结膨胀率大，当掺量为 5％时达到最大值。半水石膏的凝结硬化过程就是二水石膏结晶结构网的形成过程。在建筑石膏浆体中掺加无水石膏，延缓了半水石膏在水溶液中形成介稳的饱和溶液的速度，过饱和度形成得慢，石膏结构强度与过饱和度有很大关系，溶解速度慢，过饱和度持续的时间长，则在初始结构形成之后，水化物仍继续增加，开始可使结构密实，但到一定界限值后，水化物增加，将引起内应力的增加，最后导致最终强度的降低。

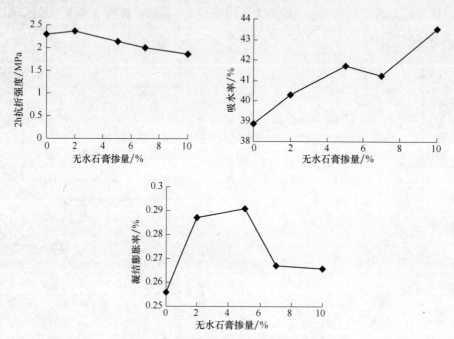

图 19　无水石膏对模型石膏性能的影响

表 11　无水石膏对模型石膏性能的影响

	1	2	3	4	5
无水石膏掺量/%	0	2	5	7	10
加水量/%	80	82	82	83	83
流动度/mm	190	190	180	190	180
初凝时间/min	7	8	9	7	7
2h 抗折强度/MPa	2.30	2.36	2.14	1.99	1.86
吸水率/%	38.9	40.3	41.7	41.2	43.5
3h 凝结膨胀率/%	0.256	0.287	0.291	0.267	0.266

3.4　石膏种类对模型石膏性能的影响

3.4.1　掺入硝硫基石膏对模型石膏性能的影响

硝硫基石膏是一种生产硝硫基复合肥的副产石膏，它是用硝酸分解磷矿后，先将酸不溶物及有机浮游物过滤除去，净化后的酸解液加入工业硫酸铵或硫酸脱钙，过滤得到脱钙副产品高纯度硝硫基石膏，脱钙后的酸解液再用来生产硝硫基复合肥。硝硫基石膏的 pH 值约为 2～3，呈酸性，目前其综合利用率较低，均以堆存形式存在，给企业带来了沉重的负担，但其品位很高，约 97%，若对其加以利用，可变废为宝。

掺入的硝硫基石膏是和脱硫石膏一起进行煅烧的，从表 12 数据可以看出：掺入硝硫基石膏后，初凝时间有所缩短，2h 抗折强度呈下降趋势，吸水率随之增加，凝结膨胀率呈下降趋势，掺量为 20% 时，下降了 29%。因此，从吸水率和凝结膨胀率这两项性能来说，掺入硝硫基石膏对模型石膏是有利的，但掺量要合适。

表 12　硝硫基石膏对模型石膏性能的影响

硝硫基石膏掺量/%	加水量/%	流动度/mm	初凝时间/min	2h 抗折强度/MPa	吸水率/%	3h 凝结膨胀率/%
0	75	210	8	2.6	36.6	0.232
10	78	190	6	2.4	40.4	0.208
20	79	200	4	2.1	44.1	0.165

3.4.2　掺入常州药石膏对模型石膏性能的影响

掺入的常州药石膏也是和脱硫石膏一起进行煅烧的，从图 20、表 13 可以看出：随着药石膏掺量的增加，对初凝时间影响不大，2h 抗折强度随之下降，吸水率随之增加，凝结膨胀率呈下降趋势，掺量超过 20% 后有显著下降，掺量为 20% 时下降了 54%。

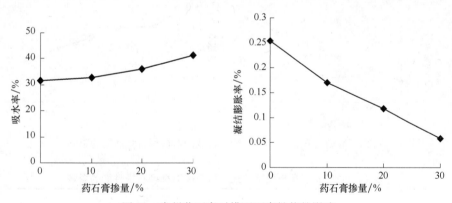

图 20　常州药石膏对模型石膏性能的影响

表 13　常州药石膏对模型石膏性能的影响

常州药石膏掺量/%	加水量/%	流动度/mm	初凝时间/min	2h 抗折强度/MPa	吸水率/%	3h 凝结膨胀率/%
0	80	205	7	2.7	31.5	0.254
10	82	200	6	2.4	32.7	0.170
20	83	190	6	2.2	36.1	0.118
30	83	190	7	1.8	41.2	0.058

3.4.3　脱硫 α 石膏与脱硫建筑石膏复配对模型石膏性能的影响

从图 21、表 14 可以看出，随着 β 膏掺量的增加，标准稠度用水量逐渐增大，初凝时间呈缩短趋势，2h 抗折强度随之降低，吸水率呈升高趋势，凝结膨胀率呈下降趋势。之所以呈现以上这些性能，是因为 α 型半水石膏结晶良好、坚实，常呈柱状、短柱状或针状，晶体较粗大、致密，有一定的结晶形状，而且具有较低的标准稠度用水量和较高的强度；β 型半水石膏是片状并有裂纹的晶体，结晶很细，比表面积比 α 型半水石膏大得多。由其在宏观性能上的差别，可以得出 β 型半水石膏比 α 型半水石膏水化速度快、水化热高、需水量大、胶体的强度较低，而且水化硬化后的孔隙率也比 α 型半水石膏要高得多，因此 β 型半水石膏的膨胀系数较 α 型半水石膏低很多。因而得出：在水膏比以及其他外部环境条件相同的情况下，β 石膏粉膨胀系数最小，α＋β 混合粉次之，α 石膏粉最大。

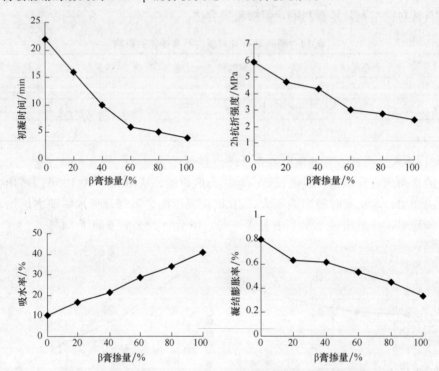

图 21　脱硫 α 石膏与脱硫建筑石膏复配对模型石膏性能的影响

表 14　脱硫 α 石膏与脱硫建筑石膏复配对模型石膏性能的影响

	1	2	3	4	5	6
β∶α	0∶100	20∶80	40∶60	60∶40	80∶20	100∶0
加水量/%	43	48	53	58	63	69
流动度/mm	190	190	195	195	195	195
初凝时间/min	22	16	10	6	5	4
2h 抗折强度/MPa	5.9	4.7	4.3	3.0	2.8	2.4
2h 抗压强度/MPa	26.7	19.6	12.8	10.4	9.3	6.8
吸水率/%	10.2	16.6	21.3	28.4	33.8	40.8
3h 凝结膨胀率/%	0.809	0.637	0.613	0.534	0.448	0.336

4 结论

通过上述研究，得出以下主要结论：

（1）掺入缓凝剂可以降低模型石膏的凝结膨胀率，柠檬酸的效果更显著，但同时模型石膏的强度随之下降，所以要根据实际使用要求控制其掺量。

（2）在模型石膏中掺入减水剂 G50，在保持相同流动度的情况下，可降低拌合用水量，强度增加，但掺量过多会带来负面影响，本试验中的掺量不应超过 3‰。

（3）掺入石膏晶须能够提高模型石膏的吸水率，凝结膨胀率也有所降低，但其效果不如缓凝剂和生石灰。

（4）掺入生石灰能使凝结膨胀率显著下降，但也影响其强度，应根据实际要求控制掺量。

（5）掺入适量水泥可以提高模型石膏的强度，提高其耐水性并且降低其凝结膨胀率，本试验建议掺量不宜超过 7%。

（6）通过对二水石膏、无水石膏对模型石膏的影响分析得出：二水石膏的加入，有促凝作用，且会带来凝结膨胀率的增加，而无水石膏同样也会导致凝结膨胀率的增加，所以要控制二者在模型石膏中的含量。

（7）随着石膏细度的增加，模型石膏的强度有所增加，但其凝结膨胀率也略有升高，所以生产中要控制合适的粉磨时间。

（8）不同种类石膏进行混合的试验表明：在脱硫石膏中混入其他一些药石膏等工业副产石膏，对凝结膨胀率、吸水率等有一定的改善作用，其中常州某药石膏效果最佳，但其掺量要适宜，我们用该药石膏和脱硫石膏配制了粉料送到宜兴一厂家试用，效果很好；而 β 膏与 α 膏混合，可以弥补各自的不足，使模型石膏的性能更佳，可根据实际需要调配。

熔模铸造用工业副产石膏型铸粉研发

刘丽娟

1 背景

在 20 世纪 30 年代，美国 Antioch 学院的 Morris、Bean 夫妇发现了 Antioch 石膏的发泡结构。之后，石膏型铸造技术的研究开发和应用从美国迅速扩展到加、日、德及苏联等国，该技术首先普遍地应用在牙科工艺美术品的制造方面。二战之后，随着航空航天、兵器、舰船、电信、石化等高科技的发展和竞争，其相关零部件日益趋向整体化、薄壁化、大型化、形状复杂化精细化，在采用传统的机械加工、焊接、铆接、锻造、铸造等加工手段受到很大限制或根本无法加工的情况下，美、日等国在 20 世纪 60 年代开发了一种先进的铸造技术——石膏型精密铸造。

石膏型精密铸造工艺是一种特种铸造工艺，其定义为将金属熔液浇注到以石膏为基料制成的铸型内，金属冷却后，经清理即可获得金属零件或模具。其工艺过程是先将模样固定在专供灌浆用的砂箱平板上；再将按一定比例配制的半水石膏、填料、添加剂以及适量的水，在真空下混制成浆体，并迅速将浆体灌入有模样的砂箱中，待浆体凝结成硬化体并具有一定的湿强度后可脱模；再经过烘干、焙烧，成为石膏型；最终在真空状态下浇注，获得金属件[1,3]。石膏型精密铸造工艺可以分为石膏型拔（取）模精密铸造工艺和石膏型熔模精密铸造工艺。

目前，国外科技发达国家对石膏型熔模精密铸造技术的研究、应用已有 40 多年的历史并取得了重大进展。他们不仅在模料成分配比、石膏型制备工艺和铸件成形方面具备极高的技术水平，而且正在向铸件大型、薄壁、整体、复杂精细铸件和获得优质（高强度和铸件各部位具有均匀的冶金质量和机械性能）铸件的方向发展，其产品在航空、军工等领域得到广泛的应用[4]。我国近年来在此项技术上也取得了较大的进展。但从整体看，我们仍处在引进消化阶段，自研具有自主知识产权的成果较少，应用面不广泛，低温首饰行业相对应用较多，而在较高温度熔点的铝、铜、铁合金铸件上应用较少，与国外比，差距较大。对于高精度石膏型精密铸件的生产而言，石膏型线收缩率的大小直接关系到铸件的尺寸精度，而纯石膏在 150～200℃时有较大的脱水收缩，在 400℃时又会发生较大的相变收缩，因此纯石膏只有通过添加某些在加热时能产生相变膨胀的材料才能使石膏造型具有一定的强度、透气性、耐膨胀收缩性、表面光洁，从而满足铸型的各种机械、物理和工艺性能要求[5-6]。

目前本公司已建成年产 4000t 的高强石膏生产线，为了消化所生产的高强石膏，本课题以工业副产石膏生产的 α 高强石膏粉配制石膏型铸粉，确定基本铸粉构成及其各组分比例范围，测试各组成对石膏型混合料性能的影响，得到各因素对其性能影响的关系，为获得工艺性能较好的石膏型混合料做基础研究。

2 原材料及性能指标要求

2.1 原材料

试验所用的原材料主要有常州柠檬酸石膏制备的 α 高强石膏、石英粉、高铝矾土粉、各类外加剂等。常州柠檬酸石膏的粒度分析和显微镜照片如图 1、图 2 所示。

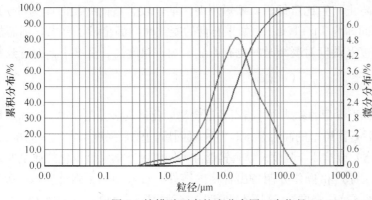

粒径/μm	含量/%
0.401	0.00
0.780	0.78
1.517	0.25
2.951	5.64
5.741	14.85
11.16	35.04
21.71	63.88
42.23	84.93
82.16	96.73
160.2	100.00

图 1　柠檬酸石膏粒度分布图（中位径 15.87μm）

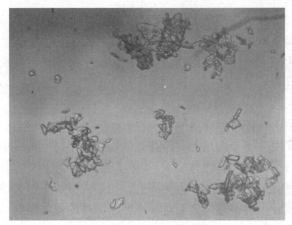

图 2　柠檬酸石膏显微镜照片

2.2 性能指标要求

由于我国铸造用石膏的生产、供应还没有像工业发达国家那样已标准化、专业化、商品化，至今还没有或少有专门生产精铸用石膏的厂家。石膏造型材料的性能是决定能否获得尺寸精密、结构复杂、表面质量好的精密铸件的首要条件，石膏型造型材料的性能需要具有如下要求[1-2]。

（1）流动性要求

石膏混合浆料的流动性是指石膏浆料在重力作用下的充填能力，它是决定和衡量石膏混合浆料在浇灌石膏铸型时能否完好和顺利地充满熔模（或工艺母模）外表面及内腔、角落的重要工艺参数。一般要求石膏混合浆料的流动性 R（稠度仪测定值）为 65～70mm。流动性的好坏除受选用半水石膏、填料、添加剂的种类及性能等因素影响外，还与加水量有关，加水量越高（即水固比大），流动性越好，但石膏型强度越低；而加水量越小，石膏型强度会有所提高，但流动性变差，浆料的充型能力也差，因此必须选择加水量较少而流动性较好的石膏型混合浆料。

（2）凝结时间要求

凝结时间直接关系到铸型灌浆开始及持续的时间，因为初凝时间决定着生产中从制备开始到灌浆结束对石膏混合浆料的可操作时间，而终凝时间则是判断石膏型是否可以从模框中取出的主要依据。为使石膏混合浆料能充分搅拌均匀并排气，较适合的初凝时间为 6～7min，为使混合浆料在浇灌充型后防止产生比重偏析，缩短制型周期，较合适的终凝时间为 8～10min。这样，较合适的凝结时间即为 14～17min。如果石膏的凝结时间满足不了要求，则需加入添加剂进行调节。环境温度及湿度对凝结时间也有明显影响，温度高、湿度小，石膏浆料的凝结时间短；反之，则较长。

（3）强度要求

石膏铸型的强度来源于石膏的黏结力，指石膏混合物硬化体的湿强度、烘干后和焙烧后的干强度以及浇注合金液后石膏铸型的高温强度、铸件凝固后的残余强度。实际多测量其抗拉、抗折（有的资料称为抗弯）或抗压干强度。掌握铸型在不同温度下的强度变化规律是非常必要的，因为这样才能逐道工序严格操作并制备出合格的铸件。石膏型的干强度应该＞0.24MPa（抗折强度）或＞1.3MPa（抗压强度），这样才能防止在充型时石膏型的变形或开裂。

（4）线膨胀率要求

线膨胀率的大小与铸件的尺寸精度、石膏型的裂纹倾向有密切关系。石膏型在硬化过程中会产生体积膨胀，而石膏硬化体在干燥、焙烧过程中又会随着温度的升高，体积急剧收缩，使石膏型易于产生较大的体积变化或裂纹倾向。为了保证铸型的尺寸精度，防止石膏铸型产生裂纹，石膏型混合料的膨胀率应该控制在 0.5%～1%[6]。

（5）抗热裂性要求

抗热裂性指焙烧后的石膏铸型在热冲击条件下，裂纹扩展的能力。由于石膏的导热系数较低，在加热过程中又发生了几次相变，伴随有体积的变化，使铸型中应力集中并有较小的裂纹源产生。一般石膏型的浇注温度为 300℃左右，而需要浇注的熔融合金液温度要远高于这个温度，因而浇注过程中会对铸型产生热冲击，如果铸型的抗热裂性较差，热冲击就会引发裂纹源的扩展，形成较大裂纹，导致无法获得尺寸合格的铸件。

（6）溃散性要求

由于采用石膏型精铸的铸件多为形状结构复杂、薄壁或整体的强度、硬度都比钢、铁差的铝合金铸件，所以铸件的打型清理也比钢、铁铸件要小心和麻烦些，存在石膏型或石膏型芯的溃散性较差、清理比较困难等问题[1-2]。一般在合金液浇注后，只要将铸件浸入水中约10min，即可溃散，如用高压（0.2MPa）水喷射铸件来清理，则仅需 2min 即可清理干净。

石膏型铸粉目前国内尚无标准，可以参照国内外一些企业的质量指标，测定标准稠度用水量、初终凝时间、2h 抗折强度、2h 凝结膨胀率、700℃下热膨胀率等性能指标，与市场现有铸粉进行性能对比试验，满足铸造厂家所提的要求。

3 试验分析与讨论

3.1 原料的选择

由于石膏型铸造对铸件的高精度要求，所以试验采用性能较好的石膏。纯石膏在 150～200℃时有较大的脱水收缩，在 550℃时又会发生较大的相变收缩，易导致石膏型的开裂，影响石膏的强度。另外，从铸件凝固的角度来看，纯石膏导热性极差，铸件冷却速度慢，将导致结晶组织粗大，致密性差。因此纯石膏只有通过添加某些在加热时能产生相变膨胀的材料才能使石膏造型具有一定的强度、透气性、耐膨胀收缩性、表面光洁，从而满足铸型的各种机械、物理和工艺性能要求。

3.1.1 石膏

α型半水石膏在相同流动度时强度优于β型石膏，抗裂纹能力强于β型石膏，此外，在加热冷却过程中，β型半水石膏比α型半水石膏的膨胀收缩大，裂纹倾向也比α型的严重，所以应选用性能较好的α型半水石膏。本试验采用的是生产线上常州柠檬酸石膏所制备出的α型高强石膏。高强石膏的粉磨试验结果如图3～图6所示。

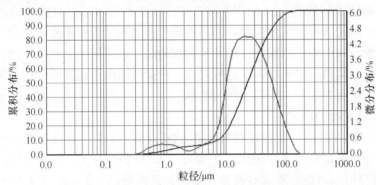

粒径/μm	含量/%
0.324	0.00
0.645	1.32
1.285	3.90
2.560	5.50
5.100	7.57
10.16	16.19
20.24	44.39
40.32	75.08
80.32	94.83
160.2	100.00

图3 未磨高强石膏粒度分布图

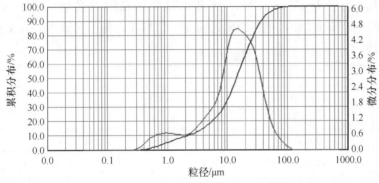

粒径/μm	含量/%
0.291	0.00
0.565	1.74
1.097	5.86
2.131	9.90
4.140	15.60
8.043	27.19
15.62	54.37
30.34	83.28
58.94	97.48
114.7	100.00

图4 粉磨10min粒度分布图

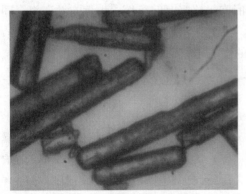

图5 未磨高强粉显微镜照片

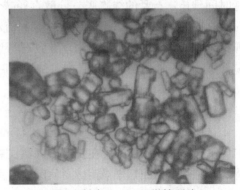

图6 粉磨10min显微镜照片

性能指标见表1。

表1　性能指标

指标 类别	中位径/μm	标稠/%	初凝/min	2h 抗折/MPa	2h 抗压/MPa	干抗折/MPa	干抗压/MPa
未磨	22.85	42.0	20	5.2	19.6	12.4	43.2
粉磨 10min	14.24	35	12	6.5	26.5	15.7	50.8

根据试验结果，我们最终选择粉磨 10min 的高强石膏作为胶结料。

3.1.2　填料

适合作石膏型混合料的填料种类很多，其中，石英材料在加热过程中有较大的体积膨胀，可以在很大程度上抵消此时石膏的热收缩，而高铝矾土在加热过程中不发生相变且线量变化率小。同时，石英粉与高铝矾土的粉粒结构和吸附水的能力也不同。二者价格便宜、来源广泛，是较适合的石膏型填料。因此，为了进行对比，选择热膨胀率、粉粒结构和吸水性差异均较大的两种材料，即石英粉和高铝矾土作为填料。

3.2　石膏型铸粉基础配比的确定

本课题主要研究石膏型铸粉的三个性能指标：2h 抗折强度、700℃干折强度、热膨胀率。我们采用正交试验法，本试验要考察的因素主要有：A. 填料的种类，B. 填料的细度，C. 填料的加入量。石膏型铸粉的强度随着石膏加入量的提高而提高，但石膏加入量不能过多，否则会影响混合料的胶凝时间、透气性、热收缩性等性能。根据国内外的 50 年的经验，石膏在混合料中的最佳加入量为 45%～50%。因此本试验选择的石膏加入量为 35% 和 40%，即填料/石膏为 65/35 和 60/40，填料细度选用 200 目和 325 目。因素水平表见表2。

表2　因素水平表

水平	因素		
	A 填料种类	B 填料细度	C 填料加入量
1	石英粉	200 目	65%
2	高铝矾土	325 目	60%

3.2.1　试样制备

将高强石膏和各种填料等按配比混合均匀后，加入配比中所需量的水进行搅拌，随着搅拌时间延长，石膏的线膨胀、分散直径减小，初凝时间、终凝时间缩短，根据有关资料，同时石膏的吸水率呈显著下降趋势，浆料流动性降低，很快发生凝固，对制模造成一定的困难；搅拌时间过短，浆料混合不均，导致石膏型各部分的性能不一致。本试验的搅拌时间为 30s。搅拌好后均匀地倒在试样模具中，待初凝后，用刮板刮平，一个半小时后将模样取出。

3.2.2　性能测试

（1）热膨胀性能的测试

试验方法：试样尺寸为 40mm×40mm×160mm，试样取出来后放在室温下自然干燥 24h 左右，用外径千分尺在长度方向测试初始长度（L_0）后放入马弗炉煅烧至 700℃，随炉冷却至室温，取出后再次用外径千分尺测试长度（L_1），计算热膨胀率（$L_1 - L_0$）/L_0× 100%。每个配方测试 3 个试样，结果取其平均值。

（2）抗热裂性的测试

试验方法：试样在室温下自然干燥 24h 后，放入马弗炉将铸型加热到 700℃ 高温，随炉冷却到 350℃ 取出，在空气中冷却，考察其裂纹程度。如铸型表面没有明显裂纹，表示铸型具有足够的抗热裂性能[7]。本试验抗热裂性分五级：很好，无裂纹、无粉碎；较好，无裂纹，表面有少量细粉；一般，无裂纹，表面有少量脱落层；较差，有细小裂纹；严重，有大裂纹，或炸裂。

其他性能指标均按标准 JC/T 2038—2010《α 型高强石膏》进行测试，试验数据见表 3。

表 3　试验数据表

	A	B	C	加水量/%	流动度/mm	2h 抗折强度/MPa	700℃干折强度/MPa	2h 凝结膨胀率/%	热膨胀率/%	抗热裂性
1	1	1	1	38	142	1.32	0.09	0.374	−0.60	较差
2	1	1	2	38	140	1.82	0.38	0.412	−0.62	较差
3	1	2	1	38	135	1.43	0.13	0.371	−0.58	较差
4	1	2	2	38	135	1.75	0.18	0.448	−0.67	较好
5	2	1	2	38	142	2.02	0.84	0.128	−0.61	较好
6	2	1	1	37	135	1.87	0.67	0.132	−0.58	较好
7	2	2	2	37	132	2.7	0.90	0.138	−0.67	较好
8	2	2	1	37	133	2.06	0.62	0.114	−0.53	较好

数据分析见表 4。

表 4　极差分析表

	2h 抗折强度/MPa			700℃干折强度/MPa			热膨胀率/%		
	A	B	C	A	B	C	A	B	C
K_1	6.32	7.03	6.68	0.78	1.98	1.51	−2.47	−2.41	−2.29
K_2	8.65	7.94	8.29	3.03	1.83	2.3	−2.39	−2.45	−2.57
极差	2.33	0.91	1.61	2.25	0.15	0.79	0.08	0.04	0.28

各因素对指标的影响次序为：对 2h 抗折强度和 700℃ 干折强度，影响次序均为 A、C、B，即填料种类对抗折强度指标影响最大，其次为填料加入量，填料细度影响最小。对热膨胀率，影响次序为 C、A、B，即填料加入量对热膨胀率影响最大，填料种类次之，填料细度影响最小。各因素的最佳水平为：首先选择 A，从 2h 抗折强度、700℃ 干折强度和热膨胀率三者来看，都是 A2 最好，故 A 确定为 A2 水平；其次是 B，对于 2h 抗折强度、700℃ 干折强度和热膨胀率来说，B 的水平影响不大；对于因素 C，由于对于 2h 抗折强度、700℃ 干折强度都是以 C2 为好，而热膨胀率以 C1 为好，对于该产品，热膨胀率是比较重要的指标，所以在满足强度要求的前提下，选择 C1 水平。所以最佳组合为 A2B2C1，即填料为高铝矾土、细度为 325 目、加入量为 65%。

考虑到高铝矾土主要是提供铸型的抗热能力，特别是铸型抗急热能力，而石英粉可在约 500℃ 时发生晶型转变，产生的体积膨胀可以部分抵消石膏脱水和晶型转变时产生的尺寸收缩，因此我们进行了高铝矾土和石英粉两种填料混掺的试验。虽然前面正交试验结果显示，填料的细度对性能指标的影响较小，但是考虑到实际应用中，颗粒越细，排列就越致密，石膏型型腔表面就越光滑，浇注时金属液越不易渗入，铸件的表面质量就越好，但是如果细粉料量太多，浆料的黏度较高，导致浆料的流动性变差，透气性降低，灌浆时会出现堆积现象，反而使得石膏型型腔不光滑，而且收缩较大，容易产生裂纹，粗粉料则可以增加石膏型浆料的流动性和透气性，防止石膏型产生大的裂纹，因此我们选择 200 目石英粉和 325 目高铝矾土搭配复掺，试验结果见表 5。

表 5　填料复掺试验结果

	高铝矾土/石英粉	高强粉	加水量/%	流动度/mm	2h 抗折强度/MPa	700℃干折强度/MPa	2h 凝结膨胀率/%	热膨胀率/%	抗热裂性
1	2/1	35%	37	140	2.0	0.64	0.186	−0.51	较好
2	1/1	35%	37	142	1.55	0.37	0.241	−0.6	较好
3	1/2	35%	37	144	1.38	0.21	0.254	−0.67	较好

根据表 5 结果我们可以看到，随着高铝矾土和石英粉质量比的减小，相同加水量下，流动性有所增加，2h 抗折强度和 700℃干折强度都呈现下降趋势；2h 凝结膨胀率和热膨胀率均呈上升趋势。综合考虑各项性能指标，高铝矾土与石英粉的质量比定为 2∶1。所以，本试验确定的石膏型铸粉的基础配比为：填料为 325 目高铝矾土和 200 目石英粉，这两者质量比为 2∶1，高强石膏掺量为 35%。

3.3　溃散性研究

由于采用石膏型精铸的铸件多为形状结构复杂、薄壁或整体的强度、硬度都比钢、铁差的铝合金铸件，所以铸件的打型清理也比钢、铁铸件要小心和麻烦些，存在石膏型或石膏型芯的溃散性较差、清理比较困难等问题。为此，针对上述问题进行试验研究，在前述试验的基础上，保证石膏混合料的膨胀性能变化不大且常规性能不降低的条件下，以求获得较好的可溶性石膏混合料的配比。

3.3.1　溃散性添加剂

石膏型浇注合金液在凝固冷却后，将铸件或铸件组和残留的石膏块一起浸入水或某种清洗液中浸泡，让铸件孔、穴内和外面尖角、窄缝中未清理的石膏料溃散或溶入水或溶液中，直到清理干净。为了便于打碎清理石膏型获得铸件，需在石膏混合料中加入添加剂。目前常用作增加溃散性的添加剂有硫酸镁、硫酸铝、碳酸钠、磷酸钠、硫酸钾、硫酸钠等水溶性物质。其中以硫酸镁、硫酸铝、碳酸钠用得最多。铸型的水溶性随上述水溶性物质添加量的增多而提高。通过探索试验，我们最终选择硫酸镁作为添加剂。

3.3.2　试验内容

在前述石膏型铸粉基础配比中改变硫酸镁的加入量，测试硫酸镁对石膏混合料性能的影响，得出硫酸镁的较优加入量，获得具有较低线膨胀率且有良好可溶性的石膏型铸粉配方，从而达到提高铸件的尺寸精度及质量、降低成本、改善清理条件的目的。

试验方法：按配方比例称取原料并配制石膏混合浆料，浇灌后约经 30min，试样即胶凝硬化，便可轻轻地把它从试样模中取出；试样在室温下自然干燥 24h 后放入马弗炉中煅烧至700℃，随炉冷却至室温，放入托盘，置于水池中，再将漏斗放在水管处，让漏斗颈口对准试样上表面；打开水阀，水流顺漏斗壁流入时，开始计时，直至试样上表面有明显的凹陷为止，记录时间。

试验结果见表6。

表6　硫酸镁对石膏混合料性能的影响

W ($MgSO_4$) /%	2h抗折强度/MPa	700℃干折强度/MPa	热膨胀率/%	抗热裂性	溃散性/min
5	2.05	0.97	0.55	较好	20min没有溃散
10	2.1	1.24	0.61	较好	20min没有溃散
15	2.06	1.28	0.68	较好	7min20s
20	1.96	0.91	—	一般	—
23	2.0	0.78		较差	

注：硫酸镁的含量为硫酸镁-石膏的质量百分数，硫酸镁会使浆体急速失去流动性，无法满足使用要求，因此必须加入缓凝剂调节凝结时间。

从表6数据可以看出，随着硫酸镁含量的增加，石膏混合料2h抗折强度略有增加；700℃干折强度先增大后减小，当硫酸镁含量为15％时，700℃干折强度获得最大值；热膨胀率呈现逐渐增大的趋势；抗热裂性能在硫酸镁含量为20％时开始变差；溃散性能测试结果显示，在硫酸镁含量为5％和10％时，用水冲试块20min并没有溃散，在含量为15％时，7分20秒试块溃散，硫酸镁含量为20％和23％时由于抗热裂性差就没有进行溃散性试验。分析这些现象，原因有以下几方面：由于硫酸镁的加入，使石膏混合浆料中生成再生二水石膏，迅速形成很多新的结晶核心，从而使石膏混合浆料的结晶网络细化，又由于硫酸镁在水中的溶解度比半水石膏大很多，它先析出的结晶体均匀地弥散分布在填料和石膏粒子的周围，把它们包围镶嵌在一起，且其胶凝硬化体的连接强度比石膏所形成的胶凝硬化体的强度高，所以有提高石膏型强度的作用；同时，硫酸镁本身是一种具有显著胶凝特性的材料，会使硬化体的烘干强度增大，而硫酸镁晶体含有较多的结合水，当硫酸镁含量过高时，硬化体经高温焙烧失水后产生大量孔隙，导致高温强度下降，热膨胀率绝对值增大。而添加硫酸镁后增加石膏型溃散性的机理是：一方面，添加了硫酸镁后，石膏型或石膏型芯中的七水硫酸镁脱水后形成大量的微小孔穴，有利于石膏型干燥时水分的蒸发，使干燥后的石膏型透气性大为提高；另一方面，硫酸镁在水中溶解度比石膏大约180倍，当在石膏浆料中加入硫酸镁后，硫酸镁形成结晶网络，石膏晶体则在硫酸镁晶体间析出。脱水干燥后的硫酸镁在遇水后极易溶解，且随温度升高不断增大，硫酸镁结晶网络溶失后，型芯自然软化溃散。综合几种因素考虑，硫酸镁含量15％时较合理。

3.4　性能对比试验

为了检验自制配方的性能优劣，我们选用市售的一种金属铸造石膏粉进行性能对比试验，对比结果见表7。

表7　性能对比试验

	加水量/%	流动度/mm	初凝时间/min	2h抗折强度/MPa	700℃干折强度/MPa	2h凝结膨胀率/%	热膨胀率/%	抗热裂性
市售	42	140	7	0.59	0.14	0.206	−0.69	较差
自制	31	142	6	1.95	1.24	0.213	−0.65	较好

由表 7 可以看出, 自制铸粉 2h 抗折强度和 700℃ 干折强度均高于市售铸粉, 热膨胀率和抗热裂性也优于市售铸粉, 而 2h 凝结膨胀率略高一点。综合各项性能指标, 自制铸粉要比市售铸粉更有优势。

4 结论

通过上述研究, 最终确定熔模铸造用石膏型铸粉配比为: 填料为 325 目高铝矾土和 200 目石英粉, 两者质量比为 2:1, 高强石膏掺量为 35%, 硫酸镁含量为 15%, 并掺有适量缓凝剂。与市售铸粉相比, 具有更好的力学性能、更高的抗热裂性能。

参考文献

[1] 程鲁, 董选普, 等. 熔模铸造复杂薄壁镁合金易溃散性石膏型研究 [J]. 精密铸造, 2011, (8): 736-739.

[2] 吴志超, 叶升平, 等. 快速成型技术及其在铸造中的应用 (二) [J]. 中国铸造装备与技术, 2002, (3): 23-25.

[3] T. V. Jayaraman, K. S. Raman, S. Seshan. Plaster muld casting-A boon to non-ferrous foundries [J]. Indian Foundry Journal, 2000, 46 (9): 25-33.

[4] S. Lun Sin, D. Dube, R. Tremblay. Interfacial reactions between AZ91D magnesium alloy and plaster mould material during investment casting [J]. Materials Science and Technology, 2006, 22 (12): 1456-1463.

[5] 卓蓉晖. 填料对石膏铸型混合料性能的影响 [J]. 山东建材, 2005, (3): 41-43.

[6] 康燕, 靳玉春, 等. 石膏型混合料工艺性能研究 [J]. 铸造技术, 2009, (3): 355-358.

[7] 王文志, 离美林, 赵建华, 等. 汽车轮胎铸造用模具石膏的工艺研究 [J]. 模具工业, 2011, (12): 65-70.

第七章　综合利用

工业副产石膏综合利用技术路径

唐修仁　徐红英　王彦梅

1　概述

硫酸钙的矿物名称叫石膏。自然界中稳定存在的硫酸钙有两种形态，一种含 2 个结晶水（$CaSO_4 \cdot 2H_2O$）的叫生石膏（或二水石膏或石膏，也是石膏水化的最终产物）；另一种不含结晶水（$CaSO_4$）的叫无水石膏（或硬石膏，虽然在自然界存在，但它是亚稳定的，遇水会慢慢地水化成二水石膏）。工业副产石膏也有这两种形态，如磷石膏、脱硫石膏、柠檬石膏等，都是二水石膏，氟石膏则是无水石膏。二水石膏在加热脱水过程中有五种形态（七个变体），即：二水石膏、半水石膏（分 α 型和 β 型）、Ⅲ 型无水石膏（分 α 型和 β 型）、Ⅱ 型无水石膏、Ⅰ 型无水石膏，这七个变体中只有 α 型半水石膏、β 型半水石膏和 Ⅱ 型无水石膏是工程中可以使用的形态。二水石膏是原始形态也是最终水化产物；Ⅲ 型无水石膏水化太快，它能吸收空气中的水分而转变成半水石膏；Ⅰ 型无水石膏在高温下存在，温度下降后，立即转变成 Ⅱ 型无水石膏。所以作为石膏胶凝材料，可用于建筑材料产品的只有 α 型半水石膏、β 型半水石膏和 Ⅱ 型无水石膏三种形态。

2　α 型半水石膏——高强石膏、石膏晶须

α 型半水石膏（$\alpha\text{-}CaSO_4 \cdot 0.5H_2O$）是二水石膏在水溶液中或饱和蒸汽中脱去 1.5 个结晶水后，经溶解、重结晶而形成的。其生产工艺有蒸压法和水热法两大类。蒸压法是将块状二水石膏装车送入高压釜中，用饱和水蒸气加热脱水，生成 α 型半水石膏。水热法又可分为水煮法和动态水热法，水煮法将二水石膏磨成粉末在盐溶液中常压煮沸脱水生成 α 型半水石膏，该方法脱水较慢，洗涤又麻烦，所以目前没有应用实例；动态水热法是将粉末状二水石膏制成一定浓度的浆体泵入带有搅拌器的高压釜中，在 0.2~0.5MPa 的压力条件下边搅拌边脱水重结晶而生成 α 型半水石膏，该法可加入晶形改良剂，在 α 型半水石膏重结晶过程中改变其结晶形态，达到人们要求的短柱状结晶体（晶体的长径比在 1~3），就是高强石膏；如果加入另一种晶形改良剂，使 α 型半水石膏的结晶形态呈纤维状（晶体的长径比在 20 以上），就是石膏晶须。

高强石膏主要用于航空、船舶、汽车等的精密铸造和塑料、陶瓷、建筑艺术和工艺美术等领域制作模型。

石膏晶须集增强纤维和超细无机填料二者的优势于一体，可用于树脂、塑料、橡胶、涂料、油漆、造纸、沥青、摩擦和密封材料中作补强增韧剂或功能型填料；又可直接作为过滤材料、保温材料、耐火隔热材料、红外线反射材料和包覆电线的高绝缘材料。

3　β型半水石膏——建筑石膏

β型半水石膏（β-CaSO₄·0.5H₂O）是二水石膏在常压空气条件下加热脱去1.5个结晶水而生成。其生产工艺有间歇炒锅、连续炒锅、回转窑（有单筒、双筒和三筒）、沸腾煅烧炉和磨-烧一体化煅烧炉等。建筑石膏的强度不高，但应用较广，主要用于纸面石膏板、石膏空心条板、石膏砌块、石膏装饰制品、粉刷石膏等。

4　Ⅱ型无水石膏

无水石膏（CaSO₄）因相对硬度较大，所以又称硬石膏，有天然的和人工制取的两种，后者是指由生石膏（CaSO₄·2H₂O）或工业副产石膏经400～1100℃常压下脱水形成。在人工脱水过程中形成的无水石膏，又分为Ⅲ型、Ⅱ型和Ⅰ型硬石膏，但在自然常温条件下，只有Ⅱ型硬石膏能较稳定存在。根据X射线衍射分析得知，天然硬石膏的晶体结构和人工制取的Ⅱ型硬石膏相同，属斜方晶系，但在水化性能上有较大差异，在工程应用上应特别注意。

人工制取的Ⅱ型硬石膏由于煅烧温度和煅烧时间不同，其水化性能也有一定差异。根据其水化能力又可分为硬石膏Ⅱ₋s（简称AⅡ₋s）、硬石膏Ⅱ₋u（简称AⅡ₋u）和硬石膏Ⅱ₋E（简称AⅡ₋E），其煅烧温度范围分别为400～650℃、650～800℃和800～1100℃。

Ⅱ型无水石膏制取可用回转窑，但最好的方法是用气流悬浮煅烧工艺方法，它的原理和方法如同水泥的窑外分解炉，温度可控，质量均匀。

Ⅱ型无水石膏的应用面较广，最主要的是可配制出硫酸盐复合水泥，具有快硬早强和抗硫酸盐性能；硅酸盐-铝酸盐-硫酸盐三元复合水泥，具有快凝、早强、微膨胀（可补偿收缩）的特点；硬石膏胶结料，可用于粉刷、墙体材料。另外，硬石膏是混凝土膨胀剂的主要原材料，硬石膏本身就是混凝土的膨胀剂；硬石膏也是塑料制品、合成纸等的廉价填充材料。

5　原始形态——二水石膏

二水石膏可直接用于建材行业，主要是作水泥的调凝剂，其掺量是水泥熟料的3%～4%，用量十分可观。

脱硫石膏综合利用现状

唐修仁　徐红英　王彦梅　刘丽娟

我国是以煤炭为主要能源的国家。我国的大气污染属煤烟型污染，主要污染物是二氧化硫和烟尘。随着全球对环境保护日益增长的重视，电站锅炉尾部烟气的二氧化硫排放量控制，成为大气污染物治理的重中之重。石灰石-石膏湿法脱硫工艺是世界上应用最广泛的一种脱硫技术，日本、德国、美国的火力发电厂采用的烟气脱硫装置约90%采用此工艺。采用湿式脱硫法处理烟气将产生大量的脱硫石膏，脱硫石膏的处理和综合利用是影响我国推广湿式脱硫技术的关键因素之一。目前，相当一部分脱硫石膏还是以堆储为主，已成为火电厂第二大固体废物，不仅占用土地资源，且对环境不利。如能将其充分利用，代替一部分天然石膏，不仅节约自然资源，而且能使电厂的固体废物资源化。

1 脱硫石膏的产生及特性

脱硫石膏又称烟气脱硫石膏（Flue gas desulphurization gypsum），是对含硫燃料（煤、油等）燃烧后产生的烟气进行脱硫净化处理而得到的副产物。它的主要成分为二水硫酸钙，是由烟气中的 SO_2 与脱硫剂 $CaCO_3$ 发生反应经强制氧化生成。以石灰石-石膏湿法工艺为例，石灰石经破碎、制粉，配浆进入吸收塔，在吸收塔内，存在于烟气中的 SO_2 首先被浆液中的水吸收，再与其中的 $CaCO_3$ 反应生成 $CaSO_3$，$CaSO_3$ 又被鼓入空气中的 O_2 氧化，最终生成石膏晶体 $CaSO_4 \cdot 2H_2O$。脱硫石膏作为石膏的一种，其主要成分和天然石膏一样，都是二水硫酸钙（$CaSO_4 \cdot 2H_2O$）。其物理、化学特征和天然石膏具有共同的规律，经过转化后同样可以得到五种形态和七种变体，脱硫石膏和天然石膏经过煅烧后得到的熟石膏和石膏制品在水化动力学、凝结特性、物理性能上也无显著的差别。但作为一种工业副产石膏，它具有再生石膏的一些特性，和天然石膏有一定的差异，主要表现在原始状态、机械性能和化学成分特别是杂质成分上的差异，导致其脱水特征、易磨性及煅烧后的熟石膏粉在力学性能、流变性能等宏观特征上与天然石膏有所不同。在扫描电镜下可观察到，脱硫石膏颗粒外形完整，水化后晶体呈柱状，结构紧密，其水化硬化体的表观密度较天然石膏硬化体大 10%～20%，而且，脱硫石膏颗粒一般不超过 200 目，粒径分布范围较小。

2 脱硫石膏综合利用的现状

在脱硫石膏的综合利用方面，美国、欧洲和日本走在前列，脱硫石膏的工业化生产已经超过 20 年。德国是脱硫石膏开发和应用最发达的国家，也是最早采用脱硫石膏生产石膏板的国家，脱硫石膏利用率已达到 100%。日本脱硫石膏的主要应用领域为纸面石膏板和水泥缓凝剂，用于水泥添加剂和石膏板原料的脱硫石膏的比例超过 90%。

目前国外脱硫石膏主要应用于生产建筑材料，例如用脱硫石膏生产建筑石膏、纸面石膏板、粉刷石膏、石膏砌块、石膏空心条板、石膏矿渣板以及作为生产水泥的缓凝剂使用等。

在农业应用方面，脱硫石膏中含有的钙化合物有利于作物的生长和提高作物产量，并对土壤起中和或调节作用。发达国家在脱硫石膏的利用上已经形成了较为完善的研究、开发、应用体系，其工艺设备也已专业化、系列化。我国对脱硫石膏的综合利用才刚刚起步，与发达国家相比还存在较大的差距。

目前，我国燃煤电厂生产的脱硫石膏主要用于石膏板生产和水泥行业，另外在粉刷石膏、石膏粉、农业、矿山填埋及公路路基回填材料等领域也有所应用，但均未达到规模化应用。从总体上看，国内脱硫石膏的综合利用率较低，尚未形成专业化、规模化生产。在农业方面的应用尚处于试验阶段，田间大规模的应用还比较少，应作为今后的研究重点。

我国石膏资源的整体特点是：（1）东部地区探明储量几乎没有增加，而且大部分矿山已进入开采中晚期，储量、产量和品位都在逐年下降，后备资源严重不足。（2）西部资源相对丰富，地质条件简单，远景储量大，但开发利用的条件差，市场容量小。（3）高品位石膏所占比例甚少，仅占总开采量的 $1\% \sim 2\%$，且多集中在西部，东部发达地区石膏加工业优质石膏的供应已成为制约企业生死存亡的大问题，因此大力发展脱硫石膏的资源化利用更加必要。

3 国内脱硫石膏综合利用的主要途径

目前，脱硫石膏综合利用的途径主要有水泥缓凝剂、建筑行业、用作肥料改良土壤、用于路基回填等。

3.1 水泥缓凝剂

研究表明，原状湿式脱硫石膏、自然干燥或在 $100℃$ 以下预烘干的脱硫石膏能够正常调节水泥的凝结时间，水泥性能正常发挥，水泥强度、凝结时间及安定性等指标均达到国家有关标准。对水泥的性能无不良影响，其技术指标符合相关标准要求。由于脱硫石膏的市场价格要比天然石膏低很多，企业可以节约大量生产成本，效益明显。水泥生产是利用脱硫石膏的良好途径，因此水泥企业不仅是烟气脱硫石膏的消纳者，而且可以成为烟气脱硫石膏的大用户。在水泥行业使用脱硫石膏的优点在于：（1）纯度（$CaSO_4 \cdot 2H_2O$）高，二水硫酸钙的含量可调节，杂质少、品质高；（2）经试验，脱硫石膏的微观结构使其需水少、水分蒸发后形成孔洞少，力学上有优势，且含氯离子等腐蚀性杂质少，从而可提高钢筋混凝土的强度和耐久性。

3.2 用于建筑行业

3.2.1 建筑石膏粉

建筑石膏粉是对脱硫石膏进行煅烧、制粉而成，操作工艺较为简单，如果仅仅生产石膏粉，虽然有市场，但其产品附加值较低，建厂生产收益并不是很大。因为建筑石膏粉是生产纸面石膏板、粉刷石膏、石膏砌块等的原料，这些产品的附加值就较高。在充分进行市场调研之后，可以在生产石膏粉的基础上增加纸面石膏板、粉刷石膏等的生产线，以提高经济效益。

3.2.2 生产石膏砌块

脱硫石膏砌块的导热系数较低，为 $0.109W/(m \cdot K)$，具有良好的保温性能。导热系数越小，传热速度越慢。用于建筑物内保温外墙内侧，可提高墙体的热阻值，增强保温效果，节约能源。脱硫石膏砌块还有耐火安全和质轻易施工等特性。

3.2.3　生产粉刷石膏

粉刷石膏是以建筑石膏为主要成分，掺入少量工业废渣、多种外加剂和集料制成的气硬性胶凝材料。作为新型抹灰材料，它既具有建筑石膏快硬早强、黏结力强、体积稳定性好、吸湿、防火、轻质等优点，又克服了建筑石膏凝结速度过快、黏性大和抹灰操作不便等缺点。

3.2.4　生产纸面石膏板

有研究证明，排除脱硫石膏杂质对纸面石膏板的影响后，用脱硫石膏部分或全部代替天然石膏制作纸面石膏板是可行的。石膏在干燥状态下流动性和运输性很难控制，而且同水拌合后有沉淀的趋势，这将导致墙板表面硬度有所不同，产生纸面石膏板纸板的黏结问题，这可以通过特殊的粉磨措施来解决。

3.3　用作肥料改良土壤

石膏能明显降低土壤的 pH 值，所含的钙离子（Ca^{2+}）可以置换土壤中的可代换性钠（Na），从而起到改良碱土的作用。烟气脱硫石膏的主要成分是二水硫酸钙，并含有丰富的 S、Ca、Si 等植物必需或有益的矿物质营养素，其中的钙化合物有利于植物生长，Ca 能加速盐碱土中的 Na 释放，并对土壤起中和调节作用。因此，将脱硫石膏作为肥料以一定比例施加到滩涂中，可以改良滩涂，并明显缩短其自然演替的周期，同时提高滩涂土壤肥力。这在技术上没有很大问题，因而具有广泛的农业应用前景。已有的研究结果表明，脱硫副产物用于土壤改良还有以下优势：

（1）脱硫副产物中 $CaSO_4 \cdot 2H_2O$ 的含量在 $80\%\sim90\%$ 之间，颗粒粒度在 $1\sim100\mu m$ 之间，只要稍加处理就能直接施用；

（2）调节土壤 pH 值，改善阳离子交换容量；

（3）提供有益的微量元素，解决日益严重的土壤缺硫问题；

（4）提高根瘤状物质的生长，促进氨转化物增加。

3.4　用于路基回填

大规模公路建设对路基回填材料量的需求很大，充分利用脱硫石膏作为建筑道路的回填材料，既可为城市筑路提供材料来源，又可解决脱硫石膏的利用问题。将脱硫石膏、火电厂废弃物、尾砂、棒磨砂按一定比例混合后，可得到与普通硅酸盐水泥矿物组成相似的胶结材料。

4　脱硫石膏综合利用存在的问题

（1）由于我国建材行业对石膏的认识不足，对于石膏的应用还不是很多，因此市场需求量不大，造成石膏产量在胶凝材料中比例很低。我国对于天然石膏的利用尚存在很多问题，那么脱硫石膏的资源化利用的困难就更多。

（2）脱硫石膏的含水率一般在 $10\%\sim15\%$，黏性强，因此在装载、提升、输送的过程中极易黏附在设备上，造成积料、堵塞，影响生产过程的正常进行；同时，含水率高的特点也使其在煅烧设备及工艺的选择上，需考虑干燥与煅烧两方面。

（3）天然石膏经过粉碎后，细度一般在 $140\mu m$ 左右，而脱硫石膏的粒径一般为 $30\sim60\mu m$，颗粒过细带来流动性和触变性的问题，需要在工艺中进行特殊处理以改善晶体结构。

这也使脱硫石膏的煅烧难于天然石膏，对煅烧工艺参数的控制水平要求较高。脱硫石膏颗粒级配不好，在煅烧后，其颗粒分布特征没有改变，导致熟石膏粉加水后的流变性差，颗粒离析、分层现象严重。

（4）脱硫石膏可作为优质建筑材料，在欧洲和日本得到了公认，但在我国没有与脱硫石膏应用相适应的标准，因此一些石膏制品生产商和用户拒绝使用脱硫石膏，是脱硫石膏资源化利用的障碍之一。

（5）发达国家在脱硫石膏资源化利用过程中投入了大量研究，并由此开发了新技术和新工艺。我国石膏建材行业只有几十年的历史，设备和工艺落后，缺乏对含水粉状脱硫石膏进行干燥及高温煅烧的设备，无法对脱硫石膏进行深加工和应用；此外，缺乏对脱硫石膏的完整认识及相关的处理处置新技术、新工艺和应用经验，因此无法建立必要的市场、效益观念和营销手段，脱硫石膏资源化利用在我国没有形成一条好的出路。

5 结语

在脱硫石膏的各种利用途径中，用于水泥行业和生产纸面石膏板是最主要的利用方式，因此水泥企业和纸面石膏板生产厂应建设在离电厂不远的地方，以便于利用脱硫石膏。各地政府应按循环经济理念鼓励脱硫石膏综合利用项目的实施，并给予大力扶持，通过政策优惠如免税等吸引资金开发脱硫石膏综合利用的新技术，结合地域特点、企业实际、资源现状、应用前景等，积极、稳妥地处理脱硫副产物石膏，让大量的脱硫石膏尽早地变废为宝。

石膏矿渣绿色材料的研究进展

何玉鑫　华苏东　万建东

【摘　要】　本文介绍了工业副产石膏产量、石膏矿渣绿色材料的制备和改性，以及石膏矿渣绿色材料在保温材料、混凝土、免烧砖和粉刷石膏中的运用，展望了今后的研究方向。

【关键词】　工业副产石膏；矿渣；绿色材料；研究；运用

The progress of gypsum slag green material

He Yuxin　Hua Sudong　Wan Jiandong

Abstract：This paper introduced the production of industrial by-product gypsum, preparation of and modifiedgypsum slag green material which was used in the field of insulation material, concrete, free calcined bricks and plaster, looking forward to researching progress in the future.

Key words：industrial by-product gypsum; slag; green material; reseaching; used

1　引言

2012 年石膏消耗总量为 1.07 亿吨，天然石膏开采量 3700 万吨，目前国内工业副产石膏产量比较多，脱硫石膏 2012 年产 6000 万吨，利用率为 83％；磷石膏年产 7000 万吨，利用率 24％。大量未处理的工业副产石膏堆积和填满，污染环境和制约经济可持续发展。石膏矿渣绿色材料是一种新型的绿色环保材料，复配矿渣改性，生成水硬性产物水化硅酸钙（C-S-H）凝胶和钙矾石（AFt），是具有强度高、耐水性好等特点的胶凝材料。开发石膏矿渣绿色材料，有利于节能减排，实现资源节约型、环境友好型相结合，推动和发展可持续的绿色生态文明建设。本文分析了石膏矿渣绿色材料中生石灰和水泥激发剂的合适掺量，以及不同辅助激发剂改善绿色材料的各项性能，充分推广利用绿色材料在保温材料、混凝土、免煅烧砖、粉刷石膏等领域的运用。

2　石膏矿渣绿色材料的制备

矿渣在激发剂（石灰、水泥等）提供的碱性条件下，活性的二氧化硅和三氧化铝不断地从矿渣中解离出来参与水化反应生成 C-S-H，石膏进一步激发生成 AFt，能更好地提高材料的强度和耐水性。激发剂是石膏矿渣绿色材料不可或缺的材料，提供足够的 OH^-，主要以水泥、生石灰和复合激发剂为主。张毅等[1]通过2％生石灰激发原状脱硫石膏（或磷石膏）矿渣绿色材料，虽获得28d抗压强度和抗折强度分别大于30MPa和3MPa，但抗冻融能力差和需要高温养护1d。阳超琴等[2]利用8％（质量分数）SH（主要成分CaO、SiO_2、Na_2O和H_2O）改性磷石膏，其28d抗压强度为29.4MPa。黎良元等[3]利用复配碱激发剂制备抗压强度和抗折强度12.6MPa和6.0MPa，软化系数为0.77。吴其胜等[4]研究了NaOH、$KAl_2(SO_4)_3$、Na_2SO_4和Na_2SiO_3四种激发剂的激发效果，发现硅酸钠能很好地改善绿色材料的性能，28d抗压强度和抗折强度仅为12.6MPa和4.9MPa。何玉鑫等[5]用4％生石灰和辅助激发剂激发矿渣，可获得28d抗压强度和抗折强度分别为40.1MPa和11.0MPa的绿色材料，且利用10％水泥和辅助激发剂激发矿渣，制备28d抗压强度和抗折强度分别为41.9MPa和7.1MPa，软化系数为0.94。樊先平等[6]发现，绿色材料中水泥最佳掺量在7％～10％时可获得最佳性能。综上所述，为获得高强度和高耐水性能的石膏矿渣绿色材料，常用水泥的掺量为7％～10％，即生石灰掺量为3％～4％；同时辅助激发剂是石膏矿渣绿色材料必不可少的，可克服其凝结时间短和早期强度低等缺陷。

2.1 辅助激发剂改性

石膏矿渣绿色材料虽克服了石膏低强度和耐水差两大致命缺点，但依然限制在建筑领域中应用，主要原因是凝结时间短、早期强度低、碳化性能差和起砂等。本文将分析不同添加剂改性石膏矿渣绿色材料，以期拓宽石膏矿渣绿色材料快速发展。

2.1.1 钢渣改性

钢渣的主要矿物成分是硅酸二钙、硅酸三钙、RO相（MgO、FeO和MnO的固溶体）及少量的游离氧化钙等，由于杂质溶进物相中，使其不具有水泥熟料的高活性，粉磨、外加剂激发（硫酸钠、水玻璃、硫酸铝和石膏等）可有效提高钢渣的活性。Huang等[7]将钢渣掺入磷石膏-矿渣体系中，抗压强度超过40MPa。殷小川等[8]采用2％钢渣改性磷石膏碱性，有效固定磷石膏中的可溶性磷和可溶性氟，提高了磷石膏基水泥的早期性能，3d和28d抗压强度分别超过10MPa和49MPa。

2.1.2 水玻璃改性

水玻璃的主要成分是SiO_2和Na_2O，可以为体系提供足够的OH^-，激发矿渣水化，是一种良好的辅助激发剂。何玉鑫等[5]利用自制的水玻璃辅助生石灰激发矿渣，不仅提高了体系的力学性能和耐水性能，而且有效抑制了硬化体的膨胀。田亮等[9]利用水玻璃和特种化纤改善了绿色材料的韧性和强度，160d抗压强度和抗折强度分别为43.4MPa和9.3MPa。

2.1.3 硫酸盐改性

硫酸盐可充分激发硬石膏的胶凝性，有效开发硬石膏矿渣绿色材料。彭家惠等[10]将600℃煅烧明矾加快硬石膏水化和改善硬化体显微结构，硬石膏1d、3d水化率从7.2％、12.9％分别提高到29.3％和45.5％，辅助水泥激发矿渣，获得抗压强度达30.5MPa，软化系数为0.78。

2.1.4 复合添加剂改性

针对石膏矿渣绿色材料的凝结时间长和强度低，可将工业副产二水石膏和硬石膏复配，利用硫酸盐、碱性激发（水泥、石灰等）和其他盐类激发（$K_2Cr_2O_4$和$Na_2Cr_2O_4$）等先改性硬石膏活性。石宗利等[11]掺入硫酸盐激发氟石膏的活性，加快无水硫酸钙水化速度和二水石膏的过饱和和析晶速度，缩短凝结时间（初凝时间和终凝时间分别为3h和6.4h）；利用苛性碱和水玻璃辅助水泥激发矿渣，生成大量水硬性产物，但 AFt 含量过多，内部应力集中，出现裂纹。应俊等[12]掺入硫酸盐和水玻璃的复合激发剂，辅助水泥激发矿渣，制备绿色材料，28d 抗压强度和抗折强度分别达到 40.5MPa 和 7.4MPa，吸水率和软化系数为4.2%和 0.92。

3 石膏矿渣绿色材料的应用

3.1 保温材料

石膏矿渣绿色材料运用于保温隔热性能的复合墙体材料，可保护环境和综合利用资源。李久明等[13]对 EPS 颗粒进行改性处理，提高 EPS-石膏-矿渣墙体保温材料的强度、软化系数以及使其具有较低的导热系数。李化建等[14]用秸秆纤维改性脱硫石膏基轻质保温墙体材料，具有能耗低、成本低、施工强度低、保温隔热性能好等优点，可用于工业和民用建筑、车站候车室等室温墙体保温材料。晋强等[15]在石膏矿渣绿色材料中掺入棉花秸秆，可以改善 EPS 颗粒悬浮的缺点，具有较好的保温性能和合适的力学性能，为固体废弃物再利用提出了资源化的新途径。

3.2 混凝土

石膏矿渣绿色材料通过钢渣粉、促凝剂、减水剂等可以改善凝结时间长、起砂和碳化性能差等缺点，促进其在混凝土中的运用。林宗寿等通过钢渣粉改性磷石膏矿渣绿色材料，可缩短磷石膏基混凝土的凝结时间[16]，同时具有抗起砂和抗碳化性能[17]。石宗利等[18]利用减水剂、早强剂、半水石膏和促凝剂等制备高强石膏基混凝土砖和砌块，有利于降低生产成本、节能减排、保护土地资源和环境。

3.3 免煅烧砖

传统黏土砖因毁田、能耗高、砖自重大，施工生产中劳动强度高、工效低，正逐步被新型材料取代。石膏矿渣绿色砖的制备有利于环境保护和经济可持续发展，只需复合矿物改性剂高效激发，具有较优异的抗压强度与耐水性能。周可方等[19]复掺激发剂及早强剂、减水剂，石膏矿渣绿色砖 14d 抗压强度达 26.3MPa，软化系数 0.94，冻融循环 25 次的强度损失率 7.5%，质量损失率 1.9%，能满足 JC 238—1991《粉煤灰砌块》中抗冻耐水的要求。何玉鑫等[20]将绿色材料制备免煅烧磷石膏砖，28d 抗压强度和抗折强度分别为 35.8MPa 和3.3MPa，28d 吸水率和软化系数分别为 2.3%和 0.90。

3.4 粉刷石膏

国内外内墙抹灰材料充分利用石膏轻质、防火、保温隔热和吸声等功能，以及不易开裂和具有较高的黏结强度的特点。目前，石膏矿渣绿色粉刷材料主要是以硬石膏为主要研究对象，通过添加增强材料与活性激发剂等手段激发硬石膏的活性，生产出性能优异的粉刷石膏。王锦华等[21]和杨新亚等[22]利用激发剂激发硬石膏矿渣材料，在保水剂和水泥等作用下制备了粉刷石膏，各项性能满足 JC/T 517—2004《粉刷石膏》标准的要求。

3.5 自流平材料

石膏强度低和耐水性差制约了在自流平材料方面的运用，减水剂、早强剂和碱激发剂可明显改善石膏自流平材料的各项性能。张国防等[23]复配矿渣和粉煤灰改性脱硫石膏，在早强剂和减水剂的作用下制备节能环保、低成本的石膏基防静电自流平砂浆。铝酸盐水泥是一种快硬水泥，可缩短石膏复合材料的凝结时间。谢建海等[24]采用脱硫石膏占 36%、矿渣粉占 32%、硫铝酸盐水泥占 28%、碱性激发剂占 4%配制的脱硫石膏自流平材料的流动度达到 170mm 以上，30min 经时流动度损失很小，绝干抗折和抗压强度分别达到 6.8MPa 和 29.2MPa，软化系数达到 0.82。

4　展望与结论

石膏矿渣绿色材料是一种新型绿色环保材料，充分保护了环境、自然资源，有利于经济发展，要促使其在建筑领域中的深入研究和运用，努力加快石膏矿渣绿色材料产业化的步伐。目前仍然存在一些亟需解决的问题：（1）石膏矿渣绿色材料终究是一种新型材料，在抗碳化性能、抗冻融性能和耐碱性能等一系列耐久性能方面的研究较少，无充足的理论依据；（2）石膏矿渣绿色材料的起粉、起砂、返霜等问题也迫不及待需进一步解决。

参考文献

[1]　张毅，王小鹏，李东旭. 大掺量工业废石膏制备石膏基胶凝材料的性能研究 [J]. 硅酸盐通报，2011，30（2）：367-372.

[2]　阳超琴，夏举佩，张召述，等. CBC 改性磷石膏基复合胶凝材料的制备与工艺研究 [J]. 硅酸盐通报，2012，31（2）：336-340.

[3]　黎良元，石宗利，艾永平. 石膏-矿渣胶凝材料的碱性激发作用 [J]. 硅酸盐学报，2008，36（3）：405-410.

[4]　吴其胜，刘学军，黎水平，等. 脱硫石膏-矿渣微粉复合胶凝材料的研究 [J]. 硅酸盐通报，2011，30（6）：1454-1458.

[5]　何玉鑫，华苏东，姚晓，等. 磷石膏-矿渣基胶凝材料的制备与性能研究 [J]. 无机盐工业，2012，44（10）：21-23.

[6]　樊先平，王智，贾兴文，等. 水泥在石膏复合材料体系中的作用 [J]. 非金属矿，2013，36（1）：46-49.

[7]　Huang Y, Lin Z S. Investigation on phosphogypsum-steel slag -granulated blast-furnace slag-limestone [J]. Construction and Building Material, 2010: 1296-1301.

[8]　殷小川，黄赟，林宗寿. 提高磷石膏基水泥早期性能的研究 [J]. 水泥，2010，（9）：1-9.

[9]　田亮，诸华军，何玉鑫，等. 特种化纤改性磷石膏基胶凝材料 [J]. 现代化工，2013，33（2）：68-71.

[10]　彭家惠，张桂红，白冷，等. 硫酸盐激发与矿渣改性硬石膏胶结材 [J]. 硅酸盐通报，2008，27（4）：837-842.

[11]　石宗利，应俊，高章韵. 添加剂对石膏基复合胶凝材料的作用 [J]. 湖南大学学报，2010，37（7）：56-60.

[12]　应俊，石宗利，高章韵. 新型石膏基复合胶凝材料的性能和结构 [J]. 新型建筑材料，2010，（7）：7-10.

[13]　李久明，王珍吾，艾永平，等. EPS-石膏-矿渣保温墙体材料研究 [J]. 硅酸盐通报，2013，32（3）：533-536.

[14]　李化建、秦鸿根、赵国堂，等. 一种秸秆纤维增强改性脱硫石膏基轻质保温墙体材料 [P]. CN 102001849A. 2011-04-06.

[15]　晋强，冯勇，何金春，等. 石膏基 EPS 复合保温墙体材料的研制 [J]. 新型建筑材料，2013，（2）：33-35.

[16]　林宗寿，黄赟，刘金军，等. 可缩短磷石膏基水泥混凝土凝结时间的磷石膏改性方法 [P]. CN

102745924A. 2012-10-24.

[17]　林宗寿，赵前，刘金军，等 . 具有抗起砂和抗碳化性能的石膏基混凝土及其制备方法 ［P］. CN 102491717A. 2012-06-13.

[18]　石宗利，刘文伟，朱桂华，等 . 一种耐水高强石膏基混凝土砖或砌块及其生产方法 ［P］. CN 101265067. 2008-09-17.

[19]　周可友，潘钢华，张朝辉，等 . 免煅烧磷石膏-矿渣复合胶凝材料 ［J］. 混凝土与水泥制品，2009，(6)：55-58.

[20]　何玉鑫，万建东，华苏东 . 免煅烧磷石膏的制备与性能研究 ［J］. 新型建筑材料，2013，（1）：45-47.

[21]　王锦华，吕冰锋，杨新亚，等 . 氟石膏基粉刷石膏的应用研究 ［J］. 硅酸盐通报，2011，30（3）：699-704.

[22]　杨新亚，王锦华，李祥飞 . 硬石膏基粉刷石膏应用研究 ［J］. 非金属矿，2006，29（2）：18-20.

[23]　张国防，王培铭 . 一种脱硫石膏基防静电自流平砂浆及其制备方法 ［P］. CN 102424563A. 2012-04-25.

[24]　谢建海，亢虎宁，石宗利 . 脱硫石膏自流平材料的研究 ［J］. 新型建筑材料，2011，（9）：67-69.

公司简介

　　江苏一夫科技股份有限公司是在 1999 年成立的江苏省一夫新材料科技公司基础上重组设立。公司在立足于循环经济、节能环保等基本国策，注重科技进步，不断强化研发能力的基础上，努力探寻一种全新的经营理念和模式，即：以消化利用工业固体废料（以工业副产石膏为主）为对象，以科技研发为核心，以服务外包为主体的"实验室经济"模式。

　　公司主要从事工业副产石膏资源循环利用相关技术及设备的开发研究，主要产品包括：α 型高强石膏制造设备，β 型副产石膏制造设备，工业副产石膏制备氧化钙并附产硫酸（或硫胺）设备，化工及冶金污水综合治理利用设备等。产品主要对燃煤电厂以及冶金、化工、造纸工业、酸洗、磷肥等行业所产生的各类废弃物，如：脱硫石膏、亚硫酸钙粉、磷石膏、柠檬酸石膏、钛石膏等进行循环再利用。转化利用所采取的主要手段是通过对各种废料进行分析、配比、研究，然后与热能工程、化工、工艺开发、工业设计等学科相结合，形成一定的集成工艺，在电厂、钢铁厂、磷肥厂、冶金等企业就地以煅烧、氧化、膜过滤、分解等方式实现废料转化循环再利用，最大程度节约资源，减少二氧化碳排放。在杜绝由于石膏堆存而有可能产生二次污染的同时为相关企业带来可观的经济收益和社会效益。

　　公司与清华大学、中国科学院、南京工业大学、东南大学等单位均建立了长期的实质性合作关系，在国内工业副产石膏研究应用领域处于领先地位。"一夫"商标被评为江苏省著名商标。公司项目获得了国家发改委循环经济重点项目补贴，获批"江苏省工业副产石膏资源再生利用工程中心"，同时转型项目也获得了江苏省科技厅重大科技成果转化专项资金资助，获工信部批准并挂牌"中国工业副产石膏研究与应用示范基地"，获环保部批准并挂牌"国家环境保护工业副产石膏资源化利用工程技术中心"。

　　今后，我们将坚定不移地走绿色发展的道路，全面提升企业核心竞争力，在低碳经济模式下，用新思维、新技术引领企业健康成长。将"敦厚从善、和谐发展"的企业发展理念和我们永不言败的坚韧之魂注入到企业发展的每一个过程中、角落里。"注重细节、做在当下"是我们的行为准则。"幸福企业、幸福员工"是我们的奋斗目标。

Company Introduction

Jiangsu Efful Science and Technology Co. , Ltd is regrouped based on the Jiangsu Efful New Material Science and Technology Company founded in 1999. Based on the basic state policies such as recycling economy, energy conservation and environmental protection, and so on, the company pays attention to scientific-technical progress and tries to explore a brand new operation idea and model based on continuously strengthening R&D ability, and that is the "laboratory economy" model which is taking using industrial solid waste (mainly is industrial byproduct gypsum) as object, taking scientific-technical R&D as the core, and taking service outsourcing as subject.

The company is professional atdeveloping and researching the relevant recycling technology and equipment of industrial byproduct gypsum resources, and the main products include: manufacturing equipment of α type high-strength gypsum, manufacturing equipment of β type byproduct gypsum, producing CaO and attached producing sulfuric acid (or thiamine) equipment of byproduct gypsum, and metallurgical waste water comprehensive treatment and utilization equipment etc. The products are mainly used in recycling of all kinds of waste such as FGD gypsum, calcium sulfite powder, phosphogypsum, citric acid gypsum and titanium gypsum etc. produced from the industries including coal-fired power plant, metallurgy, chemical, paper-making, acid pickling and phosphate fertilizer etc. The main method for transformation and utilization is to analysis, match and study all kinds of waste, and then combine with subjects such as thermal power engineering, chemical industry, process development, and industry design etc. to form an integrated process and realize the waste transformation and recycling through calcination, oxidation, membrane filtration, dissociation etc. in businesses including power plant, iron and steel plant, phosphate fertilizer plant, metallurgic plant and so on, which will save resources and reduce carbon emission maximally. This will avoid secondary pollution caused by gypsum stockpiling and at the same time will bring substantial economic and social benefit for relevant businesses.

The company has established long-term essential cooperation relationships with many institutions such as Tsinghua University, CAS, Nanjing University of Technology and Southeast University etc. and takes the leading position in domestic research and application area of industrial byproduct gypsum. The trademark "Efful" is awarded the famous trademark of Jiangsu Province. Companyprograms have gained the recycling economy major program subsidy from NDRC, and company is approved as "resource recycling engineering center of industrial byproduct gypsum in Jiangsu Province", besides, the transformation program has gained the major scientific and technological achievement transformation special assisting fund from Science and Technology Agency of Jiangsu province and approved by MIIT with the sign "Research and Application Demonstration Base of China Industrial Byproduct Gypsum" and approved by MEP with the sign "Utilization Engineering Technology Center of National Environmental Protection Industrial Byproduct Gypsum Resource".

From now on, we will keep the green development route unswervingly, improve the core competition of enterprise comprehensively, and lead the enterprise for healthy developing with new ideas and new technology in low carbon economy model. We will inject the enterprise development idea of "honest and kind, harmonious development" and our firm spirit of never say die into each process and corner during enterprise development. "Detail oriented, do in the moment" is our standard of behavior. "Happy enterprise, happy employees" is our striving goal.